神农架
外来入侵植物
识别和监测防控手册

赵常明　徐文婷　乐海川　等编著

中国林业出版社

图书在版编目（CIP）数据

神农架外来入侵植物识别和监测防控手册 / 赵常明
等编著. -- 北京：中国林业出版社, 2023.5（2024.12重印）
ISBN 978-7-5219-2030-7

Ⅰ.①神… Ⅱ.①赵… Ⅲ.①神农架—外来入侵植物
—识别—手册②神农架—外来入侵植物—植物监测—手册
Ⅳ.①S45-62

中国版本图书馆CIP数据核字(2022)第248573号

策划编辑：肖静
责任编辑：肖静
封面设计：北京八度出版服务机构
宣传营销：王思明

出版 中国林业出版社（100009 北京市西城区刘海胡同7号）
http://www.forestry.gov.cn/lycb.html 电话：（010）83143577
印刷 北京中科印刷有限公司
版次 2023年5月第1版
印次 2024年12月第2次
开本 889mm×1194mm 1/32
印张 11.5
字数 170千字
定价 90.00元

资助项目

■ 联合国环境规划署（UNEP）/全球环境基金（GEF）中国湖北大神农架地区生物多样性保护和自然资源可持续利用的扩展与改善项目（UNEP–GEF Extended and Improvement Project of Biodiversity Conservation and Sustainable Use of Nature Resource in Greater Shennongjia Areas, Hubei, China）

❖ UNEP–GEF–GSA项目大神农架地区外来入侵物种评估项目组

❖ UNEP–GEF–GSA项目大神农架地区外来入侵物种防治计划项目组

❖ UNEP–GEF–GSA项目大神农架地区外来入侵物种监测点项目组

■ 湖北神农架森林生态系统国家野外科学观测研究站/中国科学院神农架生物多样性定位研究站

编辑委员会

神农架是由大巴山东延余脉组成的相对独立的自然地理单元，位于鄂渝陕交界处，地跨东经109°29′34.8″～111°56′24″、北纬30°57′28.8″～32°14′6″，面积约12835km²。神农架区域范围涉及湖北省神农架林区、巴东、秭归、兴山、保康、房县、竹山、竹溪，陕西省镇坪，重庆巫山、巫溪等县。神农架于1990年加入世界"人与生物圈"保护区网络，2013年被列入《世界地质公园和国际重要湿地名录》，2016年入选《世界自然遗产名录》。

神农架是中国生物多样性保护优先区域和世界生物多样性热点地区，也是全球落叶木本植物最丰富的地区。该区域有野生高等植物268科1206属3767种。其中，落叶木本植物838种，神农架特有植物205种、特有属2个，中国特有植物1793种，珍稀濒危植物234种，如珙桐、巴东木莲、南方红豆杉、巴山榧树、黄心夜合、革叶猕猴桃、连香树、石斛、扇脉杓兰、七叶一枝花等。共有野生脊椎动物122科354属629种。其中，中国特有脊椎动物91种，珍稀濒危脊椎动物130种，如川金丝猴、金钱豹、金猫、大灵猫、云豹、中华鬣羚、林麝、水獭、穿山甲、大鲵等。

外来入侵植物是指自然或人为地由原生态系统中引入新生境，在当地建立种群、繁殖并传播，对当地生态环境和经济造成危害的非本地种。历史上，我国东部和南部沿海地区首先成为外来入侵植物登陆和危害的重灾区。近年来，由于水陆交通和旅游事业的快速推进，促进了人流、物流的爆发式增加，加之种植养殖业和城乡绿化美化的蓬勃发展，外来植物入侵风险在我国内陆地区甚至自然保护地及其毗邻区迅速提升。

　　神农架区域建有8个国家级自然保护区，保护力度较大，但近年来在保护区及其毗邻区都有外来种出现，甚至有部分恶性入侵植物在保护区核心区被发现。《神农架外来入侵植物识别和监测防控手册》通过大量实地调查和文献调研，全面清查了该区域外来入侵植物的基本情况，分种列出了识别特征、生物特性、典型图谱、传入途径、分布地点、偏好生境、危害程度、防控措施等。该手册图文并茂，解决了外来入侵植物识别和鉴定的困难，为评估神农架外来入侵物种风险和危害，制定预防治理策略，提供了全面、准确、客观的基础数据信息。

谢宗强

2023年4月16日于国家植物园

神农架位于湖北西部，处于中国东部平原丘陵区向中西部山区的过渡带，也是亚热带向暖温带的过渡区，属亚热带季风气候。神农架最高海拔3106.2m，山体地势起伏大，自然垂直带明显，从低海拔到高海拔依次发育了常绿阔叶林、常绿落叶阔叶混交林、落叶阔叶林、针阔混交林、亚高山针叶林和亚高山灌丛草甸。独特的自然地理和气候特征，使得神农架孕育了类型多样的山地生态系统和丰富多样的植物种类，成为中国生物多样性最丰富的地区之一，也成为全球生物多样性保护的关键地区。2016年7月17日，在土耳其的伊斯坦布尔举行的第40界世界遗产大会上，神农架被列入IUCN（The International Union for Conservation of Nature，世界自然保护联盟）世界自然遗产，具有生物多样性就地保护的最重要和突出的自然栖息地等全球突出普遍价值。可见，神农架地区的生物多样性具有全球意义的保护价值。

外来物种入侵是全球范围内，除栖息地破坏之外，严重威胁生物多样性的第二大因素。外来入侵植物是指从原生生态系统人为引入或自然传播进入新的生态系统，在新的生态系统自然繁殖建立新的种群，并且其蔓延和扩散对当地的生态环境、人类生产活动以及身体健康造成危害的植物。外来入侵植物通过与本地植物竞争生存空间、水分和养分，对全球生物多样性、生态系统以及人类健康构成了严重威胁。随着全球经济贸易往来的日益频繁、交通和旅游的快速发展，世界各地的外来入侵植物数量显著增加。外来植物入侵中国的速度不断加快，新的外来入侵物种不断被发现，中国成为全球遭受外来入侵植物危害最严重的国家之一。由于生态旅游、道路交通建设、城镇建设、种植养殖业等社会经济活动快速发展，人员流动急剧增加，神农架地区外来植物入侵风险迅速升高。

为服务于神农架地区外来入侵植物监测和防控工作的需要，笔者基于大量的实地调查、标本采集和长期观测，并查阅相关文献资料，从外来入侵植物物种科学鉴别、定点监测技术方法和政策法律保障三方面编写了外来入侵植物全链条、全方位的防控手册。

第一部分　识别与防控　为解决外来入侵植物识别和鉴定的困难，本手册共收集整理神农架地区外来入侵植物22科56属86种（含种下等级），涉及的行政区范围包括神农架林区、兴山县、巴东县、房县、竹山县、竹溪县和保康县。

本手册分种列出了上述外来入侵植物的物种名称（包括中文名、学名、中文别名、英文名）、科属组成、危害等级、便于识别的形态特征和典型照片、原产地、传入时间与方式（传入神农架地区的时间难以考证，仅以传入中国的时间作为参考）及中国最早的标本记载、在中国和神农架地区的分布、生物学特性与生境、危害及防控措施等，编写说明详见表1。

表1　识别与防控部分编写说明

内　容	编写说明
分类系统及物种排序	科的排列顺序参考恩格勒系统（1964）；科内以属的学名字母顺序排列，属内则以种的学名字母顺序排列
物种名称	主要参考《Flora of China》和《中国植物志》。
危害等级	将外来入侵植物的危害等级划分为四级：恶性入侵、严重入侵、中度入侵、一般入侵，并且将列入原环境保护部《中国外来入侵物种名单》的外来入侵植物特别标注（详见表2）
形态特征	参考《中国植物志》及其他相关文献资料
原产地	参考《中国外来入侵植物志》及其他相关文献资料

内 容	编写说明
传入时间与方式及最早标本记载	参考《中国外来入侵植物志》及其他相关文献资料。查阅国家植物标本资源库，列出标本馆藏号（详见表3）
中国分布	查阅国家植物标本资源库，按照标本数量分省（自治区、直辖市）列出
神农架地区分布	实地调查数据及相关文献资料
生物学特性与生境	实地调查并参考《中国外来入侵植物志》及其他相关文献资料
危害	参考《中国外来入侵植物志》及其他相关文献资料
防控措施	参考《中国外来入侵植物志》及其他相关文献资料
照片	主要拍摄于神农架，少数拍摄于其他地区

表2 外来入侵植物危害等级列表

危害等级	外来入侵植物种类
恶性入侵	18种：垂序商陆*、落葵薯*、土荆芥*、喜旱莲子草*、反枝苋*、刺苋*、圆叶牵牛*、三裂叶薯、藿香蓟*、豚草*、大狼杷草*、鬼针草*、一年蓬*、小蓬草*、苏门白酒草*、加拿大一枝黄花*、钻叶紫菀*、凤眼蓝*
严重入侵	24种：凹头苋、绿穗苋、皱果苋、仙人掌、梨果仙人掌、单刺仙人掌、北美独行菜、银合欢、含羞草、白车轴草、野老鹳草、飞扬草、蓖麻、野胡萝卜、牵牛、毛曼陀罗、曼陀罗、毛果茄*、阿拉伯婆婆纳、野茼蒿、香丝草、牛膝菊、粗毛牛膝菊、野燕麦*
中度入侵	9种：老鸦谷、山扁豆、通奶草、苘麻、茑萝、假酸浆、少花龙葵、婆婆针、双穗雀稗
一般入侵	35种：大麻、紫茉莉、土人参、球序卷耳、麦蓝菜、苋、弯曲碎米荠、臭荠、南苜蓿、紫苜蓿、白花草木樨、草木樨、刺槐、红花刺槐、红车轴草、红花酢浆草、斑地锦、野西瓜苗、黄花稔、细叶旱芹、洋金花、苦蘵、小酸浆、直立婆婆纳、蚊母草、婆婆纳、剑叶金鸡菊、秋英、欧洲千里光、花叶滇苦菜、苦苣菜、万寿菊、多花黑麦草、黑麦草、梯牧草

危害等级：恶性入侵指在国家层面上已经对经济和生态效益造成巨大损失和严重影响，入侵范围在一个以上自然地理区域的入侵植物。严重入侵指在国家层面上对经济和生态效益造成较大的损失与影响，入侵范围至少在一个自然地理区域的入侵植物。中度入侵指没有造成国家层面上大规模危害，入侵范围在一个以上自然地理区域的入侵植物。一般入侵指地理分布范围无论广泛还是狭窄，其生物学特性已经确定其危害性不明显，并且难以形成新的发展趋势的入侵植物（参考马金双和李惠茹，2018）。

*为列入《中国外来入侵物种名单》（中华人民共和国环境保护部，2003；2010；2014；2016）的外来入侵植物，共有19种。

表3 植物标本馆代码

代码	标本馆名称
AU	厦门大学生命科学学院植物标本室
BNU	北京师范大学生命科学学院植物标本室
CSH	上海辰山植物标本馆
HHBG	杭州植物园植物标本室
HITBC	中国科学院西双版纳热带植物园标本馆
IBSC	中国科学院华南植物园标本馆
IFP	中国科学院沈阳应用生态研究所东北生物标本馆
NAS	江苏省·中国科学院植物研究所标本馆
N	南京大学生物系植物标本室
PE	中国科学院植物研究所标本馆
PEY	北京大学生物系植物标本室
P	法国国家自然历史博物馆
SM	重庆市中药研究院标本馆
SYS	中山大学植物标本室
TAI	台湾大学植物学系标本馆
TIE	天津自然博物馆植物标本室
ZM	浙江自然博物馆植物标本室

第二部分 定点监测 定点监测能长期跟踪外来入侵植物扩散蔓延的动态过程，通过准确的数据信息，为外来植物入侵提供及时预警。为了长期、有效地组织和实施定点监测，需要有具体的操作程序和技术方法。因此，本手册编写了神农架地区外来植物入侵定点监测规范。定点监测规范包括：监测目的、监测原则、监测内容、监测指标、监测的频次和时间、监测工具、固定监测样地布

设、调查取样、监测报告、监测队伍与技术支持和监测资料存档等内容。

自然保护地具有较高的生物多样性和大量的珍稀濒危物种，一旦外来植物入侵，造成的危害将更大，因而，自然保护地成为外来植物监测和防控的重点区域。2021年，神农架地区已经建立了65个外来入侵植物定点监测的固定样地，分属7个自然保护地。其中，神农架国家公园26个、湖北巴东金丝猴国家级自然保护区5个、湖北十八里长峡国家级自然保护区8个、湖北堵河源国家级自然保护区8个、湖北五道峡国家级自然保护区6个、湖北三峡万朝山省级自然保护区6个、湖北野人谷省级自然保护区6个。本手册列出了神农架地区外来入侵植物定点监测样地的空间分布和首次调查的数据信息。定点监测样地的数据信息包括样地特征、群落特征、入侵特征和危害状况及外来入侵植物种类组成。其中，样地特征包括样方大小、位置、经纬度、海拔、坡向、坡度、地貌、坡位、干扰类型、干扰程度、基岩、土壤类型、周围情况和土地利用类型等；群落特征包括群落类型、群落高度、群落总盖度、优势种组成、群落面积以及群落照片等；入侵特征包括外来入侵植物种类组成、数量、平均高度、总盖度等；危害状况包括外来入侵植物在群落结构中占据的空间位置和优势程度、对群落类型及组成结构的影响等。

第三部分　政策措施　防范生物入侵亟须制定专门的法律法规，以加强政策制度保障。本手册从法律、行政法规、地方性法规、国务院各部门规章、技术标准等方面梳理了中国及湖北省有关外来物种入侵的主要法律法规，并参照上述相关的法律法规，从"加强全链条管理，健全责任机制""加强源头预防""外来入侵物种监测预警""实施治理修复""宣传落实，引导公众参与"五个方面，进一步明确了神农架相关政府部门进行外来入侵植物防控的政策保障措施。另外，应当地有关部门的强烈要求，在附录中列出了《中华人民共和国生物安全法》《中华人民共和国进出境动植物检疫法》《植物检疫条例》《中华人民共和国进出境动植物检疫法实施条例》《湖北省林业有害生物防治条例》《外来入侵物种管理办法》等法律法规的原始条文。

由于作者水平有限，手册中难免存在疏漏或者错误之处，敬请各位读者不吝指出。

编著者

2023年4月18日于中国科学院

神农架生物多样性定位研究站

目录

SHENNONGJIA

识别与防控

大麻 *Cannabis sativa* L.

桑科	Moraceae
大麻属	*Cannabis*
英文名	hemp, marijuana
中文别名	火麻、野麻、胡麻、线麻、山丝苗、汉麻
危害等级	一般入侵
生活型	一年生直立草本。
株	高1~3m，枝具纵沟槽，密生灰白色贴伏毛。
叶	掌状全裂，裂片披针形或线状披针形，长7~15cm，中裂片最长，宽0.5~2cm，边缘具向内弯的粗锯齿；叶柄长3~15cm。
花	雄花序长达25cm；花黄绿色，花被5，膜质，雄蕊5，花丝极短，花药长圆形；小花柄长2~4mm；雌花绿色；花被1，紧包子房；子房近球形，外面包于苞片。
果	瘦果为宿存黄褐色苞片所包，果皮坚脆，表面具细网纹。
物候期	花期5~10月，果期8~10月。

原产地	不丹、印度和中亚细亚。
传入时间与方式及最早标本记载	最早可能由鸟类携带种子自然传播到国内；古代随着丝绸之路的开辟也将大麻作为麻类织物有意识地引入国内。国内最早的标本记载，1905年在北京采集（NAS00290134）。
中国分布	四川、内蒙古、陕西、云南、新疆、山西、河北、甘肃、重庆、北京、贵州、江苏、湖北、河南、山东、广西、吉林、辽宁、西藏、宁夏、浙江、黑龙江、青海、安徽、天津、广东、福建、湖南、江西、香港、台湾等地。
神农架地区分布	兴山县、巴东县、神农架林区、房县等地。
生物学特性与生境	种子繁殖。种子多，繁殖快。大麻为喜光、短日照植物，种子在1~3℃能发芽，适宜温度为25~30℃；幼苗能忍耐-5~-3℃低温，幼苗期适宜生长温度为10~15℃；快速生长期19~23℃；成熟期18~20℃。生于路边荒坡、农田、疏林下、水边高地等地。
危害	多为农田杂草。吸食大麻能损害人体一些重要器官的功能，大麻能抑制人类自然杀伤细胞（NKC，natural killer cell）的活力。
防控措施	药用大麻应在政府引导下，规范化种植。发生量较小时，对侵入农田的大麻，应在其结果前及时进行人工拔除。大量发生时，采用草甘膦、莠去津或乙莠等除草剂进行化学防除。

垂序商陆 *Phytolacca americana* L.

商陆科	Phytolaccaceae
商陆属	*Phytolacca*
英文名	American pokeweed, common pokeweed, garnet, pidgeon berry, poke, pokeberry, pokeweed, scoke
中文别名	美洲商陆、美国商陆、洋商陆
危害等级	恶性入侵（2016年被列入第四批《中国外来入侵物种名单》）
生活型	多年生草本。
株	高1~2m。
根	粗壮，肥大，倒圆锥形。
茎	直立，圆柱形，有时带紫红色。
叶	叶片椭圆状卵形或卵状披针形，长9~18cm，宽5~10cm，顶端急尖，基部楔形；叶柄长1~4cm。
花	总状花序顶生或侧生，长5~20cm；花梗长6~8mm；花白色，微带红晕，直径约6mm；花被片5，雄蕊、心皮及花柱通常均为10，心皮合生。
果	果序下垂；浆果扁球形，熟时紫黑色；种子肾圆形，直径约3mm。
物候期	花期6~8月，果期8~10月。

原产地	北美洲。
传入时间与方式及最早标本记载	1850年左右作为观赏和药用植物引入中国。国内最早的标本记载，1932年在山东采集（PE06106726）。
中国分布	重庆、浙江、江西、四川、山东、广西、贵州、福建、湖南、江苏、湖北、云南、河南、上海、安徽、陕西、广东、北京、辽宁、天津、台湾、河北、甘肃、海南、西藏等地。
神农架地区分布	巴东县、兴山县、神农架林区、房县、保康县、竹山县、竹溪县。
生物学特性与生境	以肉质根和种子繁殖。根茎繁殖快，很难清除；鸟类啄食能传播种子，种子在土壤中能越冬，入侵性极强。广泛分布于路旁、荒地、山坡、房前屋后、农田等生境。
危害	茶园、果园、竹林、油茶林、油桐林及农田杂草。根及浆果对人和家畜均有毒。对重金属有富集作用。
防控措施	加强干扰生境的监管，在果实成熟前进行人工拔除或机械铲除，以控制其结实和种子散布；注意要铲除根系，防止其通过根系传播。大面积发生时，采用百草枯、草甘膦等除草剂进行化学防除。

紫茉莉 *Mirabilis jalapa* L.

紫茉莉科	Nyctaginaceae
紫茉莉属	*Mirabilis*
英文名	four o'clock flower, beauty of the night, common four-o'clock, false jalap, garden four o'clock, marvel of peru, prairie four-o'clock
中文别名	晚饭花、晚晚花、野丁香、苦丁香、丁香叶、状元花、夜饭花、粉豆花、胭脂花、烧汤花、夜娇花、潮来花、地雷花
危害等级	一般入侵
生活型	一年生草本。
株	高可达1m。
根	肥粗，倒圆锥形，黑色或黑褐色。
茎	直立，圆柱形，多分枝，无毛或疏生细柔毛，节稍膨大。
叶	叶片卵形或卵状三角形，长3~15cm，宽2~9cm，顶端渐尖，基部截形或心形，全缘，脉隆起；叶柄长1~4cm。
花	花常数朵簇生枝端；花梗长1~2mm；总苞钟形，长约1cm，5裂，裂片三角状卵形，果时宿存；花被紫红色、黄色、白色或杂色，高脚碟状，筒部长2~6cm，檐部直径2.5~3cm，5浅裂；花午后开放，有香气，次日午前凋萎；雄蕊5，花丝细长，常伸出花外，花药球形；花柱单生，线形，伸出花外，柱头头状。
果	瘦果球形，直径5~8mm，革质，黑色，表面具皱纹；种子胚乳白粉质。
物候期	花期6~10月，果期8~11月。

原产地	热带美洲。
传入时间与方式及最早标本记载	1591年高濂《草花谱》记载江浙一带作为花卉栽培。国内最早的标本记载，1911年在北京采集（PE00917671）。
中国分布	四川、重庆、广西、贵州、江西、云南、福建、广东、浙江、江苏、湖南、海南、陕西、上海、湖北、山东、河南、安徽、北京、新疆、河北、甘肃、青海、天津、辽宁、山西、西藏、内蒙古、澳门、台湾、香港、黑龙江等地。
神农架地区分布	巴东县、兴山县、神农架林区、保康县、竹山县等地。
生物学特性与生境	多喜暖不耐寒。观赏、药用，各地常逸生为野生，生于路边荒地、公园绿地和房前屋后等干扰生境。
危害	有化感作用，抑制其他植物生长，而且其根和种子有毒。
防控措施	加强种植地管理，控制其种子扩散。小范围清除时，在开花结果前及时人工拔除，铲除其根系。大面积发生时，采用草甘膦、二甲四氯、赛克津等除草剂进行化学防除。

土人参 *Talinum paniculatum* (Jacq.) Gaertn.

马齿苋科	Portulacaceae
土人参属	*Talinum*
英文名	ginseng java, waterleaf, cariri, Philippine spinach, potherb fame flower, sweetheart, jewels of opar, som java
中文别名	波世兰、力参、煮饭花、紫人参、红参、土高丽参、参草、假人参、栌兰
危害等级	一般入侵
生活型	一年生或多年生草本。
株	全株无毛，高30～100cm。
根	主根粗壮，圆锥形，有少数分枝，皮黑褐色，断面乳白色。
茎	直立，肉质，基部近木质，多少分枝，圆柱形，有时具槽。
叶	叶互生或近对生，具短柄或近无柄，叶片稍肉质，倒卵形或倒卵状长椭圆形，长5～10cm，宽2.5～5cm，顶端急尖，有时微凹，具短尖头，基部狭楔形，全缘。
花	圆锥花序顶生或腋生，较大型，常二叉状分枝，具长花序梗；花小，直径约6mm；总苞片绿色或近红色，圆形，长3～4mm；苞片2，膜质，披针形，长约1mm；花梗长5～10mm；萼片卵形，紫红色，早落；花瓣粉红色或淡紫红色，长椭圆形、倒卵形或椭圆形，长6～12mm；雄蕊（10～）15～20，比花瓣短；花柱线形，长约2mm，基部具关节；柱头3裂；子房卵球形，长约2mm。
果	蒴果近球形，直径约4mm，3瓣裂，坚纸质；种子多数，扁圆形，直径约1mm，黑褐色或黑色，有光泽。
物候期	花期6～8月，果期9～11月。

原产地	热带美洲。
传入时间与方式及最早标本记载	16世纪作为药用植物或观赏植物引入。国内最早的标本记载，1905年在福建采集（IBSC0151820）。
中国分布	广西、四川、重庆、贵州、云南、广东、福建、浙江、江西、湖南、湖北、陕西、江苏、甘肃、海南、河南、安徽、上海、山东、北京、新疆、天津、台湾、澳门、香港等地。
神农架地区分布	神农架林区新华乡、巴东县、兴山县等地。
生物学特性与生境	种子或根茎繁殖。喜温暖湿润的气候，耐高温高湿，不耐寒冷；喜光，但也耐阴；抗逆性强，耐贫瘠，对土壤的适应范围广。幼苗生长迅速，自播性强。生于房前屋后、农地旁等阴湿地。
危害	栽培逸为野生，成为农田杂草，危害园林绿化、苗圃和农田菜地等。
防控措施	引种栽培需严格管控，不得随意丢弃，防止逸生。少量发生时，在幼苗期及时人工拔除，注意需连同肉质根一起彻底铲除。大面积发生时，采用五氯酚钠、克芜踪、草甘膦、2-甲基-4-氯苯氧乙酸（二甲四氯）、赛克津、拿草特等除草剂进行化学防除。

落葵薯 *Anredera cordifolia* (Tenore) Steenis

落葵科	Basellaceae
落葵薯属	*Anredera*
英文名	Madeira vine, basell-potatoes, bridal wreath, lamb's tails, mignonette vine, potato vine
中文别名	热带皇宫菜、川七、马地拉落葵、洋落葵、田三七、藤三七、马德拉藤、藤七
危害等级	恶性入侵（2010年被列入第二批《中国外来入侵物种名单》）
生活型	多年生缠绕草质藤本。
株	长可达数米，腋生小块茎（珠芽）。
根	根状茎粗壮。
叶	叶片卵形至近圆形，长2~6cm，宽1.5~5.5cm，基部圆形或心形，稍肉质，具短柄。
花	总状花序具多花，下垂，长7~25cm；苞片狭，不超过花梗，宿存；花梗长2~3mm，花托顶端杯状，花常由此脱落；花直径约5mm；花被片白色，渐变黑色，开花时张开，卵形、长圆形至椭圆形，长约3mm，宽约2mm；雄蕊白色，花丝顶端在芽中反折，开花时伸出花外；花柱白色，分裂成3个柱头臂，每臂具1棍棒状或宽椭圆形柱头。
物候期	花期6~10月。

原产地	南美洲中部和东北地区。
传入时间与方式及最早标本记载	20世纪30年代作为观赏植物引人。国内最早的标本记载，1926年在江苏省采集（IBSC0191316、NAS00107871）。
中国分布	重庆、福建、广西、云南、贵州、广东、四川、湖南、浙江、江苏、陕西、辽宁、江西、山东、海南、湖北、澳门、河北等地。
神农架地区分布	巴东县、兴山县等地。
生物学特性与生境	主要为营养繁殖，包括根状茎、珠芽，断茎也能繁殖。随人工栽培逸生而传播，珠芽极易脱落，传播性强。生长迅速，在适宜的环境下，其茎每周可生长达1m。每株植物产生大量的珠芽且繁殖力强，重1.0g逸生的珠芽在实验室的萌生率达100%。对环境要求不严格，喜湿润，但也能耐干旱，抗逆性强，无病虫害。常见于林缘、灌木丛、河边、荒地、房前屋后及沿海生境。
危害	本种为藤本植物，攀爬蔓生在其他树木、灌丛上，影响其光合作用及土壤中种子的萌发，妨碍其生长，严重危害原生植物，破坏生态平衡。有化感作用，严重危害本土植物，严重影响当地生物多样性。
防控措施	栽培时妥善处理枝茎、珠芽与根状茎，严格控制其逸生和种群扩散。少量发生时，及时人工拔除，注意同时清除珠芽和根状茎。大量发生时，采用甲磺隆、绿草定和毒莠定的混合物以及氟草定、草甘膦等进行化学防除。

球序卷耳 *Cerastium glomeratum* Thuill.

石竹科	Caryophyllaceae
卷耳属	*Cerastium*
英文名	clammy chickweed, sticky chickweed, sticky mouse-ear chickweed
中文别名	圆序卷耳、粘毛卷耳、婆婆指甲菜
危害等级	一般入侵
生活型	一年生草本。
株	高10~20cm，全株密被长柔毛、柔毛、腺毛等。
茎	单生或丛生。
叶	茎下部叶叶片匙形，顶端钝，基部渐狭成柄状；上部茎生叶叶片倒卵状椭圆形，长1.5~2.5cm，宽5~10mm，顶端急尖，基部渐狭成短柄状，边缘具缘毛，中脉明显。
花	聚伞花序呈簇生状或呈头状；苞片草质，卵状椭圆形；花梗细，长1~3mm；萼片5，披针形，长约4mm，顶端尖，边缘狭膜质；花瓣5，白色，线状长圆形，与萼片近等长或微长，顶端2浅裂；雄蕊明显短于萼；花柱5。
果	蒴果长圆柱形，长于宿存萼0.5~1倍，顶端10齿裂；种子褐色，扁三角形，具疣状凸起。
物候期	花期3~4月，果期5~6月。

原产地	非洲北部以及欧洲与亚洲中部的温带地区。
传入时间与方式及最早标本记载	无该种的引种记录，可能从西部地区自然传播或人为无意携带传入中国境内，传入时间应早于明朝初年。国内最早的标本记载，1903年采集（N087047160）。
中国分布	重庆、上海、浙江、江苏、江西、山东、四川、湖北、安徽、贵州、湖南、广西、福建、云南、吉林、河南、西藏、台湾、北京、陕西、广东、甘肃等地。
神农架地区分布	神农架林区木鱼镇、兴山县、巴东县等地。
生物学特性与生境	种子繁殖。生长迅速，会产生大量的种子，可保持较高的土壤种子库。种子萌发率高。蒴果顶端开裂，种子易掉落，自播率高。种子细小，极易随带土苗木传播扩散。生长适应性强。
危害	世界性杂草，主要在生长季节危害菜地、农田、果园、园林绿化以及林地等。
防控措施	少量发生时，在开花结果前及时拔除，防止扩散。大量发生时，采用二甲四氯、百草敌等除草剂进行化学防除。

麦蓝菜 *Vaccaria hispanica* (Miller) Rauschert

石竹科	Caryophyllaceae
麦蓝菜属	*Vaccaria*
英文名	bladder soapwort
中文别名	麦蓝子、王不留行、奶米、王不留、剪金子、留行子
危害等级	一般入侵
生活型	一年生或二年生草本。
株	高30~70cm，全株无毛，微被白粉，呈灰绿色。
根	为主根系。
茎	单生，直立，上部分枝。
叶	叶片卵状披针形或披针形，长3~9cm，宽1.5~4cm，基部圆形或近心形，微抱茎，顶端急尖，具3基出脉。
花	伞房花序稀疏；花梗细，长1~4cm；苞片披针形；花萼卵状圆锥形，长10~15mm，宽5~9mm，后期微膨大呈球形，棱绿色，棱间绿白色，近膜质，萼齿小，三角形；雌雄蕊柄极短；花瓣淡红色，长14~17mm，宽2~3mm；雄蕊内藏；花柱线形，微外露。
果	蒴果宽卵形或近圆球形，长8~10mm；种子近圆球形，直径约2mm，红褐色至黑色。
物候期	花期5~7月，果期6~8月。

原产地	欧洲至西亚。
传入时间与方式及最早标本记载	无该种的引种记录，可能人为无意携带传入中国境内，传入时间应于宋代之前。国内最早的标本记载，1906年在安徽采集（NAS00311164）。
中国分布	陕西、新疆、甘肃、江苏、山西、安徽、河北、青海、广西、宁夏、江西、河南、北京、湖北、山东、黑龙江、云南等地。
神农架地区分布	兴山县、保康县等地。
生物学特性与生境	种子繁殖。性耐寒，怕高温，喜凉爽、湿润气候。对土壤要求不严，生于草坡、撂荒地、麦田、果园等地。
危害	田间常见杂草，主要危害麦田、旱地、果园等。
防控措施	注意田间管理，发生量少时，在结实前及时拔除。大面积发生时，采用草甘膦、二甲四氯、赛克津等除草剂进行化学防除。

土荆芥 *Dysphania ambrosioides* (L.) Mosyakin & Clemants

苋科	Amaranthaceae
腺毛藜属	*Dysphania*
英文名	wormseed, epazote, jusuit's tea, mexican tea, paico
中文别名	杀虫芥、臭草、鹅脚草、香藜草
危害等级	恶性入侵（2010年被列入第二批《中国外来入侵物种名单》）
生活型	一年生或多年生草本。
株	高50~80cm，有强烈香味。
茎	直立，多分枝，有色条及钝条棱；枝通常细瘦，有短柔毛并兼有具节的长柔毛，有时近于无毛。
叶	叶片矩圆状披针形至披针形，边缘具稀疏不整齐的大锯齿，基部渐狭具短柄，上面平滑无毛，下面有散生油点并沿叶脉稍有毛，下部的叶长达15cm，宽达5cm，上部叶逐渐狭小而近全缘。
花	花两性及雌性，通常3~5个团集，生于上部叶腋；花被裂片5，较少为3，绿色，果时通常闭合；雄蕊5，花药长0.5mm；花柱不明显，柱头通常3，较少为4，丝形，伸出花被外。
果	胞果扁球形，完全包于花被内。种子横生或斜生，黑色或暗红色，平滑，有光泽，边缘钝，直径约0.7mm。
物候期	花期夏秋间。花期、果期都很长。

原产地	热带美洲。
传入时间与方式及最早标本记载	最晚于晚清，可能经由当时的通商口岸广州随货物无意传入。国内最早的标本记载，1864年前在台湾淡水采集 [Oldaam 444（K）]，1907年在广州采集（PE00510341）。
中国分布	广西、江苏、安徽、湖南、浙江、上海、贵州、广东、四川、福建、江西、云南、湖北、重庆、河南、海南、台湾、香港、陕西、澳门、北京、黑龙江、山东、西藏等地。
神农架地区分布	兴山县、保康县、巴东县等地。
生物学特性与生境	种子繁殖。种子细小，产量却特别高，具有较好的初始萌发能力，无须经过休眠，也不需要特殊的土壤就能萌发，特别是在15～20℃时能很好地萌发，在14天内即可完成整个萌发过程。路边常见杂草，喜沙质土壤，对生长环境要求不严，极易扩散。
危害	在长江流域经常是杂草群落的优势种或建群种，种群数量大，常常侵入并威胁种植的草坪。含有毒的挥发油，可对其他植物产生化感作用。也是花粉过敏源，对人体健康有害。
防控措施	少量发生时，及时人工拔除或机械铲除。大量发生时，在苗期及时人工锄草，花期前喷施百草枯等除草剂进行化学防控。农田中铲除的土荆芥及时移走，防止其枯落物产生化感作用，保护农作物生长。

喜旱莲子草
Alternanthera philoxeroides (C. Martius) Grisebach

苋科	Amaranthaceae
莲子草属	*Alternanthera*
英文名	alligator weed, alligator grass, pig weed
中文别名	空心莲子草、水花生、空心苋、长梗满天星、东洋草、革命草、花生藤草、甲藤草、抗战草、空心莲子菜、水雍菜
危害等级	恶性入侵（2003年被列入第一批《中国外来入侵物种名单》）
生活型	多年生草本。
茎	基部匍匐，上部上升，管状，不明显4棱，长55～120cm，具分枝，幼茎及叶腋有白色或锈色柔毛。
叶	叶片矩圆形、矩圆状倒卵形或倒卵状披针形，长2.5～5cm，宽7～20mm，顶端急尖或圆钝，基部渐狭，全缘，两面无毛或上面有贴生毛及缘毛，下面有颗粒状突起；叶柄长3～10mm。
花	密生，成头状花序，球形，直径8～15mm，单生在叶腋，总花梗1～6cm；苞片及小苞片白色，具1脉，长2～2.5mm；花被片矩圆形，长5～6mm，白色；雄蕊花丝长2.5～3mm，基部连合成杯状；退化雄蕊矩圆状条形，和雄蕊约等长，顶端裂成窄条；子房倒卵形，具短柄，背面侧扁，顶端圆形。
物候期	花期5～10月。

同属入侵植物刺花莲子草（*Alternanthera pungens* Kunth）与它的区别为：头状花序无总梗，苞片及2外花被片顶端有刺。

原产地	南美洲巴拉那河流域，即巴西至巴拉圭以及阿根廷的北部区域。
传入时间与方式及最早标本记载	最早有1892年在上海附近岛屿出现的报道。该种传入包括随船舶无意带入和作为饲草人工引入两种途径，传入时间不晚于1930年。国内最早的标本记载，1930年在浙江省宁波市河道中采集到该种植物标本（ZMNH0004676）。
中国分布	上海、江苏、安徽、浙江、江西、湖南、湖北、广东、重庆、四川、贵州、云南、陕西、青海、福建、台湾、广西、山东、河北、河南、北京等地。
神农架地区分布	兴山县、巴东县、神农架林区、竹溪县、竹山县、房县、保康县。
生物学特性与生境	多年生水陆两栖草本，主要以茎节进行营养繁殖。对光的适应性比较广泛，强光或很隐蔽的地方都能生长。适应性和竞争性很强、并有较强的入侵性，能快速地入侵、定植和扩散。生在湖泊、池沼、水沟等湿地及附近陆生区域。
危害	可覆盖水面，堵塞河道、航道，危害作物，滋生蚊蝇，排挤其他植物，破坏生态景观。陆生型喜旱莲子草已在中国南方成为农田恶性杂草。因其大面积扩散蔓延，给种植业、淡水养殖业、水利工程及水上航运等带来极其不利的影响，亟需多部门协同防除。
防控措施	（1）机械防除。初期少量发生时应及时人工清除，对拔除或打捞上来的喜旱莲子草及其残体进行不低于1m的深埋或焚烧处理，以防造成二次扩散。机械防除，只适合于喜旱莲子草入侵还没有大范围蔓延的缓慢发展时期。 （2）化学防除。大量发生时，化学防除是主要的防治方法。广泛使用的除草剂有：整形素、水花生净、使它隆、草甘膦、硫酸铵、使它隆乳油、整形素等。 （3）综合防治。对于已经成功入侵的喜旱莲子草，单独依靠某一种方法已经很难完全防除。根据其不同生长阶段，将化学防治、生物防治和机械防治混合使用，有机整合，互相协调，综合控制，才能有效地根除喜旱莲子草的蔓延。在施用使它隆、甘草膦等除草剂的同时，采用莲子草假隔链格孢菌（*Nimbya alternantherae*）进行生物防治，并且及时机械清除喜旱莲子草的植株和残体，移走并进行深埋或焚烧处理。

凹头苋 *Amaranthus blitum* L.

苋科	Amaranthaceae
苋属	*Amaranthus*
英文名	llivid amaranth, pigweed, purple amaranth
中文别名	野苋
危害等级	严重入侵
生活型	一年生草本。
株	高10～30cm，全体无毛。
茎	伏卧而上升，从基部分枝，淡绿色或紫红色。
叶	叶片卵形或菱状卵形，长1.5～4.5cm，宽1～3cm，顶端凹缺，有1芒尖，基部宽楔形，全缘或稍呈波状；叶柄长1～3.5cm。
花	成腋生花簇，直至下部叶的腋部，生在茎端和枝端者成直立穗状花序或圆锥花序；苞片及小苞片矩圆形，长不及1mm；花被片矩圆形或披针形，长1.2～1.5mm，淡绿色，边缘内曲，背部有1隆起中脉；雄蕊比花被片稍短；柱头3或2，果熟时脱落。
果	胞果扁卵形，长3mm，不裂，微皱缩而近平滑，超出宿存花被片。种子环形，直径约12mm，黑色至黑褐色，边缘具环状边。
物候期	花期7～8月，果期8～9月。

本种和皱果苋相近，区别在于本种茎伏卧而上升，由基部分枝，胞果微皱缩而近平滑。

原产地	热带美洲。
传入时间与方式及最早标本记载	作为蔬菜引入中国，在北宋已有记载，传入时间可能更早。较早的标本记载，1864年采集于台湾地区新北市淡水镇，1920年在安徽采集（NAS00305700）。
中国分布	山东、浙江、江苏、北京、上海、湖南、河南、福建、广东、河北、四川、陕西、辽宁、贵州、新疆、云南、安徽、山西、江西、甘肃、湖北、广西、吉林、海南、黑龙江、澳门、天津、台湾等地。
神农架地区分布	巴东县、兴山县、神农架林区、房县、保康县、竹山县、竹溪县。
生物学特性与生境	种子繁殖。结实量大，种子比苋属的其他植物的种子大，约1000粒/g。种子休眠期可达12个月，在黑暗条件下可休眠数年，可长期保留土壤种子库。果实和种子能漂浮，可通过雨水、灌溉水或溪流等进行传播。种子能在牛的消化道存活，可随粪便传播。适合在各种土壤条件下生长，尤其是营养丰富的土壤。喜湿润环境，也耐干旱。而且具有C_4光和途径，在高温和高光下能快速生长，有很强的耐旱能力，并与蔬菜和作物进行光照、水分和营养的竞争。广泛生长于各种田间、苗圃、草地、果园、耕地、河岸、废弃地、路边、铁路沿线、村落、房前屋后的杂草地。
危害	被欧洲和亚洲十多个国家列为恶性杂草或主要杂草。是危害农田、草原、果园、种植园以及苗圃的恶性杂草或主要杂草。
防控措施	少量发生时，在苗期及时除草，进行人工拔除或机械铲除。大面积发生时，采用异丙甲草胺、草甘膦等除草剂进行化学防除。

老鸦谷 *Amaranthus cruentus* L.

苋科	Amaranthaceae
苋属	*Amaranthus*
英文名	red amaranth, African spinach, Mexican grain amaranth
中文别名	鸦谷、天雪米、繁穗苋
危害等级	中度入侵
生活型	一年生草本。
株	高1~2m。
茎	直立、单一或分枝，具钝棱，几无毛。
叶	叶卵状矩圆形或卵状披针形，长4~13cm，宽2~5.5cm，顶端锐尖或圆钝，具小芒尖，基部楔形。
花	花单性或杂性，圆锥花序腋生和顶生，由多数穗状花序组成，直立，后来下垂；苞片和小苞片钻形，背部中肋突出顶端成长芒；花被片膜质，绿色或紫色，顶端有短芒；雄蕊比花被片稍长。
果	胞果卵形，盖裂，和宿存花被等长。
物候期	花期6~7月，果期9~10月。

本种和尾穗苋相似，区别为：圆锥花序直立或以后下垂，花穗顶端尖，苞片及花被片顶端芒刺显明；花被片和胞果等长。也和千穗谷相似，区别为：雌花苞片为花被片长的1.5倍，花被片顶端圆钝。

原产地	可能起源于墨西哥南部及中美洲。
传入时间与方式及最早标本记载	作为谷物或观赏植物引入，清康熙年间已有记载。国内最早的标本记载，1914年在北京采集（BNU0044095）。
中国分布	北京、四川、江苏、广西、云南、浙江、安徽、陕西、广东、江西、重庆、贵州、山东、湖南、甘肃、辽宁、山西、湖北、海南、河北、上海、新疆、河南、内蒙古、福建、西藏等地。
神农架地区分布	兴山县、保康县、房县、巴东县等地。
生物学特性与生境	种子繁殖。结实量高，每株结实可达10万粒种子。种子小，2500～3500粒/g，可随风力、水流、动物等进行传播。喜温暖湿润的气候条件，中国各地均有栽培，逸后成野生，可生于田间、荒地等人为干扰生境。
危害	栽培逸生后成为田间和荒草地杂草。
防控措施	应加强栽培管理，防止其逸生。少量发生时，在苗期种子成熟前，通过人工拔除或机械铲除的方法及时清除。大量发生时，采用二甲四氯、异丙甲草胺、草甘膦等除草剂进行化学防除。

识别与防控

绿穗苋 *Amaranthus hybridus* L.

苋科	Amaranthaceae
苋属	*Amaranthus*
英文名	smooth pigweed, green amaranth, slim amaranth
中文别名	任性菜
危害等级	严重入侵
生活型	一年生草本。
株	高30~50cm。
茎	直立，分枝，上部近弯曲，有开展柔毛。
叶	叶片卵形或菱状卵形，长3~4.5cm，宽1.5~2.5cm，边缘波状或有不明显锯齿，下面疏生柔毛；叶柄长1~2.5cm，有柔毛。
花	圆锥花序顶生，细长，上升稍弯曲，有分枝，穗状花序组成，中间花穗最长；苞片及小苞片钻状披针形，长3.5~4mm，中脉坚硬，绿色，伸出成尖芒；花被片矩圆状披针形，长约2mm，顶端锐尖，具凸尖，中脉绿色；雄蕊略和花被片等长或稍长；柱头3。
果	胞果卵形，长2mm，环状横裂，超出宿存花被片。种子近球形，直径约1mm，黑色。
物候期	花期7~8月，果期9~10月。

本种和反枝苋极相似，但本种花序较细长，苞片较短，胞果超出宿存花被片，可以区别。

原产地	中美洲至北美洲南部。
传入时间与方式及最早标本记载	作为受干扰区域的先锋植物，又可作蔬菜食用，可能随人类活动有意或无意传入。Moquin-Tandon 1848年记载中国有分布。国内最早的标本记载，1918年在江苏采集（NAS00107360、00107365、00107368、00107369、00107370、00107371）。
中国分布	江苏、浙江、安徽、福建、江西、山东、河南、湖北、湖南、广东、广西、重庆、四川、贵州、陕西、甘肃、新疆等地。
神农架地区分布	兴山县、竹山县等地。
生物学特性与生境	种子繁殖。种子产量高，易于传播。广泛生长在各种营养、土壤类型条件，路边、荒地、山坡、果园、旱地等。
危害	受干扰生境杂草，危害果园、旱地，使作物减产。是寄生线虫属和烟草花叶病毒的寄主，也是辣椒炭疽菌的宿主。其花粉靠风力传播，能引起人类的过敏反应。
防控措施	人工栽培时注意田间管理，繁殖逸生扩散。少量发生时，幼苗期及时进行人工拔除，成熟植株采用机械防除。大面积发生时，采用二甲四氯、异丙甲草胺、草甘膦等除草剂进行化学防除。

反枝苋 *Amaranthus retroflexus* L.

苋科	Amaranthaceae
苋属	*Amaranthus*
英文名	redroot pigweed, carelessweed, common amaranth, redroot
中文别名	西风谷、苋菜、人苋菜、野苋菜
危害等级	恶性入侵（2012年被列入第三批《中国外来入侵物种名单》）
生活型	一年生草本。
株	高20~80cm，有时达1m多。
茎	直立，粗壮，单一或分枝，淡绿色，有时具带紫色条纹，稍具钝棱，密生短柔毛。
叶	叶片菱状卵形或椭圆状卵形，长5~12cm，宽2~5cm，顶端锐尖或尖凹，有小凸尖，全缘或波状缘，两面及边缘有柔毛，下面毛较密；叶柄长1.5~5.5cm，淡绿色，有时淡紫色，有柔毛。
花	圆锥花序顶生及腋生，直立，直径2~4cm，由多数穗状花序组成，顶生花穗最长；苞片及小苞片钻形，长4~6mm，白色，背面有1龙骨状突起，伸出顶端成白色尖芒；花被片矩圆形或矩圆状倒卵形，长2~2.5mm，薄膜质，白色，有1淡绿色细中脉，顶端急尖或尖凹，具凸尖；雄蕊比花被片稍长；柱头3，有时2。
果	胞果扁卵形，长约1.5mm，环状横裂，薄膜质，淡绿色，包裹在宿存花被片内；种子近球形，直径1mm，棕色或黑色。
物候期	花期7~8月，果期8~9月。

原产地	北美洲。
传入时间与方式及最早标本记载	随人为活动有意或无意引入。国内最早的标本记载，1905年在北京市采集到该种植物标本（NAS00305761）。
中国分布	山西、山东、内蒙古、河北、北京、新疆、江苏、陕西、四川、吉林、黑龙江、重庆、辽宁、宁夏、河南、甘肃、天津、贵州、江西、上海、湖北、广西、湖南、青海、浙江、安徽、海南、西藏、云南、广东、福建等地。
神农架地区分布	兴山县、保康县等地。
生物学特性与生境	种子繁殖。种子产量高，每株可产生种子11.74万～50万粒，甚至多达190万粒。种子小且轻，千粒重仅为0.38g，能漂浮，易随空气传播。种子可休眠，种子库6～10年仍有活力。对各种土壤适应强，有C_4光合作用途径，有低二氧化碳补偿点和高水分利用效率，生长快，是荒地等干扰生境的先锋物种。生在田园内、农地旁、人家附近的草地上，有时生在瓦房上。
危害	世界性的恶性杂草，对各种田间作物有破坏性和竞争性，造成作物减产。对杂草和作物有化感作用；其茎和枝可以积累和浓缩硝酸盐，对牲畜有毒；是多种作物害虫和病毒的替代寄主；花粉靠风力传播，会引起人类过敏反应。
防控措施	少量发生时，在幼苗期，及时进行人工拔除，成熟植株采用机械防除，应注意防止其从机械损伤中恢复并产生腋生花序。大量发生时，采用莠去津、二甲四氯、赛克津、拿草特等防治阔叶杂草的除草剂进行化学防除。

刺苋 *Amaranthus spinosus* L.

苋科	Amaranthaceae
苋属	*Amaranthus*
英文名	spiny amaranth, needle burr, prickly callaloo, prickly callau, prickly caterpillar, spiny pigweed, sticker weed, thorny pigweed, wild callau
中文别名	勒苋菜、笋苋菜
危害等级	恶性入侵（2010年被列入第二批《中国外来入侵物种名单》）
生活型	一年生草本。
株	高30~100cm，全株无毛或幼时稍有柔毛。
茎	直立，圆柱形或钝棱形，多分枝，有纵条纹，绿色或带紫色。
叶	叶片菱状卵形或卵状披针形，长3~12cm，宽1~5.5cm，顶端圆钝，具微凸头，全缘；叶柄长1~8cm，在其旁有2刺，刺长5~10mm。
花	圆锥花序腋生及顶生，长3~25cm，下部顶生花穗常全为雄花；苞片在腋生花簇及顶生花穗的基部者变成尖锐直刺，长5~15mm，在顶生花穗的上部者狭披针形，长1.5mm，顶端急尖，具凸尖，中脉绿色；小苞片狭披针形，长约1.5mm；花被片绿色，顶端急尖，具凸尖，边缘透明，中脉绿色或带紫色，雄花者矩圆形，长2~2.5mm，雌花者矩圆状匙形，长1.5mm；雄蕊花丝略和花被片等长或较短；柱头3，有时2。
果	胞果矩圆形，长1~1.2mm，在中部以下不规则横裂，包裹在宿存花被片内；种子近球形，直径约1mm，黑色或带棕黑色。
物候期	花果期7~11月。

原产地	美洲热带。
传入时间与方式及最早标本记载	可能随农作物、牧场种子和农业机械的污染物无意带入。国内最早的标本记载，1908年在北京和江苏采集（PE00151064、NAS00107474）。
中国分布	广西、广东、福建、江苏、江西、云南、重庆、浙江、四川、海南、贵州、山东、湖南、安徽、河南、上海、北京、湖北、陕西、台湾、香港、河北、辽宁、澳门、天津等地。
神农架地区分布	兴山县、保康县、巴东县等地。
生物学特性与生境	种子繁殖。种子产量高，种子小而轻，可随风或水流传播；种子可休眠，也可在高温下几天萌发。适应性强，在潮湿或干燥的地方均能生长。分布于耕地、牧场、果园、菜地、路边、垃圾堆、撂荒地和次生林等地。
危害	危害农作物，致其减产；植株富含硝酸盐，可致家畜中毒；能排挤本地植物，导致入侵地生物多样性降低；植株具坚硬的刺，会扎伤人畜。
防控措施	少量发生时，在幼苗期，及时进行机械铲除。大量发生时，采用莠去津、二甲四氯、赛克津、拿草特等阔叶杂草除草剂，进行化学防除。需要注意的是，刺苋对恶唑禾草灵、哌草磷和禾草丹有抗性，应避免反复使用同一除草剂，防止耐药性植株的出现。

识别与防控

苋 *Amaranthus tricolor* L.

苋科	Amaranthaceae
苋属	*Amaranthus*
英文名	edible amaranth, Chinese amaranth, elephant-head amaranth, fountain plant, ganges amaranth, Joseph's-coat, tampala
中文别名	雁来红、老少年、老来少、三色苋
危害等级	一般入侵
生活型	一年生草本。
株	高80~150cm，全株无毛或幼时有毛。
茎	粗壮，绿色或红色，常分枝。
叶	叶片卵形、菱状卵形或披针形，长4~10cm，宽2~7cm，绿色或常呈红色、紫色或黄色，或部分绿色加杂其他颜色，顶端圆钝或尖凹，具凸尖，全缘或波状缘；叶柄长2~6cm，绿色或红色。
花	花簇腋生，直到下部叶，或同时具顶生成下垂的穗状花序；花簇球形，直径5~15mm，雄花和雌花混生；苞片及小苞片卵状披针形，长2.5~3mm，透明，顶端有1长芒尖，背面具1绿色或红色隆起中脉；花被片矩圆形，长3~4mm，绿色或黄绿色，顶端有1长芒尖，背面具1绿色或紫色隆起中脉；雄蕊比花被片长或短。
果	胞果卵状矩圆形，长2~2.5mm，环状横裂，包裹在宿存花被片内。种子近圆形或倒卵形，直径约1mm，黑色或黑棕色，边缘钝。
物候期	花期5~8月，果期7~9月。

原产地	热带亚洲。
传入时间与方式及最早标本记载	约10世纪，最早见于《尔雅》，唐末长安已有栽培观赏花卉，元代《农桑辑要》首次提到栽培方法。国内最早的标本记载，1909年在上海采集（NAS00107502）。
中国分布	重庆、山西、四川、福建、广西、广东、贵州、河南、江西、云南、江苏、湖南、上海、北京、辽宁、浙江、陕西、海南、山东、安徽、河北、湖北、内蒙古、新疆、甘肃、黑龙江、天津、青海、西藏、吉林、香港等地。
神农架地区分布	巴东县、兴山县、神农架林区、房县、保康县、竹山县等地。
生物学特性与生境	种子繁殖。种子产量高，易传播。喜温暖气候，耐热力强，不耐寒冷。对土壤要求不严格，偏碱性土壤生长良好；具有一定的抗旱能力，在排水不良的田块生长较差。分布于田野荒坡和房屋前后。
危害	栽培有时逸为半野生，成为农田杂草。
防控措施	少量发生时，在幼苗期，及时进行人工拔除；成熟植株进行机械铲除，应注意清除根系，以防止其从机械损伤中恢复并产生腋生花序。大量发生时，采用二甲四氯、赛克津、拿草特等防治阔叶杂草的除草剂进行化学防除。

皱果苋 *Amaranthus viridis* L.

苋科	Amaranthaceae
苋属	*Amaranthus*
英文名	slender amaranth, african spinach, callaloo, green amaranth, rough pigweed, wild amaranth
中文别名	绿苋
危害等级	严重入侵
生活型	一年生草本。
株	高40~80cm，全体无毛。
茎	直立，有不显明棱角，稍有分枝，绿色或带紫色。
叶	叶片卵形、卵状矩圆形或卵状椭圆形，长3~9cm，宽2.5~6cm，顶端尖凹或凹缺，少数圆钝，有1芒尖，基部宽楔形或近截形，全缘或微呈波状缘；叶柄长3~6cm，绿色或带紫红色。
花	圆锥花序顶生，长6~12cm，宽1.5~3cm，有分枝，由穗状花序组成，圆柱形，细长，直立，顶生花穗比侧生长；总花梗长2~2.5cm；苞片及小苞片披针形，长不及1mm，顶端具凸尖；花被片矩圆形或宽倒披针形，长1.2~1.5mm，内曲，顶端急尖，背部有1绿色隆起中脉；雄蕊比花被片短；柱头3或2。
果	胞果扁球形，直径约2mm，绿色，不裂，极皱缩，超出花被片；种子近球形，直径约1mm，黑色或黑褐色，具薄且锐的环状边缘。
物候期	花期6~8月，果期8~10月。

原产地	可能为加勒比海地区，在热带和温带地区广泛归化或入侵。
传入时间与方式及最早标本记载	随人类作为食用和药用作物种植而有意或无意地传入。1861年在香港有分布记录。较早的标本是Callery于1844年在澳门采集，保存于法国自然历史博物馆（P04617694）；国内标本馆最早的标本记载，1910年在安徽采集（PE00151213）。
中国分布	江苏、广东、广西、山东、福建、重庆、河南、海南、江西、四川、云南、安徽、浙江、河北、陕西、湖南、上海、湖北、台湾、北京、天津、香港、山西、辽宁、贵州、甘肃、澳门、黑龙江、新疆、吉林等地。
神农架地区分布	兴山县、神农架林区、房县、保康县、竹山县等地。
生物学特性与生境	皱果苋富含钙和铁，是维生素B和维生素C的良好来源。种子繁殖。种子产量高，种子小适合风力和水流传播。具有C_4光合作用途径，在高温高光下快速生长。适应能力很强，适合于各种生境，有很强的耐旱能力，会与蔬菜和作物竞争光照、水分和营养。生长于人家附近的杂草地上或田野间等温暖潮湿土壤，还发生于几乎所有的作物、草本植物和木本植物中。
危害	危害蔬菜和秋旱作物。可与凹头苋杂交，猪食用后会中毒。
防控措施	采用地膜、秸秆（干草）等覆盖物防止其生长。少量发生时，在幼苗期，及时进行人工拔除，成熟植株采用机械防除。大面积发生时，采用二甲四氯、赛克津、拿草特等防治阔叶杂草的除草剂进行化学防除；在高粱、玉米和番茄等作物中，施用三嗪类除草剂和草克净等除草剂控制其生长。

仙人掌 *Opuntia dillenii* (Ker Gawl.) Haw.

仙人掌科	Cactaceae
仙人掌属	*Opuntia*
英文名	prickly pear, common prickly pear, Dillen's prickly pear, eltham indian fig, pipestem prickly pear, slipper thorn, spiny pest pear, sweet prickly pear
中文别名	仙巴掌、霸王树、火焰、火掌、牛舌头

危害等级 严重入侵

生活型 丛生肉质灌木。

株 高（1~）1.5~3m。上部分枝宽倒卵形、倒卵状椭圆形或近圆形，长10~35（~40）cm，宽7.5~20（~25）cm，厚达1.2~2cm，先端圆形，边缘通常不规则波状，绿色至蓝绿色，无毛；小窠疏生，直径0.2~0.9cm，明显突出，成长后刺增粗并增多，每小窠具（1~）3~10（~20）根刺，密生短绵毛和倒刺刚毛；刺黄色，有淡褐色横纹，粗钻形，多少开展并内弯，基部扁，坚硬，长1.2~4（~6）cm，宽1~1.5mm；倒刺刚毛暗褐色，长2~5mm，直立，多少宿存；短绵毛灰色，短于倒刺刚毛，宿存。

叶 钻形，长4~6mm，绿色，早落。

花 花辐状，直径5~6.5cm；花托倒卵形，长3.3~3.5cm，直径1.7~2.2cm，顶端截形并凹陷，基部渐狭，绿色，疏生突出的小窠，小窠具短绵毛、倒刺刚毛和钻形刺；萼状花被片宽倒卵形至狭倒卵形，长10~25mm，宽6~12mm，先端急尖或圆形，具小尖头，黄色，具绿色中肋；瓣状花被片倒卵形或匙状倒卵形，长25~30mm，宽12~23mm，先端圆形、截形或微凹，边缘全缘或浅啮蚀状；花丝淡黄色，长9~11mm；花药长约1.5mm，黄色；花柱长11~18mm，直径1.5~2mm，淡黄色；柱头5，长4.5~5mm，黄白色。

果 浆果倒卵球形，顶端凹陷，基部多少狭缩成柄状，长4~6cm，直径2.5~4cm，表面平滑无毛，紫红色，每侧具5~10个突起的小窠，小窠具短绵毛、倒刺刚毛和钻形刺；种子多数，扁圆形，长4~6mm，宽4~4.5mm，厚约2mm，边缘稍不规则，淡黄褐色。

物候期 花期6~10（~12）月。

原产地	墨西哥东海岸、美国南部及东南部沿海地区、西印度群岛、百慕大群岛和南美洲北部;在加那利群岛和印度、澳大利亚(东部)逸生。
传入时间与方式及最早标本记载	于明末作为围篱引种,南方沿海地区常见栽培,在广东、广西南部和海南沿海地区逸为野生。国内最早的标本记载,1910年在广东采集(PE01068677)。
中国分布	贵州、广西、浙江、云南、江西、湖南、广东、福建、陕西、北京、香港、江苏、新疆、海南、四川、上海、山东等地。
神农架地区分布	神农架林区、房县、保康县等地。
生物学特性与生境	无性繁殖和种子繁殖。叶状茎易从母体上脱落,当条件成熟可发育成新的植株。茎段可随动物、交通工具传播,也可随洪水、园艺垃圾传播;种子被鸟食后可随排泄物传播。采用景天酸代谢(CAM)途径,能适应极端的干旱,具有较厚的角质层,能够锁住水分蒸发。可生于沿海地区、干热河谷或石灰岩山地。
危害	仙人掌的刺,可以刺伤牲畜和人类,妨碍人类和动物的活动。会降低入侵植被的生物多样性,被列为"世界上最严重的100种外来入侵物种"之一。
防控措施	防控难度大,入侵后要及时尽早防控。少量入侵时,采用机械控制,需通过深埋、焚烧等方式彻底清除其植株残体。大量入侵时,采用毒莠定等除草剂进行化学防除;不过成本很高,而且仅对种群数量不大的孤立群体或新入侵种群效果明显。大面积入侵时,利用仙人掌蛾和胭脂虫等进行生物控制;但这种生物防治会影响其他商业栽培的仙人掌类植物,因此,确保宿主特异性,对仙人掌的防治十分必要。

梨果仙人掌 *Opuntia ficus-indica* (L.) Mill.

仙人掌科	Cactaceae
仙人掌属	*Opuntia*
英文名	prickly pear, barbary fig, cactus pear, Indian fig, Indian pricklypear, mission fig, smooth prickly pear
中文别名	仙人掌、霸王树、火焰、神仙掌、印度无花果
危害等级	严重入侵
生活型	肉质灌木或小乔木。
株	高1.5~5m，有时基部具圆柱状主干。分枝多数，淡绿色至灰绿色，无光泽，宽椭圆形、倒卵状椭圆形至长圆形，长（20~）25~60cm，宽7~20cm，厚达2~2.5cm，先端圆形，边缘全缘，表面平坦，无毛，具多数小窠；小窠圆形至椭圆形，长2~4mm，略具垫状，通常无刺，有时具1~6根开展的白色刺；刺针状，基部略背腹扁，稍弯曲，长0.3~3.2cm，宽0.2~1mm；短绵毛淡灰褐色，早落；倒刺刚毛黄色，易脱落。
叶	叶锥形，长3~4mm，绿色，早落。
花	花辐状，直径7~8（~10）cm；花托长圆形至长圆状倒卵形，长4~5.3cm，先端截形并凹陷，直径1.6~2.1cm，绿色，具多数垫状小窠，小窠密被短绵毛和黄色的倒刺刚毛，无刺或具少数刚毛状细刺；萼状花被片深黄色或橙黄色，具橙黄色或橙红色中肋，宽卵圆形或倒卵形，长0.6~2cm，宽0.6~1.5cm，先端圆形或截形；瓣状花被片深黄色、橙黄色或橙红色，倒卵形至长圆状倒卵形，长2.5~3.5cm，宽1.5~2cm，先端截形至圆形，边缘全缘或啮蚀状；花丝长约6mm，淡黄色；花药黄色，长1.2~1.5mm；花柱长15mm，直径2.5mm，淡绿色至黄白色；柱头（6~）7~10，长3~4mm，黄白色。
果	浆果椭圆球形至梨形，长5~10cm，直径4~9cm，顶端凹陷，表面平滑无毛，橙黄色（有些品种呈紫红色、白色或黄色，或兼有黄色或淡红色条纹），每侧有25~35个小窠，小窠有少数倒刺刚毛，无刺或有少数细刺；种子多数，肾状椭圆形，长4~5mm，宽3~4mm，厚1.5~2mm，边缘较薄，无毛，淡黄褐色。
物候期	花期5~6月。

原产地	墨西哥。
传入时间与方式及最早标本记载	1645年由荷兰人引入台湾栽培。大约在20世纪初引入华南和西南地区栽培。国内最早的标本记载，1940年在云南富宁县采集（PE01068646）。
中国分布	四川、云南、福建、广西、贵州、广东、台湾、浙江等地。
神农架地区分布	兴山县、巴东县等地。
生物学特性与生境	无性繁殖和种子繁殖。叶状茎，甚至其片段，在极端环境都能存活很长时间，环境适宜时开始生根。每个果实产生的可育种子量大，休眠期短。果实被鸟类等动物食用后传播。有丰富的浅根系统，对土壤厚度和pH值要求不高，气候适应性比较宽泛，年降雨250～1200mm，0～40℃皆可生长。可生长于浅层土和石灰岩山区。
危害	容易入侵废弃的农业用地，在受干扰严重的草地、灌丛很容易建立种群。梨果仙人掌植株相对高大，能形成比较密集的灌木丛，阻碍人类和动物的活动。
防控措施	挖根、切割、清除等机械控制的方法，费人力并会产生新的碎片，而加剧入侵，不建议应用；仅少量入侵时采用，但需采用深埋、焚烧等方式彻底清除其植株残体。大量入侵时，采用毒莠定等激素类除草剂进行化学防控，但价格昂贵；砷类除草剂效果好，但毒性大，被禁止使用。大面积发生时，采用仙人掌蛾和胭脂虫等进行生物防控；但要选择专一性强的防治生物，否则会影响商业栽培的仙人掌类植物。

单刺仙人掌 *Opuntia monacantha* (Willd.) Haw.

仙人掌科	Cactaceae
仙人掌属	*Opuntia*
英文名	common prickly pear, cochineal prickly pear, drooping prickly pear, smooth tree pear
中文别名	仙人掌、扁金铜、绿仙人掌
危害等级	严重入侵
生活型	肉质灌木或小乔木。

株 高1.3~7m，老株常具圆柱状主干，直径达15cm。分枝多数，开展，倒卵形、倒卵状长圆形或倒披针形，长10~30cm，宽7.5~12.5cm，先端圆形，边缘全缘或略呈波状，基部渐狭至柄状，嫩时薄而波皱，鲜绿而有光泽，疏生小窠；小窠圆形，直径3~5mm，具短绵毛、倒刺刚毛和刺；刺针状，单生或2（~3）根聚生，直立，长1~5cm，灰色，具黑褐色尖头，基部直径0.2~1.5mm，有时嫩小窠无刺，老时生刺，在主干上每小窠可具10~12根刺，刺长达7.5cm；短绵毛灰褐色，密生，宿存；倒刺刚毛黄褐色至褐色，有时隐藏于短绵毛中。

叶 钻形，长2~4mm，绿色或带红色，早落。

花 辐状，直径5~7.5cm；花托倒卵形，长3~4cm，先端截形，凹陷，直径1.5~2.2cm，基部渐狭，绿色，疏生小窠，小窠具短绵毛和倒刺刚毛，无刺或具少数刚毛状刺；萼状花被片深黄色，外面具红色中肋，卵形至倒卵形，长0.8~2.5cm，宽0.8~1.5cm，先端圆形，边缘全缘；瓣状花被片深黄色，倒卵形至长圆状倒卵形，长2.3~4cm，宽1.2~3cm，先端圆形或截形，边缘近全缘；花丝长12mm，淡绿色；花药淡黄色，长约1mm；花柱淡绿色至黄白色，长12~20mm，直径约1.5mm；柱头6~10，长4.5~6mm，黄白色。

果 浆果梨形或倒卵球形，长5~7.5cm，直径4~5cm，顶端凹陷，基部狭缩成柄状，无毛，紫红色，每侧具10~15（20）个小窠，小窠突起，具短绵毛和倒刺刚毛，通常无刺；种子多数，肾状椭圆形，长约4mm，宽约3mm，厚1.5mm，淡黄褐色，无毛。

物候期 花期4~8月。

原产地	巴西、巴拉圭、乌拉圭及阿根廷。
传入时间与方式及最早标本记载	明朝末年通过苗木贸易，作为绿篱及果实有意引入。刘文徵1625年《滇志》中记载云南已有引种栽培。野生国内最早的标本记载，1912年在云南省腾冲县腾越镇采集（PE01068664）。
中国分布	中国各省份有引种栽培，在云南南部及西部、四川、重庆、广东、广西、福建南部和台湾沿海地区归化。
神农架地区分布	巴东县、兴山县、保康县等地。
生物学特性与生境	无性繁殖和种子繁殖。无性繁殖，更新能力强。种子抗逆性强，发芽率高。主要通过种子和破碎的扁平叶状茎快速传播。抗逆性强，适应的气候类型多；耐高温和长时间干旱，也能耐一定程度的霜冻，海拔可达2500m。喜排水良好的沙质土壤或者肥沃土壤，不耐水涝，耐盐碱，可分布于海边、山坡开阔地或石灰岩山地。
危害	单刺仙人掌是广泛报道的农业及环境有害杂草，能形成密集的灌丛，破坏原生境，限制人类和家畜活动。其植株上的刺及倒钩刺毛接触到皮肤后，易导致皮肤刺激过敏。
防控措施	挖掘、除根、切割、焚烧、破碎等方式是控制单刺仙人掌的物理方法，但耗时耗力，且破碎的植株碎片可能造成新的入侵，需要采用深埋、焚烧等方式彻底清除其植株残体。针对种群数量不多的零星种群，采用毒莠定等激素类除草剂进行化学防控，但价格昂贵；砷类除草剂效果好，但毒性大，被禁止使用。大面积发生时，采用胭脂虫等进行生物防控；但要选择专一性强的防治生物，否则会影响商业栽培的仙人掌类植物。

弯曲碎米荠 *Cardamine flexuosa* With.

十字花科	Cruciferae
碎米荠属	*Cardamine*
英文名	wavy bittercress, wavy-leaved bittercress, wood bittercress, woodland bittercress
中文别名	高山碎米荠、卵叶弯曲碎米荠、柔弯曲碎米荠、峨眉碎米荠
危害等级	一般入侵
生活型	一年或二年生草本。
株	高达30cm。
茎	自基部多分枝，斜升呈铺散状，表面疏生柔毛。
叶	基生叶有叶柄，小叶3~7对，有小叶柄，顶生小叶卵形、倒卵形或长圆形，长与宽均为2~5mm，顶端3齿裂，基部宽楔形，侧生小叶卵形，较顶生的小，1~3齿裂；茎生叶有小叶3~5对，小叶柄有或无，小叶多为长卵形或线形，1~3裂或全缘，全部小叶近于无毛。
花	总状花序多数，生于枝顶，花小，花梗纤细，长2~4mm；萼片长椭圆形，长约2.5mm，边缘膜质；花瓣白色，倒卵状楔形，长约3.5mm；花丝不扩大；雌蕊柱状，花柱极短，柱头扁球状。
果	长角果线形，扁平，长12~20mm，宽约1mm，与果序轴近于平行排列，果序轴左右弯曲，果梗直立开展，长3~9mm；种子长圆形而扁，长约1mm，黄绿色，顶端有极窄的翅。
物候期	花期3~5月，果期4~6月。

原产地	欧洲。
传入时间与方式及最早标本记载	近代通过贸易和农业活动无意引入，引入时间不详。国内最早的标本记载，1910年在浙江采集（PE00817670）。
中国分布	云南、重庆、四川、江苏、湖南、江西、浙江、广东、陕西、贵州、福建、湖北、西藏、安徽、山东、河南、上海、甘肃、台湾、辽宁、北京、天津、内蒙古、香港、青海、河北、吉林、新疆等地。
神农架地区分布	神农架林区、兴山县等地。
生物学特性与生境	种子繁殖。生长期短，适应广，低海拔到3600m都能生长，几乎遍布全国。生于草甸、草地、林中、山坡、山谷、平地、河边、荒地、田边、宅边、路旁及耕地等地。
危害	农地、绿化园地杂草。
防控措施	人工防治，首先是防止弯曲碎米荠的种子进入农地或园地，通过人工拔除或草甘膦等灭生性除草剂清除地边、路旁的种群，防止扩散，以减少来源。在作物幼苗期，采用替代控制方法进行防控，利用覆盖、遮光等原理，用塑料薄膜覆盖或播种其他作物（或草种）等方法进行控制。在作物生长期，少量发生时，及时人工拔除或铲除；大量发生时，结合中耕施肥等农耕措施剔除，并采用莠去津、二甲四氯、赛克津等多种除草剂进行化学防除。

识别与防控

臭独行菜 *Lepidium didymum* L.

十字花科	Cruciferae
独行菜属	*Lepidium*
英文名	lesser swine-cress, swine cress
中文别名	芸芥、臭芸芥、臭荠
危害等级	一般入侵
生活型	一年生或二年生草本。
株	高20~50cm。
茎	单一，直立，上部分枝，具柱状腺毛。
叶	基生叶倒披针形，长1~5cm，羽状分裂或大头羽裂，裂片大小不等，卵形或长圆形，边缘有锯齿，两面有短伏毛；叶柄长1~1.5cm；茎生叶有短柄，倒披针形或线形，长1.5~5cm，宽2~10mm，顶端急尖，基部渐狭，边缘有尖锯齿或全缘。
花	总状花序顶生；萼片椭圆形，长约1mm；花瓣白色，倒卵形，和萼片等长或稍长；雄蕊2或4。
果	短角果近圆形，长2~3mm，宽1~2mm，扁平，有窄翅，顶端微缺，花柱极短；果梗长2~3mm；种子卵形，长约1mm，光滑，红棕色，边缘有窄翅，子叶缘倚胚根。
物候期	花期4~5月，果期6~7月。

原产地	南美洲。
传入时间与方式及最早标本记载	20世纪初通过航海贸易无意引入。国内最早的标本记载，1905年在香港采集、1908年在上海徐家汇采集（NAS00113620）。
中国分布	江苏、江西、浙江、山东、福建、湖北、河南、湖南、上海、广西、安徽、广东、新疆、重庆、贵州、四川、吉林、海南、甘肃、辽宁、青海、黑龙江、陕西、台湾、河北、内蒙古、云南、北京、西藏、山西等地。
神农架地区分布	神农架林区、兴山县、巴东县等地。
生物学特性与生境	种子繁殖。结实量大，种子细小，易随风、水流、鸟类扩散，也可混在农作物粮食中扩散。适应性强，对贫瘠干旱的土壤有一定的耐受性，抗逆性高。
危害	蔬菜、农作物的重要杂草之一，也可生于人工草地，通过养分竞争，影响作物和草坪的生长。混入饲料，会使奶牛的生乳产生异味，造成经济损失。
防控措施	臭独行菜种子细小，深耕翻播是有效的耕作防除方式之一。少量入侵时，在开花结果前，及时人工拔除。大量发生时，采用二甲四氯、莠去津、伴地农、阔叶散、溴嘧草醚悬浮剂等除草剂进行化学防除。

北美独行菜 *Lepidium virginicum* L.

十字花科	Cruciferae
独行菜属	*Lepidium*
英文名	Virginian peppercress, least pepperwort, pepper grass, poorman's pepperwort, Virginia cress, Virginia pepperweed, wild peppercress
中文别名	独行菜
危害等级	严重入侵
生活型	一年或二年生匍匐草本。
株	高5~30cm，全体有臭味。
茎	主茎短且不显明，基部多分枝，无毛或有长单毛。
叶	叶为一回或二回羽状全裂，裂片3~5对，线形或窄长圆形，长4~8mm，宽0.5~1mm，顶端急尖，基部楔形；叶柄长5~8mm。
花	极小，直径约1mm，萼片具白色膜质边缘；花瓣白色，长圆形，比萼片稍长，或无花瓣；雄蕊通常2。
果	短角果肾形，长约1.5mm，宽2~2.5mm，2裂，果瓣半球形，表面有粗糙皱纹，成熟时分离成2瓣；种子肾形，长约1mm，红棕色。
物候期	花期3月，果期4~5月。

原产地	南美洲。
传入时间与方式及最早标本记载	20世纪初以种子的方式无意带入中国。国内最早的标本记载，1907年在上海采集（NAS00113620）。
中国分布	上海、江苏、浙江、福建、重庆、江西、山东、湖北、广东、安徽、湖南、河南、云南、香港、四川、台湾、西藏、澳门等地。
神农架地区分布	兴山县、巴东县、保康县、房县等地。
生物学特性与生境	种子繁殖。可自花授粉，昆虫活动也有助于其花粉传播。种子萌发有光敏性。果实轻，边缘具狭翅，易随风飘散；也易混入粮食种子中，也可通过鸟类取食、动物皮毛等长距离传播。生长适应性强，适生范围广，低海拔到高达3600m皆可生长。耐阴、耐盐碱、耐干旱、耐贫瘠。常生长于路边荒山、山坡草丛、园林绿地、房前屋后、耕地或草地。
危害	该种能快速建立种子库，与当地植被竞争养分和空间，危害农田、果园。旱地中发生尤为严重，具化感作用，影响作物生长，造成减产。入侵公园绿地，特别是草坪，影响绿化效果。入侵自然生态系统，破坏生态平衡，降低当地群落的生物多样性。
防控措施	深翻耕地能减少农田中该种植物的数量。少量入侵时，在开花结果前，及时人工拔除。大量发生时，在幼苗期，采用赛克津、伴地农、丙炔氟草胺等除草剂进行化学防除。

045

识别与防控

山扁豆 *Chamaecrista mimosoides* Standl.

豆科	Fabaceae
山扁豆属	*Chamaecrista*
英文名	sensitive partridge pea, partridge pea, sensitive cassia, sensitive pea, sensitive plant, wild sensitive plant, wild sensitive senna
中文别名	含羞草决明、还瞳子、黄瓜香、梦草、夜合草
危害等级	中度入侵
生活型	一年生或多年生亚灌木状草本。
秆	高30~60cm,多分枝;枝条纤细,被微柔毛。
叶	长4~8cm,在叶柄的上端、最下一对小叶的下方有1圆盘状腺体;小叶20~50对,线状镰形,长3~4mm,宽约1mm,顶端短急尖,两侧不对称,中脉靠近叶的上缘,干时呈红褐色;托叶线状锥形,长4~7mm,有明显肋条,宿存。
花	花序腋生,1或数朵聚生不等,总花梗顶端有2小苞片,长约3mm;萼长6~8mm,顶端急尖,外被疏柔毛;花瓣黄色,不等大,具短柄,略长于萼片;雄蕊10枚,5长5短相间而生。
果	荚果镰形,扁平,长2.5~5cm,宽约4mm,果柄长1.5~2cm;种子10~16。
物候期	花果期通常8~10月。

原产地	热带美洲。
传入时间与方式及最早标本记载	明代《救荒本草》对该种有记载。近代作为药用植物有意引进华南，也作为绿肥种植，逸生成为野生。国内最早的标本记载，1901年在北京采集（PE00325392）。
中国分布	广西、贵州、云南、广东、河北、北京、福建、江西、海南、山东、湖南、台湾、江苏、四川、河南、香港、浙江、西藏、陕西、天津、辽宁等地。
神农架地区分布	兴山县、保康县等地。
生物学特性与生境	种子繁殖或块茎繁殖。种子易繁殖。随人们栽培传播，局部扩散到自然生境。生长速度极快，气候适应性广，耐旱又耐贫瘠。生于山坡、荒地、灌木丛、草地等生境。
危害	该种大面积生长，会造成较严重危害。
防控措施	少量发生时，在开花结果前，及时进行人工拔除、机械铲除。大面积发生时，采用草甘膦、百草敌、莠去津、二甲四氯、赛克津等除草剂进行化学防除。

银合欢 *Leucaena leucocephala* (Lam.) de Wit

豆科	Fabaceae
银合欢属	*Leucaena*
英文名	leucaena, coffee bush, false koa, hedge acacia, horse tamarind, jumpy-bean, lead tree, vi-vi, white popinac, wild tamarind
中文别名	白合欢
危害等级	严重入侵
生活型	灌木或小乔木。
株	高2~6m；幼枝被短柔毛，老枝无毛，具褐色皮孔，无刺。
叶	托叶三角形，小。羽片4~8对，长5~9（~16）cm，叶轴被柔毛，在最下一对羽片着生处有1黑色腺体；小叶5~15对，线状长圆形，长7~13mm，宽1.5~3mm，先端急尖，基部楔形，边缘被短柔毛，中脉偏向小叶上缘，两侧不等宽。
花	头状花序通常1~2个腋生，直径2~3cm；苞片紧贴，被毛，早落；总花梗长2~4cm；花白色；花萼长约3mm，顶端具5细齿，外面被柔毛；花瓣狭倒披针形，长约5mm，背被疏柔毛；雄蕊10枚，通常被疏柔毛，长约7mm；子房具短柄，上部被柔毛，柱头凹下呈杯状。
果	荚果带状，长10~18cm，宽1.4~2cm，顶端凸尖，基部有柄，纵裂，被微柔毛；种子6~25，卵形，长约7.5mm，褐色，扁平，光亮。
物候期	花期4~7月，果期8~10月。

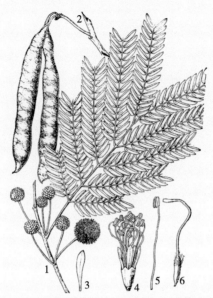

银合欢Leucaena leucocephala (Lam.) de Wit: 1.花枝, 2.果, 3.花瓣, 4.花, 5.雄蕊, 6.雌蕊。（引自《广州植物志》）

原产地	热带美洲。
传入时间与方式及最早标本记载	1645年由荷兰人作为饲料有意引入中国台湾地区。国内最早的标本记载，1918年在福建省采集（PE01114597、PEY0035406、PEY0035407）。
中国分布	广东、云南、广西、福建、海南、四川、重庆、贵州、台湾、香港、湖南、浙江、江西、澳门、上海、北京、河南等地。
神农架地区分布	兴山县、巴东县、保康县等地。
生物学特性与生境	种子繁殖或根蘖繁殖。种子数量多，可在土壤中长期存留。根蘖能力强。随人工栽培传播，种子自行开裂可随风力和重力传播。根系深而且特别发达，抗旱性强，耐贫瘠，生长迅速，成熟植株抗冻能力强，适应性强。生于低海拔的荒地或疏林中。
危害	该种被IUCN列为《世界100种恶性入侵植物名单》（Lowe et al., 2004）。公路两旁绿化因种子产量高和枝条萌生能力强，极易蔓延入侵到周围自然生态系统，并形成单优群落，通过化感作用影响其他植物生长。枝叶有毒，牛羊啃食过量会导致皮毛脱落。
防控措施	控制引种栽培，道路绿化、荒山荒坡恢复时，采用本地其他植物替代种植以达到防控的目的。定期清理道路两旁散落的种子，减少来源。在入侵严重的地区，通过人工砍伐、机械铲除的方法进行防控。

南苜蓿 *Medicago polymorpha* L.

豆科	Fabaceae
苜蓿属	*Medicago*
英文名	bur clover, bur medic, bur trefoil, burr medic, hairy medic, rough medic, toothed bur-clover, toothed medic, trefoil-clover
中文别名	金花菜、黄花草子
危害等级	一般入侵
生活型	一年生或二年生草本。
株	高20~90cm。
茎	平卧、上升或直立,近四棱形,基部分枝,无毛或微被毛。
叶	羽状三出复叶;托叶大,卵状长圆形,长4~7mm,先端渐尖,基部耳状,边缘具不整齐条裂,成丝状细条或深齿状缺刻,脉纹明显;叶柄柔软,细长,长1~5cm,上面具浅沟;小叶倒卵形或三角状倒卵形,长7~20mm,宽5~15mm,纸质,先端钝,近截平或凹缺,具细尖,基部阔楔形,边缘在三分之一以上具浅锯齿,上面无毛,下面被疏柔毛,无斑纹。
花	花序头状伞形,具花(1~)2~10朵;总花梗腋生,纤细无毛,长3~15mm,比叶短;苞片甚小,尾尖;花长3~4mm;花梗不到1mm;萼钟形,长约2mm,萼齿披针形,与萼筒近等长;花冠黄色,旗瓣倒卵形,先端凹缺,基部阔楔形,比翼瓣和龙骨瓣长,翼瓣长圆形,基部具耳和稍阔的瓣柄,齿突甚发达,龙骨瓣比翼瓣稍短,基部具小耳,成钩状;子房长圆形,镰状上弯,微被毛。
果	荚果盘形,暗绿褐色,顺时针方向紧旋1.5~2.5(~6)圈,直径(不包括刺长)4~6(~10)mm,螺面平坦无毛,有多条辐射状脉纹,近边缘处环结,每圈具棘刺或瘤突15;种子每圈1~2,长肾形,长约2.5mm,宽1.25mm,棕褐色,平滑。
物候期	花期3~5月,果期5~6月。

原产地	北非、西亚、南欧。
传入时间与方式及最早标本记载	西汉作为牧草、绿肥人为引入。国内最早的标本记载，1908年在上海采集（NAS00120537）。
中国分布	重庆、江苏、上海、四川、贵州、江西、湖南、湖北、浙江、河南、陕西、安徽、福建、广东、广西、山东、甘肃、云南、台湾、山西等地。
神农架地区分布	神农架林区、兴山县等地。
生物学特性与生境	种子繁殖或营养繁殖。种子繁殖容易；营养繁殖蔓生快。随人工种植传播，混杂于农作物种子传播，或靠种子重力、风力传播。根系发达，对土壤要求不严，耐寒性强，抗干旱，适应性强。因含苜蓿皂甙而具有抗植食性昆虫、抗真菌等作用。生于路旁、荒坡、农地和栽培园等地。
危害	该种主要为旱地杂草。
防控措施	应严格控制引种栽培，防止逸生后成野生，避免将其种子带入农田。少量发生时，在结果前，及时人工拔除。大面积发生时，采用施泰隆、甲硫嘧磺隆等除草剂进行化学防除。

紫苜蓿 *Medicago sativa* L.

豆科	Fabaceae
苜蓿属	*Medicago*
英文名	lucerne, alfalfa, purple medick
中文别名	三叶草、草头、苜蓿
危害等级	一般入侵
生活型	多年生草本。
株	高30~100cm。
根	粗壮，深入土层，根颈发达。
茎	直立、丛生以至平卧，四棱形，无毛或微被柔毛，枝叶茂盛。
叶	羽状三出复叶；托叶大，卵状披针形，基部全缘或具1~2齿裂，脉纹清晰；叶柄比小叶短；小叶长卵形、倒长卵形至线状卵形，长（5~）10~25（~40）mm，宽3~10mm，纸质，基部狭窄，楔形，边缘三分之一以上具锯齿，深绿色，侧脉8~10对；顶生小叶柄比侧生小叶柄略长。
花	花序总状或头状，长1~2.5cm，具花5~30；总花梗挺直，比叶长；苞片线状锥形；花长6~12mm；花梗短，长约2mm；萼钟形，长3~5mm，萼齿线状锥形，比萼筒长，被贴伏柔毛；花冠淡黄色、深蓝色至暗紫色，花瓣均具长瓣柄，旗瓣长圆形，先端微凹，明显较翼瓣和龙骨瓣长，翼瓣较龙骨瓣稍长；子房线形，具柔毛，花柱短阔，上端细尖，柱头点状，胚珠多数。
果	荚果螺旋状紧卷2~4（~6）圈，中央无孔或近无孔，径5~9mm，被柔毛或渐脱落，脉纹细，不清晰，熟时棕色，有种子10~20；种子卵形，长1~2.5mm，平滑，黄色或棕色。
物候期	花期5~7月，果期6~8月。

原产地	亚洲西南部及欧洲东南部。
传入时间与方式及最早标本记载	大约公元前100年，汉代张骞出使西域时首先引种到陕西，作为牧草、蜜源植物、绿肥植物栽培。国内最早的标本记载，1905年在河北采集（PE00399554）。
中国分布	四川、山西、内蒙古、新疆、甘肃、山东、陕西、河北、北京、辽宁、河南、江苏、西藏、黑龙江、青海、吉林、宁夏、重庆、贵州、天津、湖南、安徽、广东、湖北、上海、江西、广西、浙江、台湾、福建等地。
神农架地区分布	兴山县、神农架林区、房县、保康县等地。
生物学特性与生境	种子繁殖或营养繁殖。种子繁殖容易。随人工栽培扩散传播，混杂于农作物种子传播，重力或风力传播。根系发达，对土壤要求不严，抗干旱、抗贫瘠，适应性强。生于田边、路旁、旷野、草原、河岸及沟谷等地。
危害	栽培后逸生，成为旱地杂草，危害农作物、果园等，造成减产。
防控措施	控制引种，精选种子，防止逸生扩展扩散，减少来源。少量入侵时，在结果前，及时进行人工拔除。大量发生时，在苗期，采用施泰隆、草甘膦、二甲四氯等除草剂进行化学防除。

白花草木樨 *Melilotus albus* Desr.

豆科	Fabaceae
草木樨属	*Melilotus*
英文名	honey clover, bokhara clover, sweet clover, white melilot, white sweet clover
中文别名	白花草木犀
危害等级	一般入侵
生活型	一年生或二年生草本。
株	高70～200cm。
茎	直立，圆柱形，中空，多分枝，几无毛。
叶	羽状三出复叶；托叶尖刺状锥形，长6～10mm，全缘；叶柄比小叶短，纤细；小叶长圆形或倒披针状长圆形，长15-30cm，宽（4～）6～12mm，边缘疏生浅锯齿，上面无毛，下面被细柔毛，侧脉12～15对，平行直达叶缘齿尖，顶生小叶稍大，具较长小叶柄。
花	总状花序长9～20cm，腋生，具花40～100，排列疏松；苞片线形，长1.5～2mm；花长4～5mm；花梗短，长约1～1.5mm；萼钟形，长约2.5mm，微被柔毛，萼齿三角状披针形，短于萼筒；花冠白色，旗瓣椭圆形；子房卵状披针形，胚珠3～4。
果	荚果椭圆形至长圆形，长3～3.5mm，先端锐尖，具尖喙表面脉纹细，网状，棕褐色，老熟后变黑褐色，有种子1～2；种子卵形，棕色，表面具细瘤点。
物候期	花期5～7月，果期7～9月。

原产地	西亚至南欧。
传入时间与方式及最早标本记载	中国于1922年引进该种，作为牧草和蜜源植物栽培。国内最早的标本记载，1929年采集（PE00400170）。
中国分布	新疆、甘肃、陕西、江苏、四川、内蒙古、黑龙江、山西、青海、宁夏、北京、贵州、西藏、河北、山东、湖南、吉林、福建、浙江、河南、江西、辽宁、重庆等地。
神农架地区分布	兴山县、巴东县等地。
生物学特性与生境	种子或营养繁殖。种子繁殖容易，营养繁殖蔓生快。随人工栽培传播。根系发达，生长快，对土壤要求不严，耐贫瘠、耐盐碱、耐水湿、耐寒、耐干旱。生于田边、路旁荒地及湿润的沙地。
危害	一般性杂草，主要危害果园，有时入侵农田。
防控措施	控制引种，防止逸生，避免扩散，减少来源。少量入侵时，在开花前，及时人工拔除。大面积入侵时，采用二甲四氯、赛克津、拿草特等除草剂进行化学防除。

草木樨 *Melilotus officinalis* (L.) Pall.

豆科	Fabaceae
草木樨属	*Melilotus*
英文名	yellow sweet clover, common melilot, field melilot, ribbed melilot, yellow melilot, yellow trefoil
中文别名	辟汗草、黄花草木樨、黄香草木樨
危害等级	一般入侵
生活型	二年生草本。
株	高40~100（~250）cm。
茎	直立，粗壮，多分枝，具纵棱，微被柔毛。
叶	羽状三出复叶；托叶镰状线形，长3~5（~7）mm，中央有1脉纹，全缘或基部有1尖齿；叶柄细长；小叶倒卵形、阔卵形、倒披针形至线形，长15~25（~30）mm，宽5~15mm，先端钝圆或截形，边缘具不整齐疏浅齿，侧脉8~12对，平行直达齿尖，顶生小叶稍大，具较长的小叶柄。
花	总状花序长6~15（~20）cm，腋生，具花30~70朵，初时稠密，花开后渐疏松，花序轴在花期显著伸展；苞片刺毛状，长约1mm；花长3.5~7mm；花梗与苞片等长；萼钟形，长约2mm，脉纹5条，甚清晰，萼齿三角状披针形，稍不等长，比萼筒短；花冠黄色，旗瓣倒卵形；雄蕊筒在花后，常宿存包于果外；子房卵状披针形，胚珠（4~）6（~8）粒，花柱长于子房。
果	荚果卵形，长3~5mm，宽约2mm，先端具宿存花柱，表面具凹凸不平的横向细网纹，棕黑色，有种子1~2；种子卵形，长2.5mm，黄褐色，平滑。
物候期	花期5~9月，果期6~10月。

原产地	西亚至南欧。
传入时间与方式及最早标本记载	古代引入,作为牧草、绿肥和蜜源植物栽培。国内最早的标本记载,1901年采集(N128081889)。
中国分布	山西、重庆、河南、新疆、四川、江苏、北京、黑龙江、甘肃、陕西、山东、青海、上海、河北、辽宁、内蒙古、贵州、江西、西藏、安徽、浙江、天津、吉林、广西、湖南、湖北、云南、福建、宁夏、台湾、广东等地。
神农架地区分布	房县、兴山县、保康县等地。
生物学特性与生境	种子或营养繁殖。种子繁殖容易,营养繁殖蔓生快。随人工繁殖传播。根系发达,生长健壮,对土壤要求不严,耐寒性强,抗干旱,适应性强。生于山坡、河岸、路旁、沙质草地及林缘。
危害	常见栽培,逸生为野生,主要为旱地杂草,危害果园,有时危害农田。
防控措施	控制引种栽培,防止逸生,避免将种子带入农田。少量入侵时,在开花前,及时人工拔除。大面积入侵时,采用二甲四氯、赛克津、拿草特等除草剂进行化学防除。

含羞草 *Mimosa pudica* L.

豆科	Fabaceae
含羞草属	*Mimosa*
英文名	sensitive plant, action plant, dead-and-awake, humble plant, live-and-die, mimosa, shame bush, shame plant, touch-me-not
中文别名	怕羞草、害羞草、怕丑草、呼喝草、知羞草
危害等级	严重入侵
生活型	披散、亚灌木状草本。
株	高可达1m。
茎	圆柱状，具分枝，有散生、下弯的钩刺及倒生刺毛。
叶	托叶披针形，长5～10mm，有刚毛；羽片和小叶触之即闭合而下垂；羽片通常2对，指状排列于总叶柄之顶端，长3～8cm；小叶10～20对，线状长圆形，长8～13mm，宽1.5～2.5mm，先端急尖，边缘具刚毛。
花	头状花序圆球形，直径约1cm，具长总花梗，单生或2～3个生于叶腋；花小，淡红色，多数；苞片线形；花萼极小；花冠钟状，裂片4，外面被短柔毛；雄蕊4枚，伸出于花冠之外；子房有短柄，无毛；胚珠3～4；花柱丝状，柱头小。
果	荚果长圆形，长1-2cm，宽约5mm，扁平，稍弯曲，荚缘波状，具刺毛，成熟时荚节脱落，荚缘宿存；种子卵形，长3.5mm。
物候期	花期3～10月，果期5～11月。

原产地	热带美洲。
传入时间与方式及最早标本记载	明朝末期，作为观赏植物引入。国内最早的标本记载，1907年在广东采集（PE01684986）。
中国分布	广东、云南、广西、海南、福建、江苏、重庆、四川、江西、安徽、湖北、北京、香港、台湾、浙江、山东、贵州、湖南、澳门、上海、黑龙江、陕西、河南、山西等地。
神农架地区分布	兴山县、保康县等地。
生物学特性与生境	种子繁殖。荚果断裂成为含1粒种子的荚节，有刺毛，可负载于人或动物身体上传播。喜光，喜温暖湿润的气候，喜沙质土壤，不耐寒。生于旷野荒地、果园、苗圃等地。
危害	秋熟旱地作物和果园杂草。全株有毒，曾有牛误食该种而死亡的报道。
防控措施	应控制引种栽培，避免逸生，减少来源。少量入侵后，在结果前，及时人工拔除。大面积入侵时，采用莠去津、二甲四氯、赛克津、拿草特等除草剂进行化学防除。

刺槐 *Robinia pseudoacacia* L.

豆科	Fabaceae
刺槐属	*Robinia*
英文名	black locust, common robinia, chinese scholar tree, false acacia, ship-mast locust, yellow locust
中文别名	洋槐、槐花、伞形洋槐、塔形洋槐
危害等级	一般入侵
生活型	落叶乔木。
株	高10～25m；树皮灰褐色至黑褐色，浅裂至深纵裂，稀光滑；小枝灰褐色，幼时有棱脊；具托叶刺，长达2cm。
叶	羽状复叶长10～25（～40）cm；叶轴上面具沟槽；小叶2～12对，常对生，椭圆形、长椭圆形或卵形，长2～5cm，宽1.5～2.2cm，先端圆，全缘，上面绿色，下面灰绿色；小叶柄长1～3mm。
花	总状花序腋生，长10～20cm，下垂，花多数，芳香；花梗长7～8mm；花萼斜钟状，长7～9mm，萼齿5；花冠白色，旗瓣近圆形，长16mm，宽约19mm，先端凹缺，基部圆，反折，内有黄斑；雄蕊二体，对旗瓣的1枚分离；子房线形，长约1.2cm，柄长2～3mm，花柱钻形，长约8mm，柱头顶生。
果	荚果褐色，或具红褐色斑纹，线状长圆形，长5～12cm，宽1～1.3（～1.7）cm，扁平，果颈短，沿腹缝线具狭翅；花萼宿存；种子2～15，褐色至黑褐色，近肾形，长5～6mm，宽约3mm。
物候期	花期4～6月，果期8～9月。

原产地	美国东部，17世纪传入欧洲及非洲。
传入时间与方式及最早标本记载	中国于18世纪末从欧洲引入青岛栽培，现全国各地广泛栽植，作为行道树、造林树种、饲料、绿肥等。国内最早的标本记载，1914年在山东采集（IBSC0155047）。
中国分布	山东、重庆、四川、江苏、贵州、江西、河南、陕西、北京、河北、湖北、湖南、辽宁、上海、浙江、山西、云南、安徽、甘肃、青海、新疆、天津、广西、内蒙古、福建、广东、吉林、宁夏等地。
神农架地区分布	巴东县、兴山县、神农架林区、房县、竹山县、竹溪县等地。
生物学特性与生境	种子繁殖或根蘖繁殖。种子数量大，繁殖力强；根蘖繁殖旺盛。耐旱、耐贫瘠，适应性强，扩散快。华北平原的黄淮流域有较多的成片造林，其他地区多为四旁绿化和零星栽植，习见为行道树。可生长为高度乔木，也可在环境贫瘠时长成灌丛。生于山坡、荒地、路边和庭院等地。
危害	本种适应性强，生长快，易形成优势种群，影响侵入地的生物多样性。
防控措施	严格控制引种栽培，防止逸生，减少扩散。道路绿化或荒山造林时，采用本土树种替代种植以达到防控的目的。危害严重时，在结果前，及时人工拔除或机械铲除，同时注意清除根系，防止其萌生。

红花刺槐 *Robinia pseudoacacia* f. *decaisneana* (Carr.) Voss

豆科	Fabaceae
刺槐属	*Robinia*
英文名	pink locust
中文别名	毛刺槐、江南槐
危害等级	一般入侵
生活型	落叶乔木。
株	树高达25m；干皮深纵裂；枝具托叶刺。
叶	羽状复叶互生，小叶7~19，叶片卵形或长圆形，长2~5cm，先端圆或微凹，具芒尖，基部圆形。
花	花两性；总状花序下垂；萼具5齿，稍二唇形，反曲，翼瓣弯曲，龙骨瓣内弯；花冠粉红色，芳香。
果	果条状长圆形，腹缝有窄翅；种子3~10。
物候期	花期4~5月，果期9~10月。

原产地	北美洲。
传入时间与方式及最早标本记载	20世纪70年代左右作为绿化树种引入中国，现全国多地栽植。国内最早的标本记载，2011年在山东采集（CSH0061587）。
中国分布	黄河、淮河流域广泛栽培，山东、山西、上海等地有标本采集记录。
神农架地区分布	神农架林区、竹山县等地。
生物学特性与生境	种子繁殖或根蘖繁殖。结实量大，根茎传播。喜光，浅根性树种，不耐蔽荫。喜温暖湿润气候，在年平均气温10～16℃条件下生长良好。耐旱、耐贫瘠，不耐水湿。对土壤要求不高，适应性很强。最喜土层深厚、肥沃、疏松、湿润的粉沙土、沙壤土和壤土，对土壤酸碱度不敏感。荒坡适应性广，扩散快。生于山坡、荒地、路边和庭院等地。
危害	栽培后逸生为野生，形成单优群落，影响入侵地的生物多样性。
防控措施	注意控制引种栽培，防止逸生，减少扩散。行道树栽培或园林绿化时，采用本土树种替代种植以达到防控的目的。危害大时，在结果前，及时人工拔除或机械铲除，注意同时要清除根系，防止其萌生。

红车轴草 *Trifolium pratense* L.

豆科	Fabaceae
车轴草属	*Trifolium*
英文名	red clover, cow grass, peavine clover
中文别名	红三叶
危害等级	一般入侵
生活型	短期多年生草本，生长期2~5（~9）年。
根	主根深入土层达1m。
茎	粗壮，具纵棱，直立或平卧上升，疏生柔毛或秃净。
叶	掌状三出复叶；托叶近卵形，膜质，每侧具脉纹8~9条，基部抱茎，先端离生部分渐尖，具锥刺状尖头；叶柄较长，茎上部的叶柄短；小叶卵状椭圆形至倒卵形，长1.5~3.5（~5）cm，宽1~2cm，两面疏生褐色长柔毛，叶面上常有"V"字形白斑，侧脉约15对，伸出形成不明显的钝齿；小叶柄短，长约1.5mm。
花	花序球状或卵状，顶生；无总花梗或具甚短总花梗，包于顶生叶的托叶内，托叶扩展成焰苞状，具花30~70朵，密集；花长12~14（~18）mm；几无花梗；萼钟形，具脉纹10条；花冠紫红色至淡红色；子房椭圆形，花柱丝状细长，胚珠1~2。
果	荚果卵形；通常有1扁圆形种子。
物候期	花果期5~9月。

原产地	欧洲中部，引种到世界各国。
传入时间与方式及最早标本记载	20世纪作为牧草引入中国西北和华北地区。国内最早的标本记载，1913年在河北秦皇岛采集（NAS00394565、NAS00394566）。
中国分布	新疆、湖北、重庆、黑龙江、北京、山东、贵州、四川、河南、江西、湖南、辽宁、浙江、陕西、云南、内蒙古、甘肃、广西、吉林、台湾、河北、山西、青海、广东等地。
神农架地区分布	巴东县、兴山县、神农架林区、房县、保康县、竹山县、竹溪县等地。
生物学特性与生境	种子繁殖。人工广泛栽培，通过种子散落传播。适应于35℃以下温度环境，对热、寒冷抗性弱，不耐贫瘠，在酸性土壤、沙质土壤生长不良，怕涝。生于林缘、路边、草地等湿润处。
危害	广泛栽培，逸生野生成草场、草坪杂草，有时入侵农田。根系可分泌化感物质影响其他作物生长，危害较大。
防控措施	应控制引种，防止逸生后野生，避免扩散；特别应注意的是，在道路绿化时，不能随意撒种、栽培，防止逸生扩散。少量入侵时，在苗期，及时人工拔除。大量入侵时，采用百草枯、草甘膦、二甲四氯、赛克津等除草剂进行化学防除。

白车轴草 *Trifolium repens* L.

豆科	Fabaceae
车轴草属	*Trifolium*
英文名	white clover, dutch clover, ladino clover, shamrock
中文别名	荷兰翘摇、白三叶、三叶草
危害等级	严重入侵
生活型	短期多年生草本，生长期达5年。
株	高10~30cm，全株无毛。
根	主根短，侧根和须根发达。
茎	匍匐蔓生，上部稍上升，节上生根。
叶	掌状三出复叶；托叶卵状披针形，膜质；叶柄较长，长10~30cm；小叶倒卵形至近圆形，长8~20（~30）mm，宽8~16（~25）mm，侧脉约13对，近叶边分叉并伸达锯齿齿尖；小叶柄长1.5mm。
花	花序球形，顶生，直径15~40mm；总花梗甚长，比叶柄长近1倍，具花20~50（~80）朵，密集；无总苞；苞片披针形，膜质，锥尖；花长7~12mm；花梗比花萼稍长或等长，开花立即下垂；萼钟形，具脉纹10条，萼齿5；花冠白色、乳黄色或淡红色，具香气；旗瓣椭圆形；子房线状长圆形，花柱比子房略长，胚珠3~4。
果	荚果长圆形；种子通常3，阔卵形。
物候期	花果期5~10月。

原产地	欧洲和北非，世界各地均有栽培。
传入时间与方式及最早标本记载	20世纪作为牧草、观赏、蜜源植物引种中国华北和西北地区。国内最早的标本记载，1908年在云南采集（PE00318538）。
中国分布	新疆、四川、山西、贵州、重庆、河南、上海、山东、辽宁、黑龙江、江苏、江西、吉林、云南、浙江、湖北、内蒙古、北京、广西、安徽、陕西、湖南、河北、甘肃、台湾、福建、青海、西藏等地。
神农架地区分布	巴东县、兴山县、神农架林区、房县、保康县、竹山县、竹溪县等地。
生物学特性与生境	种子繁殖和营养繁殖。结实量大；也能通过茎匍匐蔓生繁殖，入侵性强，扩散快；特别是比较耐寒，在冬季和早春迅速繁殖，占领生长空间。中国常见种植，逸生后，在湿润草地、河岸、路边呈半自生状态。喜温暖湿润的气候，抗寒性也较强，喜酸性土壤。生于林缘、路边、草地、农田、牧场、草坪、旱作物田、果园、桑园等处。
危害	栽培或绿化，逸生后野生，侵入农田、菜地、幼林、果园等。
防控措施	应严格控制栽培，防止逸生后野生，避免种源扩散；特别是在道路绿化时，禁止随意撒种、栽培，防止逸生蔓延。少量入侵时，应及时人工拔除、机械铲除；特别注意清除其根茎，防止二次扩散蔓延。大面积入侵时，采用百草枯、草甘膦、克芜踪、二甲四氯、赛克津等除草剂进行化学防除。

红花酢浆草 *Oxalis corymbosa* DC.

酢浆草科	Oxalidaceae
酢浆草属	*Oxalis*
英文名	largeleaf woodsorrel, lilac oxalis, pink woodsorrel, large-flowered pink sorrel
中文别名	大酸味草、多花酢浆草、铜锤草、南天七、夜合梅、大叶酢浆草、三夹莲、紫花酢浆草

危害等级 一般入侵

生活型 多年生直立草本。

茎 无地上茎，地下部分有球状鳞茎。

叶 叶基生；叶柄长5~30cm或更长；小叶3，扁圆状倒心形，长1~4cm，宽1.5~6cm，顶端凹入，基部宽楔形，表面绿色；背面浅绿色，通常两面或有时仅边缘有干后呈棕黑色的小腺体。

花 总花梗基生，二歧聚伞花序，通常排列呈伞形花序式，总花梗长10~40cm或更长；花梗长5~25mm；萼片5，披针形，长约4~7mm，先端有暗红色长圆形的小腺体2；花瓣5，倒心形，长1.5~2cm，为萼长的2~4倍，淡紫色至紫红色，基部颜色较深；雄蕊10；子房5室，花柱5，柱头浅2裂。

物候期 花果期3~12月。

原产地	南美热带地区。
传入时间与方式及最早标本记载	19世纪中叶以观赏植物引入香港。国内最早的标本记载，1917年在香港特黄竹坑采集（IBSC0227034）。
中国分布	上海、广西、广东、重庆、贵州、浙江、江西、四川、福建、湖北、云南、湖南、山东、江苏、陕西、海南、安徽、河北、河南、新疆、台湾、北京、香港、天津、青海、甘肃、吉林、澳门、辽宁、西藏等地。
神农架地区分布	巴东县、兴山县、神农架林区、房县、保康县等地。
生物学特性与生境	主要依靠种子和地下鳞茎繁殖。因其鳞茎极易分离，繁殖力强。主要通过人为无意传播，传播范围广。适应性强，易于存活，对地上部分的刈割不影响其再次生长，除草剂对地下部分影响不大。抗寒能力较强，华北地区可露地栽培。耐瘠薄、耐渍、耐酸碱性土壤，抗寒能力强，生命力强，分布广泛，低海拔的山地、荒地、水田、路边、庭院、公园、绿地、篱笆下、树下都能生长。
危害	已经成为爆发性杂草。而且有化感作用，影响入侵地其他植物生长。对农田作物、园林绿化都有严重影响。
防控措施	控制引种栽培，防止逸生扩散，减少来源。少量入侵后，在结果前，及时人工拔除、继续铲除，特别是要清除其鳞茎和根茎，防止萌生扩散。大量入侵时，采用多种除草剂进行化学防除：采用氟乐灵、除草醚、西马津、阿畏达等处理土壤，用百草枯、草甘膦以及40mL圆消+20mL咏淇+水15kg的混合液等进行喷施。

野老鹳草 *Geranium carolinianum* L.

牻牛儿苗科	Geraniaceae
老鹳草属	*Geranium*
英文名	carolina geranium, carolina cranesbill, wild geranium
中文别名	老鹳草
危害等级	严重入侵
生活型	一年生草本。
株	高20~60cm，全株被倒向长柔毛、短柔毛、短伏毛或长腺毛。
根	根纤细，单一或分枝。
茎	直立或仰卧，单一或多数，具棱角。
叶	基生叶早枯，茎生叶互生或最上部对生；托叶披针形或三角状披针形，长5~7mm，宽1.5~2.5mm；茎下部叶具长柄，柄长为叶片的2~3倍，上部叶柄渐短；叶片圆肾形，长2~3cm，宽4~6cm，基部心形，掌状5~7裂近基部，裂片楔状倒卵形或菱形，下部楔形、全缘，上部羽状深裂，小裂片条状矩圆形，先端急尖。
花	花序腋生和顶生，长于叶，每总花梗具2花，顶生总花梗常数个集生，花序呈伞形状；花梗，等于或稍短于花；苞片钻状，长3~4mm；萼片长卵形或近椭圆形，长5~7mm，宽3~4mm；花瓣淡紫红色，倒卵形，雄蕊稍短于萼片；雌蕊稍长于雄蕊。
果	蒴果长约2cm，被短糙毛，果瓣由喙上部先裂向下卷曲。
物候期	花期4~7月，果期5~9月。

原产地	北美洲。
传入时间与方式及最早标本记载	可能20世纪初通过差旅或交通因素无意携带传入中国。国内最早的标本记载，1918年在江苏采集（NAS00122099）。
中国分布	上海、江苏、江西、浙江、湖南、广西、山东、湖北、重庆、河南、安徽、福建、贵州、广东、黑龙江、四川、台湾、陕西、北京、河北、云南等地。
神农架地区分布	巴东县、兴山县等地。
生物学特性与生境	种子繁殖。种子小，产量高，繁殖能力强。主要依靠人类通过差旅、交通等方式传播。适宜生长在潮湿环境，如平原、湿地、路旁、果园和低山荒坡杂草丛中。
危害	主要危害农田作物，特别是油菜和小麦，导致作物减产，已经成为重要的农田杂草；具有化感作用，影响玉米、大豆、花生的种子萌发和幼苗生长，而且对除草剂耐性较强。
防控措施	少量发生时，在花期前，及时人工拔除。大面积发生时，采用草甘膦、百草枯、2,4-D丁酯、麦草畏、莠去津、二甲四氯、赛克津等除草剂进行化学防治。

飞扬草 *Euphorbia hirta* L.

大戟科	Euphorbiaceae
大戟属	*Euphorbia*
英文名	garden spurge, blotched-leaf spurge, hairy spurge, milkweed, red euphorbia, asthma plant, pillpod sandmat, snakeweed, sneeze weed
中文别名	乳籽草、飞相草、大飞羊、飞扬、节节花、白乳草
危害等级	严重入侵
生活型	一年生草本。
根	纤细，长5~11cm，直径3~5mm，常不分枝，偶3~5分枝。
茎	单一，自中部向上分枝或不分枝，高30~60（~70）cm，直径约3mm，被褐色或黄褐色的多细胞粗硬毛。
叶	对生，披针状长圆形、长椭圆状卵形或卵状披针形，长1~5cm，宽5~13mm，基部略偏斜；边缘于中部以上有细锯齿，中部以下较少或全缘；叶面绿色，叶背灰绿色，有时具紫色斑，两面均具柔毛，叶背面脉上的毛较密；叶柄极短，长1~2mm。
花	花序多数，于叶腋处密集成头状，基部无梗或仅具极短的柄，具柔毛；总苞钟状，高与直径各约1mm，边缘5裂，裂片三角状卵形；腺体4，近于杯状，边缘具白色附属物；雄花数枚，微达总苞边缘；雌花1枚，具短梗，伸出总苞之外；子房三棱状；花柱3，分离；柱头2浅裂。
果	蒴果三棱状，长与直径均约1~1.5mm，被短柔毛，成熟时分裂为3个分果爿；种子近圆状四棱形，每个棱面有数个纵槽，无种阜。
物候期	花果期6~12月。

原产地	世界热带和亚热带。
传入时间与方式及最早标本记载	随交通工具及人无意带入，具体时间不详。国内最早的标本记载，1820年在澳门采集（万方浩等2012）、1907年在福建（PE00929397）和广东（PE00929427）采集。
中国分布	广西、广东、云南、福建、江西、四川、海南、重庆、贵州、湖南、浙江、湖北、台湾、香港、澳门、江苏、安徽、甘肃、河北等地。
神农架地区分布	巴东县、保康县等地。
生物学特性与生境	种子繁殖。种子产量高，易繁殖。传播方式多样，种子细小，易脱落，可借助水、人、畜等外力传播扩散。生长适应性强。生于向阳山坡、山谷、路旁或灌丛等地，多见于沙质土。
危害	常见杂草，全株有毒，误食会导致腹泻。
防控措施	少量发生时，在开花前，及时人工拔除。大面积发生时，采用五氯酚钠、克芜踪、草甘膦、2,4-D丁酯、莠去津、二甲四氯、赛克津等除草剂进行化学防除。

通奶草 *Euphorbia hypericifolia* L.

大戟科	Euphorbiaceae
大戟属	*Euphorbia*
英文名	graceful spurge, black purslane, chickenweed, flux weed, graceful sandmat, breathless blush euphorbia
中文别名	小飞扬草
危害等级	中度入侵
生活型	一年生草本。
根	纤细，长10~15cm，直径2~3.5mm，常不分枝，少数由末端分枝。
茎	直立，自基部分枝或不分枝，高15~30cm，直径1~3mm。
叶	叶对生，狭长圆形或倒卵形，长1~2.5cm，宽4~8mm，通常偏斜，不对称，边缘全缘或基部以上具细锯齿，上面深绿色，下面淡绿色，有时略带紫红色；叶柄极短，长1~2mm；托叶三角形，分离或合生；苞叶2枚，与茎生叶同形。
花	花序数个簇生于叶腋或枝顶，每个花序基部具纤细的柄，柄长3~5mm；总苞陀螺状，约1mm；边缘5裂；腺体4，边缘具白色或淡粉色附属物。雄花数枚，微伸出总苞外；雌花1枚，子房柄长于总苞；子房三棱状，无毛；花柱3，分离；柱头2浅裂。
果	蒴果三棱状，长约1.5mm，直径约2mm，成熟时分裂为3个分果爿；种子卵棱状，长约1.2mm，直径约0.8mm，每个棱面具数个皱纹，无种阜。
物候期	花果期8~12月。

原产地	美洲。
传入时间与方式及最早标本记载	可能随进口农业物资、农机具或农产品夹带无意引入，引入时间不详。国内最早的标本记载，1907年在广东采集（PE00946036）。
中国分布	广西、广东、湖南、云南、江西、安徽、贵州、四川、江苏、福建、浙江、北京、湖北、山东、重庆、海南、河南、山西、香港、河北、陕西、辽宁、澳门、甘肃、内蒙古、台湾、西藏、天津等地。
神农架地区分布	兴山县、巴东县等地。
生物学特性与生境	种子繁殖。繁殖能力强。传播方式多样，种子细小，借助各种交通工具及人和动物可传播很远。适应性强。生于旷野荒地、路旁、灌丛及田间等地。
危害	农田杂草。
防控措施	少量发生时，在开花前，及时人工拔除。大面积发生时，采用五氯酚钠、克芜踪、草甘膦、2,4-D丁酯、莠去津、二甲四氯、赛克津等除草剂进行化学防除。

斑地锦 *Euphorbia maculata* L.

大戟科	Euphorbiaceae
大戟属	*Euphorbia*
英文名	spotted spurge, prostrate spurge, spotted sandmat
中文别名	斑地锦草
危害等级	一般入侵
生活型	一年生草本。
根	纤细，长4~7cm，直径约2mm。
茎	匍匐，长10~17cm，直径约1mm，被白色疏柔毛。
叶	叶对生，长椭圆形至肾状长圆形，长6~12mm，宽2~4mm，先端钝，基部偏斜不对称，边缘中部以下全缘，中部以上常具细小疏锯齿；叶面绿色，中部常具有1长圆形的紫色斑点，叶背淡绿色或灰绿色；叶柄极短，长约1mm；托叶钻状，边缘具睫毛。
花	花序单生于叶腋，具短柄，柄长1~2mm；总苞狭杯状，高0.7~1.0mm，直径约0.5mm，边缘5裂；腺体4，黄绿色，横椭圆形；雄花4-5，微伸出总苞外；雌花1，子房柄伸出总苞外；子房被疏柔毛；花柱短，近基部合生；柱头2裂。
果	蒴果三角状卵形，长约2mm，直径约2mm，成熟时易分裂为3个分果爿；种子卵状四棱形，长约1mm，直径约0.7mm，灰色或灰棕色，每个棱面具5个横沟，无种阜。
物候期	花果期4-9月。

原产地	北美洲。
传入时间与方式及最早标本记载	无意引入，时间不详。20世纪40年代出现于上海、江苏一带。国内最早的标本记载，采集于1914年（N147090686），1933年采集于江苏（NAS00123696、00123698、00123699、00123707、00123708）。
中国分布	重庆、山东、江苏、浙江、上海、江西、四川、辽宁、安徽、湖南、湖北、河南、吉林、广西、贵州、北京、陕西、新疆、黑龙江、河北、福建、广东、天津、甘肃、台湾、山西、内蒙古等地。
神农架地区分布	巴东县、兴山县、房县等地。
生物学特性与生境	种子繁殖。种子产量高，繁殖能力强。传播方式多，种子细小，可随风、水、人及动物等外力快速传播扩散。适应性强，对土壤的湿度、肥力、酸碱度要求不高。生于向阳山坡、山谷、农田、果园、路旁或灌丛下。
危害	在北美大陆被列为农田中最常见和最不易刈除的杂草之一。在中国为花生等旱作物田间杂草，还常见于果园、苗圃和草坪中，若不及时拔除，容易蔓延。全株有毒。
防控措施	应加强进口种子检疫，减少种源。加强田间管理，少量发生时，在开花前，通过人工拔除进行防控。大量发生时，采用五氯酚钠、克芜踪、草甘膦、百草枯、2,4-D丁酯、莠去津、二甲四氯、赛克津等除草剂进行化学防除。

蓖麻 *Ricinus communis* L.

大戟科	Euphorbiaceae
蓖麻属	*Ricinus*
英文名	castor bean, castor oil plant, palma christi, African wonder tree, mole bean plant
中文别名	大麻子、老麻子、草麻
危害等级	严重入侵
生活型	一年生粗壮草本或草质灌木（南方）。
株	高达5m；小枝、叶和花序通常被白霜。
茎	多少木质化，多液汁。
叶	轮廓近圆形，长和宽达40cm或更大，掌状7～11裂，裂缺几达中部，边缘具锯齿；掌状脉7～11条，网脉明显；叶柄粗壮，中空，长可达40cm，顶端具2盘状腺体，基部具盘状腺体；托叶长三角形，长2～3cm，早落。
花	总状花序或圆锥花序，长15～30cm或更长；苞片膜质，早落；雄花花萼裂片长7～10mm，雄蕊束众多；雌花萼片长5～8mm；子房卵状，直径约5mm，密生软刺或无刺，花柱红色，长约4mm，顶部2裂，密生乳头状突起。
果	蒴果卵球形或近球形，长1.5～2.5cm，果皮具软刺或平滑；种子椭圆形，长8～18mm，平滑，斑纹淡褐色或灰白色；种阜大。
物候期	花期几全年或6～9月（栽培）。

原产地	东非，可能在非洲东北部的肯尼亚或索马里。
传入时间与方式及最早标本记载	根据公元659年《唐草本》记载，蓖麻作为药用植物引入。20世纪50年代作为油脂作物推广。国内最早的标本记载，1917年在广东采集（N147093472）。
中国分布	四川、广西、重庆、贵州、云南、广东、福建、江苏、海南、江西、浙江、湖南、陕西、湖北、安徽、山东、山西、河南、甘肃、河北、西藏、上海、新疆、台湾、北京、辽宁、宁夏、天津、香港、青海、澳门等地。
神农架地区分布	兴山县、巴东县等地。
生物学特性与生境	种子繁殖。种子产量高，繁殖能力强。人为引种传播或通过果实粘附于动物皮毛而扩散。根系发达，具有一定抗盐性、抗低温和耐酸性的能力。常生于低海拔地区的村旁、林边、河岸、荒地、沟渠畔、房前屋后等地。
危害	栽培逸生后野生，成为高位杂草，排挤本地植物或危害栽培植物。因种子含蓖麻毒蛋白（ricin）及蓖麻碱（ricinine），若误食种子过量（小孩2～7粒，成人约20粒）后，将导致中毒死亡。
防控措施	控制适宜区栽培，防止扩散，减少来源。少量入侵后，在开花前，及时人工拔除。蓖麻在南方为多年生植物，需要铲除根系，彻底清除，防止萌生。大量发生时，采用草甘膦、百草枯、二甲四氯、赛克津等除草剂进行化学防除。

苘麻 *Abutilon theophrasti* Medicus

锦葵科	Malvaceae
秋葵属	*Abutilon*
英文名	velvet leaf, abutilon-hemp, American jute, butterprint, indian mallow, piemarker
中文别名	苘、车轮草、磨盘草、桐麻、白麻、青麻、孔麻、塘麻、椿麻
危害等级	中度入侵
生活型	一年生亚灌木状草本。
株	高达1~2m，全株被柔毛。
叶	叶互生，圆心形，长5~10cm，先端长渐尖，基部心形，边缘具细圆锯齿，两面均密被星状柔毛；叶柄长3~12cm，被星状细柔毛；托叶早落。
花	花单生于叶腋，花梗长1~13cm，近顶端具节，较叶柄短；花萼杯状，密被短绒毛，裂片5，卵形，长约6mm；花黄色，花瓣倒卵形，长超过10mm；雄蕊柱平滑无毛，心皮15~20，长1~1.5cm，顶端平截，具扩展、被毛的长芒2，排列成轮状。
果	蒴果半球形，直径约2cm，长约1.2cm，分果爿15~20，被粗毛，顶端具长芒2；种子肾形，褐色，被星状柔毛；成熟心皮不膨胀，顶端具喙或叉开，果皮革质，分果爿先端具长芒2，芒长3mm。
物候期	花期7~8月。

原产地	印度。
传入时间与方式及最早标本记载	史前归化植物，中国已有2000多年的栽培历史。国内最早的标本记载，1903年在云南采集（PE01286254）。
中国分布	江苏、北京、河南、山东、黑龙江、陕西、山西、河北、上海、新疆、辽宁、贵州、湖南、湖北、吉林、四川、安徽、浙江、广西、内蒙古、天津、福建、重庆、甘肃、云南、广东、宁夏、海南、青海等地。
神农架地区分布	巴东县、兴山县、神农架林区、房县、保康县、竹山县等地。
生物学特性与生境	种子繁殖，繁殖能力强。主要靠人为传播，果实有芒，也可附着动物皮毛或随水流漂浮传播。生长适应性强。常见于路旁、荒地、河流消落带、湿地和田野间等地。
危害	农田、荒坡和路旁常见杂草，危害棉花、豆类、薯类、瓜类、蔬菜、果树等农作物生长。
防控措施	少量发生时，在开花前，及时进行人工拔除。大面积发生时，采用五氯酚钠、克芜踪、草甘膦、2,4-D丁酯、莠去津、二甲四氯、赛克津等除草剂进行化学防控。

野西瓜苗 *Hibiscus trionum* L.

锦葵科	Malvaceae
木槿属	*Hibiscus*
英文名	venice mallow, bladder hibiscus, bladder ketmia, flower of an hour, ketmia
中文别名	火炮草、黑芝麻、小秋葵、灯笼花、香铃草
危害等级	一般入侵
生活型	一年生直立或平卧草本。
株	高25~70cm，茎柔软，全株被粗硬毛。
叶	叶二形，下部的叶圆形，不分裂，上部的叶掌状3~5深裂，直径3~6cm，中裂片较长，两侧裂片较短，通常羽状全裂；叶柄长2~4cm；托叶线形，长约7mm。
花	花单生于叶腋，花梗长约2.5cm，果时延长达4cm；小苞片12，线形，长约8mm，基部合生；花萼钟形，淡绿色，长1.5~2cm，裂片5，膜质，三角形，具纵向紫色条纹，中部以上合生；花淡黄色，内面基部紫色，直径2~3cm，花瓣5，倒卵形，长约2cm；雄蕊柱长约5mm，花丝纤细，长约3mm，花药黄色；花柱枝5。
果	蒴果长圆状球形，直径约1cm，果爿5，果皮薄，黑色；种子肾形，黑色，具腺状突起。
物候期	花期7~10月。

原产地	非洲。
传入时间与方式及最早标本记载	约1400年随农作物、交通等无意引入中国。国内最早的标本记载，1900年在中国东北采集到该种植物标本（IFP09005003X0090、09005003X0091、09005003X0092）。
中国分布	陕西、云南、山西、辽宁、河北、四川、甘肃、新疆、黑龙江、江苏、北京、山东、吉林、内蒙古、宁夏、河南、贵州、天津、湖北、安徽、重庆、青海、西藏、江西、浙江、湖南、广东、广西、上海等地。
神农架地区分布	神农架林区宋洛河、保康县等地。
生物学特性与生境	种子繁殖，繁殖能力强。传播广泛，生长适应性强。无论平原、山野、丘陵或田埂，处处有之，都能生长。
危害	常见的田间杂草，多生长于旱地作物、果园中，竞争水源、养分，导致农作物减产。
防控措施	精选农作物种子，防止夹带和混入，减少来源。少量发生时，在开花前，及时拔除幼苗，防止开花结实后进一步扩散。大面积发生时，采用五氯酚钠、克芜踪、草甘膦、百草枯、2,4-D丁酯、莠去津、二甲四氯、赛克津等除草剂进行化学防除。

黄花稔 *Sida acuta* Burm. F.

锦葵科	Malvaceae
黄花稔属	*Sida*
英文名	sida, broom grass, cheeseweed, clock plant, common wireweed, morning mallow, prickly sida, spiny-head sida
中文别名	黄花稔、扫把麻、亚罕闷
危害等级	一般入侵
生活型	直立亚灌木状草本。
茎	高1~2m；分枝多，小枝被柔毛至近无毛。
叶	叶披针形，长2~5cm，宽4~10mm，基部圆或钝，具锯齿，两面均无毛，或疏被星状柔毛，上面偶被单毛；叶柄长4~6mm，疏被柔毛；托叶线形，与叶柄近等长，常宿存。
花	花单朵或成对生于叶腋，花梗长4~12mm，被柔毛，中部具节；萼浅杯状，无毛，长约6mm，下半部合生，裂片5，尾状渐尖；花黄色，直径8~10mm，花瓣倒卵形，先端圆，基部狭长6~7mm，被纤毛；雄蕊柱长约4mm，疏被硬毛。
果	蒴果近圆球形，分果爿4~9，但通常为5~6，长约3.5mm，顶端具2短芒，果皮具网状皱纹。
物候期	花期冬春季。

原产地	热带美洲。
传入时间与方式及最早标本记载	作为药材有意引人，引入时间不详。国内最早的标本记载，1904年在台湾采集（IBSC0282470）。
中国分布	云南、海南、广东、福建、广西、山东、江西、台湾、江苏、贵州、湖南、四川、香港、北京、湖北、河南、浙江等地。
神农架地区分布	兴山县、巴东县等地。
生物学特性与生境	种子繁殖，繁殖能力和传播能力一般，但适应性较强。生于山坡灌丛间、路旁或荒坡等地。
危害	荒地杂草，危害不大。
防控措施	少量发生时，在开花前的苗期，及时人为拔除。大面积发生时，采用五氯酚钠、克芜踪、草甘膦、百草枯、2,4-D丁酯、莠去津、二甲四氯、赛克津等除草剂进行化学防除。

细叶旱芹

Cyclospermum leptophyllum (Persoon) Sprague ex Britton & P. Wilson

伞形科	Apiaceae
细叶旱芹属	*Cyclospermum*
英文名	fir leaf celery, marsh parsley, slender celery, wild celery
中文别名	细叶芹、回香芹
危害等级	一般入侵
生活型	一年生草本。
株	高25~45cm。
茎	茎多分枝，光滑。
叶	根生叶有柄，柄长2~5（~11）cm，基部边缘略扩大成膜质叶鞘；叶片轮廓呈长圆形至长圆状卵形，长2~10cm，宽2~8cm，三至四回羽状多裂，裂片线形至丝状；茎生叶通常三出式羽状多裂，裂片线形，长10~15mm。
花	复伞形花序顶生或腋生，通常无梗，无总苞片和小总苞片；伞辐2~3（~5），长1~2cm；小伞形花序有花5~23，花柄不等长；无萼齿；花瓣白色、绿白色或略带粉红色，卵圆形，长约0.8mm，宽0.6mm；花丝短于花瓣，花药近圆形，长约0.1mm；花柱极短。
果	果实圆心脏形或圆卵形，长、宽1.5~2mm，分生果的棱5，圆钝；胚乳腹面平直；心皮柄顶端2浅裂。
物候期	花期5月，果期6~7月。

原产地	南美洲。
传入时间与方式及最早标本记载	近代通过种子混入进口农产品或种子中无意引入中国。20世纪初在香港发现。国内最早的标本记载，1918年在福建福州市采集（PEY0064597）。
中国分布	重庆、福建、江苏、浙江、贵州、湖北、广西、湖南、山东、四川、安徽、上海、广东、江西、台湾、吉林、北京、云南、黑龙江等地。
神农架地区分布	兴山县、巴东县等地。
生物学特性与生境	种子繁殖。种子结实率高，种子小，数量大，发芽率高。容易混在粮食作物的种子中通过交通工具扩散传播。适应性强。在田野荒地、路旁、草坪、杂草地及水沟边都能生长。
危害	常见的农田、草坪、园圃杂草，影响作物正常生长。还是多种病菌和寄生虫的寄主和传染源。
防控措施	少量发生时，在结实前，及时进行人工拔除。大量入侵时，采样深翻，将其种子深埋，一般不建议采用除草剂防除。

野胡萝卜 *Daucus carota* L.

伞形科	Apiaceae
胡萝卜属	*Daucus*
英文名	wild carrot, bird's nest, bishop's lace, queen anne's lace, bee's nest-plant, devil's plague
中文别名	细叶芹
危害等级	严重入侵
生活型	二年生草本。
茎	单生，高15～120cm，全体有白色粗硬毛。
叶	基生叶薄膜质，长圆形，二至三回羽状全裂，末回裂片线形或披针形，长2～15mm，宽0.5～4mm，顶端尖锐，有小尖头，光滑或有糙硬毛；叶柄长3～12cm；茎生叶近无柄，有叶鞘，末回裂片小或细长。
花	复伞形花序，花序梗长10～55cm，有糙硬毛；总苞有多数苞片，呈叶状，羽状分裂，少有不裂的，裂片线形，长3～30mm；伞辐多数，长2～7.5cm，结果时外缘的伞辐向内弯曲；小总苞片5～7，线形，不分裂或2～3裂，边缘膜质，具纤毛；花通常白色，有时带淡红色；花柄不等长，长3～10mm。
果	果实圆卵形，长3～4mm，宽2mm，棱上有白色刺毛。
物候期	花期5～7月。

原产地	欧洲。
传入时间与方式及最早标本记载	1406年明初《救荒本草》首次记载。可能随作物种子或通过人或货物经丝绸之路携带无意传入中国。国内最早的标本记载，1910年在湖北（PE00725853）和北京（NAS00022089）采集。
中国分布	重庆、陕西、贵州、四川、江苏、新疆、浙江、上海、湖北、甘肃、安徽、河南、湖南、山东、江西、山西、河北、云南、北京、广西、广东、内蒙古、宁夏、福建、黑龙江、香港、青海、天津、辽宁、西藏、吉林等地。
神农架地区分布	巴东县、兴山县、神农架林区、房县、保康县、竹山县、竹溪县。
生物学特性与生境	种子繁殖。种子结实率高，种子繁殖能力强。果实表面有钩毛，容易被交通工具、人或动物粘附携带而快速扩散。适应性强，广泛分布于山坡路旁、旷野或田间。
危害	常见农田杂草。具有化感作用，会抑制入侵地其他植物的生长，造成作物减产。常分布于城市路边，影响景观。
防控措施	在生长较多的农田，合理组织轮作换茬、深翻等措施防除。少量发生时，在开花前的苗期，及时人为拔除。大面积发生时，采用五氯酚钠、克芜踪、草甘膦、百草枯、2,4-D丁酯、莠去津、二甲四氯、赛克津等除草剂进行化学防除。也可通过放牧或采收饲料加以利用而达到防治的效果。

牵牛 *Ipomoea nil* (L.) Roth

旋花科	Convolvulaceae
虎掌藤属	*Ipomoea*
英文名	white edge morning-glory, blue morning glory, ivy morning-glory
中文别名	裂叶牵牛、勤娘子、大牵牛花、筋角拉子、喇叭花、牵牛花、朝颜、二牛子、二丑
危害等级	严重入侵
生活型	一年生缠绕草本。
茎	被倒向的短柔毛及杂有倒向或开展的长硬毛。
叶	叶宽卵形或近圆形，深或浅的3裂，偶5裂，长4~15cm，宽4.5~14cm，基部圆，心形，中裂片长圆形或卵圆形，渐尖或骤尖，侧裂片较短，三角形，裂口锐或圆，叶面或疏或密被微硬的柔毛；叶柄长2~15cm，毛被同茎。
花	腋生，单一或通常2朵着生于花序梗顶，长1.5~18.5cm，通常短于叶柄，毛被同茎；苞片线形或叶状；花梗长2~7mm；小苞片线形；萼片近等长，长2~2.5cm，披针状线形，内面2片稍狭；花冠漏斗状，长5~8（~10）cm，蓝紫色或紫红色，花冠管色淡；雄蕊及花柱内藏；雄蕊不等长；花丝基部被柔毛；子房无毛，柱头头状。
果	蒴果近球形，直径0.8~1.3cm，3瓣裂；种子卵状三棱形，长约6mm，黑褐色或米黄色，被褐色短绒毛。
物候期	花果期6~10月。

原产地	热带美洲。
传入时间与方式及最早标本记载	明代作为观赏花卉引种到沿海地区。著作《草花谱》（1591年）记载江浙一带作花卉栽培。国内最早的标本记载，1913年在江苏采集（NAS00131973）。
中国分布	上海、广东、贵州、湖南、浙江、安徽、陕西、四川、福建、海南、江西、北京、云南、河北、山东、海南、重庆、甘肃、新疆、山西、辽宁、台湾、澳门、宁夏、天津、黑龙江、江苏、河南、湖北、广西、西藏、香港等地。
神农架地区分布	兴山县、房县、保康县等地。
生物学特性与生境	种子繁殖。结实率高，种子传播速度快。根深可达1m，主茎缠绕高度可达2.6m以上，竞争阳光、养分能力强。广泛分布于路边、园边宅旁、山坡林缘等地。
危害	城市常见杂草，危害草坪或灌木，有时会对农作物造成危害。
防控措施	注意花卉引种，防止逸生扩散。少量入侵时，在幼苗期，人工铲除，或在结果前将茎切断。大面积发生时，采用除草剂进行化学防除：混合使用二甲四氯和2,4-D丁酯，使其种子不萌发、幼苗死亡，叶面喷洒可杀死成熟植株。

圆叶牵牛 *Ipomoea purpurea* Lam.

旋花科	Convolvulaceae
虎掌藤属	*Ipomoea*
英文名	tall morning glory, common morning glory
中文别名	紫花牵牛、打碗花、连簪簪、心叶牵牛、重瓣圆叶牵牛
危害等级	恶性入侵（2012年被列入第三批《中国外来入侵物种名单》）
生活型	一年生缠绕草本。
茎	上被倒向的短柔毛，杂有倒向或开展的长硬毛。
叶	叶圆心形或宽卵状心形，长4~18cm，宽3.5~16.5cm，基部圆，心形，顶端锐尖、骤尖或渐尖，通常全缘，偶有3裂，两面疏或密被刚伏毛；叶柄长2~12cm，毛被与茎同。
花	腋生，单一或2~5朵着生于花序梗顶端呈伞形聚伞花序，长4~12cm，毛被与茎相同；苞片线形，长6~7mm；花梗长1.2~1.5cm；萼片近等长，长1.1~1.6cm；花冠漏斗状，长4~6cm，紫红色、红色或白色，花冠管通常白色，瓣中带有内面色深，外面色淡；雄蕊与花柱内藏；雄蕊不等长，花丝基部被柔毛；子房无毛，3室，每室2胚珠，柱头头状；花盘环状。
果	蒴果近球形，直径9~10mm，3瓣裂；种子卵状三棱形，长约5mm，黑褐色或米黄色，被极短的糠秕状毛。
物候期	花果期6~10月。

原产地	热带美洲。
传入时间与方式及最早标本记载	作为花卉有意引入中国。1890年已有栽培。国内最早的标本记载，1920年在江西采集（NAS00130405）。
中国分布	江苏、陕西、上海、甘肃、云南、河北、贵州、安徽、新疆、浙江、广西、四川、河南、山西、广东、重庆、辽宁、湖北、山东、福建、黑龙江、北京、江西、宁夏、内蒙古、青海、湖南、吉林等地。
神农架地区分布	兴山县、房县、保康县、竹山县等地。
生物学特性与生境	种子繁殖，出苗率高，生长迅速。可通过人为引种或随绿植夹带，以及交通工具等携带传播。适应性强，分布广泛。可生长于田边、路边、宅旁或山谷林内等地。
危害	庭院常见杂草，危害草坪和灌木，危害严重。
防控措施	控制引种，防止逸生扩散，减少来源。少量发生时，在幼苗期，及时人工铲除，或在结果前将茎切断。大面积发生时，采用除草剂进行化学防除：混合使用二甲四氯和2,4-D丁酯，使其种子不萌发、幼苗死亡，在叶面喷洒可杀死成熟植株。

茑萝 *Ipomoea quamoclit* L.

旋花科	Convolvulaceae
虎掌藤属	*Ipomoea*
英文名	cypress vine, cardinal climber, cypress-vine morning-glory, hummingbird flower, star glory, star of bethlehem, sweet willy
中文别名	金丝线、锦屏封、茑萝松、娘花、五角星花、羽叶茑萝
危害等级	中度入侵
生活型	一年生草本。
株	柔弱缠绕草本，无毛。
叶	叶卵形或长圆形，长2~10cm，宽1~6cm，羽状深裂至中脉，具10~18对线形至丝状的平展的细裂片，裂片先端锐尖；叶柄长8~40mm，基部常具假托叶。
花	花序腋生，由少数花组成聚伞花序；总花梗长1.5~10cm，花直立，花柄长9~20mm，在果时增厚成棒状；萼片绿色，椭圆形至长圆状匙形，外面1个稍短，长约5mm；花冠高脚碟状，长约2.5cm以上，深红色，管柔弱，上部稍膨大，冠檐开展，直径1.7~2cm，5浅裂；雄蕊及花柱伸出；花丝基部具毛；子房无毛。
果	蒴果卵形，长7~8mm，4室，4瓣裂，隔膜宿存，透明；种子4，卵状长圆形，长5~6mm，黑褐色。
物候期	花果期4月~11月，花期很长。

原产地	热带美洲。
传入时间与方式及最早标本记载	约20世纪初，作为观赏花卉有意引入中国。国内最早的标本记载，1919年在江苏采集（NAS00130440）。
中国分布	广西、浙江、上海、江苏、安徽、广东、福建、湖南、陕西、北京、重庆、云南、湖北、河南等地。
神农架地区分布	巴东县、兴山县、保康县等地。
生物学特性与生境	种子繁殖。可随人类活动而传播。生长迅速，适应性强。喜光，喜温暖湿润环境，可生长于海拔2500m以下的地区，如路旁、荒地、垃圾场等多种环境。
危害	排挤本地植物，影响生物多样性。
防控措施	限制引种，防止逸生，避免蔓延进入自然生态系统。少量发生时，在开花前，及时人工拔除，或以自基部割断的方式去除。大面积发生时，可采用草甘膦、百草枯、二甲四氯等除草剂进行化学防除。

三裂叶薯 *Ipomoea triloba* L.

旋花科	Convolvulaceae
虎掌藤属	*Ipomoea*
英文名	three-lobe morning glory, Aiea morning glory, caapi, little bell, wild potato
中文别名	小花假番薯、红花野牵牛
危害等级	恶性入侵
生活型	一年生草本。
茎	缠绕或有时平卧，无毛或散生毛，且主要在节上。
叶	叶宽卵形至圆形，长2.5~7cm，宽2~6cm，全缘或有粗齿或深3裂，基部心形，两面无毛或散生疏柔毛；叶柄长2.5~6cm。
花	花序腋生，花序梗，长2.5~5.5cm，较叶柄粗壮，明显有棱角，顶端具小疣，1朵花或少花至数朵花呈伞形状聚伞花序；花梗多少具棱，有小瘤突，长5~7mm；苞片小，披针状长圆形；萼片长5~8mm，长圆形，边缘明显有缘毛，内萼片椭圆状长圆形；花冠漏斗状，长约1.5cm，无毛，淡红色或淡紫红色，冠檐裂片短而钝；雄蕊内藏，花丝基部有毛；子房有毛。
果	蒴果近球形，高5~6mm，具花柱基形成的细尖，被细刚毛，2室，4瓣裂；种子4或较少，长3.5mm，无毛。
物候期	花期5~10月，果期8~11月。

原产地	热带美洲，西印度群岛。
传入时间与方式及最早标本记载	约20世纪初，作为花卉人为有意引入中国。国内最早的标本记载，1921年在澳门采集（PE01142537）。
中国分布	广东、福建、江西、广西、湖南、浙江、海南、安徽、江苏、上海、台湾、贵州、河南、香港、云南、山东、湖北、河北、澳门等地。
神农架地区分布	兴山县、巴东县等地。
生物学特性与生境	种子繁殖。繁殖速度快，藤蔓生长快，攀爬面积大，自然扩散和占据空间能力强。喜光，喜温暖湿润气候。适应性强，分布广。一般生于海拔900m以下的路旁、荒草地、田野、草地、林地等生境。
危害	易形成单优群落，危害灌木、草本植物、作物及其他本地植物的生长，影响生物多样性。
防控措施	禁止随意引种，防止逸生扩散，减少来源。少量发生逸生时，在开花前，及时人工拔除或铲除。大面积爆发的荒地，采用草甘膦、百草枯、二甲四氯等除草剂进行化学防除。

识别与防控

毛曼陀罗 *Datura inoxia* Miller

茄科	Solanaceae
曼陀罗属	*Datura*
英文名	downy thorn apple, angel's trumpet, hoary thorn-apple, Indian-apple, moonapple, sacred datura, prickly burr
中文别名	软刺曼陀罗、毛花曼陀罗、北洋金花
危害等级	严重入侵
生活型	一年生草本或亚灌木状
株	高达2m，植株密被细腺毛及短柔毛。
叶	叶柄3-5cm；叶片宽卵形，长10~18cm，宽4~15cm，被绒毛，基部圆形或钝，不对称，边缘近全缘，具深波状，不规则具牙齿，先端急尖；侧脉7~10对。
花	直立。花梗长1~5cm，初直立后下弯；花萼圆筒状，无棱，长8~10cm，宽2~3cm，向下稍肿大；裂片窄三角形，1~2cm，花后宿存部分五角形，果时反折；花冠长漏斗状，长15~20cm，冠檐直径7~10cm，下部淡绿色，上部白色，喇叭状，边缘具10尖头；花丝长约5.5cm，花药长1~1.7cm；子房密被白色柔针毛，花柱长13~17cm。
果	蒴果俯垂，近球形或卵球形，直径3~4cm，密被细针刺及白色柔毛，针刺有韧曲性，淡褐色，不规则4瓣裂；种子扁肾形，褐色，长约5mm。
物候期	花果期6~9月。

原产地	北美洲，美国西南部至墨西哥。
传入时间与方式及最早标本记载	20世纪初作为观赏植物或药用植物栽培有意引入中国。国内最早的标本记载，1905年在北京海淀区玉泉山采集（PE00632201）。
中国分布	四川、重庆、江苏、辽宁、山东、天津、黑龙江、安徽、河南、浙江、河北、北京、湖北、江西、云南、福建、海南、湖南、陕西、上海、广西等地。
神农架地区分布	兴山县、巴东县等地。
生物学特性与生境	种子繁殖。繁殖潜力大。蒴果及种子均可通过水流扩散，蒴果可粘附到动物皮毛上进行传播扩散。适应热带及温带的多种环境和各种土壤。分布在荒地、旱地、宅旁、向阳山坡、林缘、草地等生境。
危害	本种为杂草，主要危害旱地作物、果园、苗圃等。叶、花、种子含莨菪碱及东莨菪碱，对人畜、鱼类、家禽鸟类有强烈的毒性，其中果实和种子的毒性较大。危害程度严重。
防控措施	严禁作为观赏植物引种栽培，检疫部门应加强货物、运输工具等携带毛曼陀罗子实的监控，减少来源。少量发生时，在结果前，及时进行人工拔除。大量发生时，采用草甘膦、百草枯、二甲四氯、克芜踪等除草剂进行化学防除。

洋金花 *Datura metel* L.

茄科	Solanaceae
曼陀罗属	*Datura*
英文名	hindu datura, cornucopia, devil's trumpet, downy thornapple, garden datura, jimson weed, metel, thorn apple
中文别名	枫茄花、枫茄子、闹羊花、喇叭花、风茄花、白花曼陀罗、白曼陀罗、风茄儿、山茄子、颠茄、大颠茄

危害等级	一般入侵
生活型	一年生直立草本而呈半灌木状。
株	高0.5~1.5m，全体近无毛。
茎	基部稍木质化。
叶	叶卵形或广卵形，顶端渐尖，基部不对称圆形、截形或楔形，长5~20cm，宽4~15cm，边缘有不规则的短齿或浅裂，或者全缘而波状，侧脉每边4~6条；叶柄长2~5cm。
花	单生于枝杈间或叶腋，花梗长约1cm；花萼筒状，长4~9cm，直径2cm，果时宿存部分增大成浅盘状；花冠长漏斗状，长14~20cm，檐部直径6~10cm，筒中部之下较细，向上扩大呈喇叭状，裂片顶端有小尖头，白色、黄色或浅紫色，单瓣，在栽培类型中有2重瓣或3重瓣；雄蕊5，在重瓣类型中常变态成15左右，花药长约1.2cm；子房疏生短刺毛，花柱长11~16cm。
果	蒴果近球状或扁球状，疏生粗短刺，直径约3cm，不规则4瓣裂；种子淡褐色，宽约3mm。
物候期	花果期3~12月。

本种与毛曼陀罗的区别：植株无毛或幼嫩部分疏被短柔毛；蒴果斜升或横生，被粗短针刺。

原产地	印度。
传入时间与方式及最早标本记载	大约19世纪末，作为花卉有意引入中国。台湾最早的栽培记录为1896年。国内最早的标本记载，1919年在福建采集（PE00632244）。
中国分布	云南、广西、广东、海南、福建、贵州、江苏、山西、重庆、四川、浙江、香港、安徽、湖南、湖北、辽宁、山东、河南、北京、台湾、陕西、天津、新疆、河北等地。
神农架地区分布	兴山县、巴东县等地。
生物学特性与生境	种子繁殖。种子小且多，可通过水及土壤运输而传播。蒴果可粘附在动物身上传播扩散。耐干旱，能适应多种土壤，包括沙土和壤土，pH从中性到极碱性。常分布于向阳的山坡草地或住宅旁。
危害	本种为常见杂草，易形成单优群落，排挤本地植物，影响生物多样性，但危害程度较轻。
防控措施	控制引种，防止逸生，减少来源。少量发生时，在结果前，及时进行人工拔除。大量发生时，采用草甘膦、百草枯、二甲四氯、克芜踪等除草剂进行化学防除。

识别与防控

曼陀罗 *Datura stramonium* L.

茄科	Solanaceae
曼陀罗属	*Datura*
英文名	jimsonweed, common thornapple, devils trumpet, mad-apple, stinkwort, datura, stinkweed
中文别名	土木特张姑、沙斯哈我那、赛斯哈塔肯、醉心花闹羊花、野麻子、洋金花、万桃花、狗核桃、枫茄花
危害等级	严重入侵
生活型	草本或半灌木状。
株	高0.5~1.5m，全体近于平滑或在幼嫩部分被短柔毛。
茎	粗壮，圆柱状，淡绿色或带紫色，下部木质化。
叶	广卵形，顶端渐尖，基部不对称楔形，边缘有不规则波状浅裂，侧脉每边3~5条，直达裂片顶端，长8~17cm，宽4~12cm；叶柄长3~5cm。
花	单生于枝权间或叶腋，直立，有短梗；花萼筒状，长4~5cm，筒部有5棱角，5浅裂，花后自近基部断裂，宿存部分随果实而增大并向外反折；花冠漏斗状，下半部带绿色，上部白色或淡紫色，檐部5浅裂，有短尖头，长6~10cm，檐部直径3~5cm；雄蕊不伸出花冠，花丝3cm，花药长4mm；子房密生柔针毛，花柱长6cm。
果	蒴果直立生，卵状，长3~4.5cm，直径2~4cm，表面生有坚硬针刺或有时无刺而近平滑，成熟后淡黄色，规则4瓣裂；种子卵圆形，稍扁，长约4mm，黑色。
物候期	花期6~10月，果期7~11月。

原产地	墨西哥。
传入时间与方式及最早标本记载	明末作为药物有意引入，1578年《本草纲目》已有记载。国内最早的标本记载，1901年在北京采集（PE00632396）。
中国分布	四川、陕西、江苏、云南、贵州、山西、河北、辽宁、河南、山东、重庆、西藏、江西、北京、新疆、甘肃、湖北、黑龙江、浙江、内蒙古、吉林、广西、湖南、青海、上海、天津、宁夏、安徽、福建、广东、香港、海南等地。
神农架地区分布	巴东县、兴山县、神农架林区、竹溪县等地。
生物学特性与生境	种子繁殖。繁殖力强，种子很多。蒴果开裂可将种子崩裂到1～3m的距离之外。种子有显著的休眠特性。生长于路旁、宅旁等土壤肥沃、疏松处。
危害	栽培后逸生，成为旱地、宅旁的主要杂草之一，影响景观。全株有毒，含莨菪碱，药用，有镇痉、镇静、镇痛、麻醉的功能，对人类、牲畜有害。
防控措施	预防为主，控制引种，防止逸生。禁止作为观赏植物进行引种栽培。检疫部门应加强对货物、运输工具等携带曼陀罗子实的监控。少量发生时，在结果前，及时进行人工拔除。大量发生时，采用草甘膦、百草枯、二甲四氯、克芜踪等除草剂进行化学防除。

识别与防控

假酸浆 *Nicandra physalodes* (L.) Gaertner

茄科	Solanaceae
假酸浆属	*Nicandra*
英文名	apple of peru, chinese lantern, shoo-fly plant, wild gooseberry, wild hops, shoofly plant
中文别名	鞭打绣球、冰粉、大千生
危害等级	中度入侵
生活型	一年生直立草本。
茎	直立，有棱条，无毛，高0.4~1.5m，上部交互不等的二歧分枝。
叶	卵形或椭圆形，草质，长4~12cm，宽2~8cm，顶端急尖或短渐尖，基部楔形，边缘有具圆缺的粗齿或浅裂，两面有稀疏毛；叶柄长为叶片长的1/4~1/3。
花	花单生于枝腋，与叶对生，通常具较叶柄长的花梗，俯垂；花萼5深裂，裂片顶端尖锐，基部心脏状箭形，有2尖锐的耳片，果时包围果实，直径2.5~4cm；花冠钟状，浅蓝色，直径达4cm，檐部有折襞，5浅裂。
果	浆果球状，直径1.5~2cm，黄色；种子淡褐色，直径约1mm。
物候期	花果期夏秋季。

原产地	南美洲。
传入时间与方式及最早标本记载	清末作为药用和食用作物有意引入。国内最早的标本记载，1919年在云南昆明采集（PEY0039502）。
中国分布	四川、贵州、云南、重庆、广西、江苏、江西、湖南、陕西、河南、西藏、新疆、青海、山东、辽宁、北京、浙江、湖北、福建、台湾、广东、山西、甘肃、河北、海南、安徽、吉林、黑龙江、天津等地。
神农架地区分布	巴东县、兴山县等地。
生物学特性与生境	种子繁殖。种子具有休眠性。易混入农作物种子进行传播。适应性强，主要喜欢温暖湿润的环境。分布于田埂、农田、荒地、沟渠边、道路边、村落旁等地。
危害	栽培或逸出而成野生，成为杂草，常成片生长，排挤当地植物，对生物多样性有一定影响。
防控措施	加强引种管理，避免逸生，减少来源。少量发生时，在结果前，及时进行人工拔除。大量发生时，采用除草剂进行化学防除：在荒坡施用草甘膦、百草枯等除草剂防除；在禾本作物农田，采用二甲四氯或氯氟吡氧乙酸等防除（徐海根和强胜，2018）。

苦蘵 *Physalis angulata* L.

茄科	Solanaceae
灯笼果属	*Physalis*
英文名	cutleaf groundcherry, angular winter cherry, balloon cherry, bladder cherry, bush tomato, wild gooseberry
中文别名	灯笼泡、灯笼草、灯笼果
危害等级	一般入侵
生活型	一年生草本。
株	被疏短柔毛或近无毛，高30～50cm。
茎	多分枝，分枝纤细。
叶	叶柄长1～5cm，叶片卵形至卵状椭圆形，顶端渐尖或急尖，基部阔楔形或楔形，全缘或有不等大的牙齿，两面近无毛，长3～6cm，宽2～4cm。
花	花梗长5～12mm，纤细，和花萼一样生短柔毛，长4～5mm，5中裂，裂片披针形，生缘毛；花冠淡黄色，喉部常有紫色斑纹，长4～6mm，直径6～8mm；花药蓝紫色或有时黄色，长约1.5mm。
果	果萼卵球状，直径1.5～2.5cm，薄纸质，浆果直径1.2cm；种子圆盘状，长约2mm。
物候期	花果期5～12月。

原产地	南美洲。
传入时间与方式及最早标本记载	1578年《本草纲目》已有记载，通过混入粮食中无意引入。国内最早的标本记载，1902年在浙江采集（P00061020，模式标本）。
中国分布	江苏、广西、江西、广东、湖南、浙江、山东、安徽、海南、四川、湖北、河南、福建、贵州、重庆、北京、辽宁、内蒙古、陕西、吉林、澳门等地。
神农架地区分布	巴东县、保康县等地。
生物学特性与生境	种子繁殖。种子产量高，发芽率高，幼苗容易存活。伴随大规模引种和园林绿化而传播。适应性强，果实遗落在路边即能生长繁殖；耐干旱，能适应气候变化和各种土壤环境。常生于海拔500～1500m的山谷林下及村边路旁。
危害	为旱地、宅旁的主要杂草之一。棉花、玉米、大豆、甘蔗、甘薯、蔬菜田和路埂常见杂草，发生量大，危害较严重。
防控措施	加强检疫，减少来源。少量发生逸生时，在开花结果前，及时人工拔除。大量发生时，采用多种除草剂进行化学防除。不同作物采用不同的除草剂：大豆田用乙羧氟草醚、氟磺胺草醚，玉米地用莠去津、烟嘧磺隆，棉花地用乙氧氟草醚进行防除。

小酸浆 *Physalis minima* L.

茄科	Solanaceae
灯笼果属	*Physalis*
英文名	sunberry, native gooseberry, wild cape gooseberry, pygmy groundcherry
中文别名	毛苦蘵、北美小酸浆
危害等级	一般入侵
生活型	一年生草本。
根	细瘦。
茎	主轴短缩，顶端多二歧分枝，分枝披散而卧于地上或斜升，生短柔毛。
叶	叶柄细弱，长1~1.5cm；叶片卵形或卵状披针形，长2~3cm，宽1~1.5cm，顶端渐尖，基部歪斜楔形，全缘而波状或有少数粗齿，两面脉上有柔毛。
花	具细弱的花梗，花梗长约5mm，生短柔毛；花萼钟状，长2.5~3mm，外面生短柔毛，裂片三角形，顶端短渐尖，缘毛密；花冠黄色，长约5mm；花药黄白色，长约1mm。
果	果梗细瘦，长不及1cm，俯垂；果萼近球状或卵球状，直径1~1.5cm；果实球状，直径约6mm。
物候期	夏季开花，秋季结果。

本种与苦蘵的区别：植株较矮小，分枝横卧地上或稍斜升；花冠及花药黄色，花萼裂片三角形；果萼直径1~1.5cm。

原产地	北美洲。
传入时间与方式及最早标本记载	可能混在粮食中无意引入，引入时间不详。国内最早的标本记载，1915年在云南金沙江、丽江采集（NAS00229006）。
中国分布	广西、广东、山东、云南、海南、四川、福建、湖南、贵州、安徽、陕西、湖北、河南、浙江、北京、河北、重庆、江西、江苏、黑龙江、香港等地。
神农架地区分布	巴东县、兴山县、神农架林区等地。
生物学特性与生境	种子繁殖。种子产量大，易发芽，幼苗容易存活。可随引种和园林绿化传播。适应性强，较耐干旱，能适应多种气候和土壤环境。生于海拔达1300m的山坡上。
危害	为旱地、宅旁杂草。对旱地农作物和蔬菜有一定的威胁。
防控措施	加强检疫，减少种源。少量发生逸生时，在开花结果前，及时进行人工拔除。大量发生时，采用草甘膦、百草枯、二甲四氯、克芜踪等除草剂进行化学防除。

毛果茄 *Solanum viarum* Dunal

茄科	Solanaceae
茄属	*Solanum*
英文名	tropical soda apple, sodom apple
中文别名	喀西茄、刺茄、刺茄子、苦茄子、谷雀蛋、阿公、苦颠茄、狗茄子、添钱果、黄果茄

危害等级 　严重入侵（2016年被列入第四批《中国外来入侵物种名单》（喀西茄）

生活型 　直立草本至亚灌木。

株 　高1~2m，最高达3m，茎、枝、叶及花柄多混生黄白色具节的长硬毛、短硬毛、腺毛及淡黄色基部宽扁的直刺，刺长2~15mm，宽1~5mm，基部暗黄色。

叶 　阔卵形，长6~12cm，宽约与长相等，先端渐尖，基部戟形，5~7深裂，裂片边缘又做不规则的齿裂及浅裂；上面深绿色，毛被在叶脉处更密；下面淡绿色，还有稀疏分散的星状毛；侧脉与裂片数相等，在上面平，在下面略凸出，其上分散着生基部宽扁的直刺，刺长5~15mm；叶柄粗壮，长约为叶片之半。

花 　蝎尾状花序腋外生，单生或2~4朵，花梗长约1cm；花萼钟状，绿色，直径约1cm，长约7mm，5裂，长约5mm，宽约1.5mm；花冠筒淡黄色，隐于萼内，长约1.5mm；冠檐白色，5裂，长约14mm，宽约4mm，开放时先端反折；花丝长约1.5mm，花药长约7mm；子房球形，花柱纤细，长约8mm，光滑，柱头截形。

果 　浆果球状，直径2~2.5cm，初时绿白色，具绿色花纹，成熟时淡黄色，宿萼上具纤毛及细直刺，后逐渐脱落；种子淡黄色，近倒卵形，扁平，直径约2.5mm。

物候期 　花期春夏，果熟期冬季。

原产地	巴西南部、巴拉圭、乌拉圭和阿根廷北部。
传入时间与方式及最早标本记载	19世纪末，混在粮食中无意引入中国。国内最早的标本记载，1960年在云南耿马县土锅寨采集（HITBC043613）。
中国分布	云南、广西、贵州、四川、福建、广东、重庆、湖南、江西、海南、浙江、湖北、江苏、台湾、河北、黑龙江、安徽、河南等地。
神农架地区分布	巴东县、兴山县、神农架林区等地。
生物学特性与生境	种子繁殖。种子产量高。通过牲畜、鸟类将成熟果实和种子远距离传播。植株高大，具刺，适应性强。喜生于沟边，路边灌丛，荒地，草坡或疏林中，海拔可达2300m。
危害	路旁和荒地杂草，影响景观。具刺杂草，易伤人，果实有毒，误食后可人畜中毒。是几种病毒的宿主，危害茄子、辣椒等蔬菜生长。
防控措施	少量发生时，在未开花之前割除，结果后焚烧，或埋藏于0.9m以下的土壤中。大面积发生时，用2,4-D丙酯和草甘膦等除草剂进行化学防除。

少花龙葵 *Solanum americanum* Miller

茄科	Solanaceae
茄属	*Solanum*
英文名	American black nightshade, common nightshade, garden nightshade, glossy nightshade, ink-berry, purple nightshade, small-flowered nightshade
中文别名	痣草、衣扣草、古钮子、打卜子、扣子草、古钮菜、白花菜
危害等级	中度入侵
生活型	一年生草本或多年生纤弱草本。
茎	无毛或近于无毛，高约1m。
叶	薄，卵形至卵状长圆形，长4~8cm，宽2~4cm，基部楔形下延至叶柄而成翅，叶缘近全缘，波状或有不规则的粗齿，两面均具疏柔毛，有时下面近于无毛；叶柄纤细，长约1~2cm，具疏柔毛。
花	花序近伞形，腋外生，纤细，1~6朵花，总花梗长1~2cm，花梗长5~8mm，花小，直径约7mm；萼绿色，直径约2mm，5裂达中部，裂片长约1mm，具缘毛；花冠白色，筒部隐于萼内，长不及1mm，冠檐长约3.5mm，5裂，长约2.5mm；花丝极短，花药黄色，长圆形，长1.5mm，为花丝长度的3~4倍；子房近圆形，直径不及1mm，花柱纤细，长2mm，白色绒毛，柱头头状。
果	浆果球状，直径约5mm，幼时绿色，成熟后黑色；种子近卵形，两侧压扁，直径1~1.5mm。
物候期	几全年均开花结果。

原产地	南美洲。
传入时间与方式及最早标本记载	引入时间不详，应为近代随农作物无意带入。国内最早的标本记载，1927年在中国广东省采集（PE00730035）。
中国分布	广东、云南、广西、福建、江西、重庆、浙江、贵州、四川、海南、湖南、西藏、湖北、陕西、台湾、江苏、香港、山东、河南等地。
神农架地区分布	兴山县、巴东县等地。
生物学特性与生境	种子繁殖。种子多，种子可随动物取食而传播。生长迅速，耐热、耐寒、耐旱、耐湿，四季均可生长并开花结果；对土壤要求不严，对光照要求不严，阴湿条件仍生长良好。可生长在溪边、密林阴湿处或林边荒地。
危害	一般杂草。
防控措施	少量发生时，在开花结果前，及时进行人工拔除。大量发生时，采用草甘膦、百草枯、二甲四氯、克芜踪等除草剂进行化学防除。

直立婆婆纳 *Veronica arvensis* L.

玄参科	Scrophulariaceae
婆婆纳属	*Veronica*
英文名	corn speedwell, common speedwell, field speedwell, wall speedwell
中文别名	脾寒草、玄桃
危害等级	一般入侵
生活型	一年生小草本。
茎	直立或上升，高5~30cm，有2列多细胞白色长柔毛。
叶	常3~5对，短柄或无柄，卵形至卵圆形，长5~15mm，宽4~10mm，具3~5脉，边缘具圆或钝齿，两面被硬毛。
花	总状花序长而多花，长可达20cm，被多细胞白色腺毛；苞片，下部的长卵形，上部的长椭圆形而全缘；花梗极短；花萼长3~4mm，裂片条状椭圆形，前方2枚长于后方2枚；花冠蓝紫色或蓝色，长约2mm，裂片圆形至长矩圆形；雄蕊短于花冠。
果	蒴果倒心形，强烈侧扁，长2.5~3.5mm，宽略过之，边缘有腺毛，凹口很深，几乎为果半长，裂片圆钝，宿存的花柱不伸出凹口；种子矩圆形，长近1mm。
物候期	花期4~5月。

原产地	欧洲。
传入时间与方式及最早标本记载	近代通过人或动物活动裹挟无意带入。国内最早的标本记载，1921年在江西庐山采集（PEY0057613）。
中国分布	江苏、浙江、江西、上海、河南、山东、安徽、湖北、广西、福建、贵州、湖南、重庆、云南、陕西、四川等地。
神农架地区分布	巴东县、神农架林区、保康县等地。
生物学特性与生境	种子繁殖。种子小，光滑，可借助风、水、人、畜等传播。适应性较强。喜光，耐半阴，宜沙质土壤。生于路边及荒野草地，海拔2000m以下。
危害	入侵到农田或牧场中，竞争养分、水分，危害农作物。有化感作用，影响入侵地其他物种的生长，降低生物多样性。
防控措施	精选种子，避免种子混入农田，一旦混入，可结合中耕除草。少量发生时，在开花前，及时人工拔除。大量发生时，采用百草枯、草甘膦、二甲四氯、克芜踪等除草剂进行化学防除。

蚊母草 *Veronica peregrina* L.

玄参科	Scrophulariaceae
婆婆纳属	*Veronica*
英文名	wandering speedwell, purslane speedwell, neckweed
中文别名	仙桃草、水蓑衣

危害等级 一般入侵

生活型 一年生或二年生草本。

株 高10-25cm，全体无毛或疏生柔毛。

茎 通常自基部多分枝，主茎直立，侧枝披散。

叶 无柄，下部的倒披针形，上部的长矩圆形，长1~2cm，宽2~6mm，全缘或中上端有三角状锯齿。

花 总状花序长，果期达20cm；苞片与叶同形而略小；花梗极短；花萼裂片长矩圆形至宽条形，长3~4mm；花冠白色或浅蓝色，长2mm，裂片长矩圆形至卵形；雄蕊短于花冠。

果 蒴果倒心形，明显侧扁，长3~4mm，宽略过之，边缘生短腺毛，宿存的花柱不超出凹口；种子矩圆形。

物候期 花期5~6月。

原产地	北美洲。
传入时间与方式及最早标本记载	约15世纪人为无意引入。国内最早的标本记载，1901年采集（N257 148867）。
中国分布	江苏、上海、湖南、江西、浙江、福建、贵州、山东、湖北、云南、安徽、广西、黑龙江、四川、台湾、广东、内蒙古、重庆、山西、新疆、青海、陕西、河南等地。
神农架地区分布	竹溪县、兴山县、巴东县等地。
生物学特性与生境	种子繁殖。种子很小，可借助风、水、人、畜等传播。适应性较强。喜光，耐半阴，宜沙质土壤。生于河滩、溪边、潮湿的荒地、路边，在西南可达海拔3000m处。
危害	入侵到农田、草地，竞争养分、水分，危害农作物和草场。有化感作用，影响入侵地其他物种的生长，降低入侵地生物多样性。
防控措施	精选种子，避免种子混入，一旦混入，及时除草。少量发生时，在开花前，及时进行人工拔除。大量发生时，采用百草枯、草甘膦、二甲四氯、克芜踪等除草剂进行化学防除。

识别与防控

阿拉伯婆婆纳 *Veronica persica* Poir.

玄参科	Scrophulariaceae
婆婆纳属	*Veronica*
英文名	creeping speedwell, birdeye speedwell, common field speedwell, winter speedwell
中文别名	波斯婆婆纳、肾子草
危害等级	严重入侵
生活型	一年生或二年生草本。
株	铺散多分枝，高10~50cm。
茎	密生2列多细胞柔毛。
叶	叶2~4对（腋内生花的称苞片，见下面），具短柄，卵形或圆形，长6~20mm，宽5~18mm，基部浅心形，平截或浑圆，边缘具钝齿，两面疏生柔毛。
花	总状花序很长；苞片互生，与叶同形且几乎等大；花梗比苞片长，有的超过1倍；花萼花期长仅3~5mm，果期增大达8mm，裂片卵状披针形，有睫毛，三出脉；花冠蓝色、紫色或蓝紫色，长4~6mm，裂片卵形至圆形，喉部疏被毛；雄蕊短于花冠。
果	蒴果肾形，长约5mm，宽约7mm，被腺毛，成熟后几乎无毛，网脉明显，凹口角度超过90°，裂片钝，宿存的花柱长约2.5mm，超出凹口；种子背面具深的横纹，长约1.6mm。
物候期	花期3~5月。

原产地	亚洲西部及欧洲。
传入时间与方式及最早标本记载	近代无意识带入。国内最早的标本记载，1906年在江苏采集（NAS 00136318）。
中国分布	上海、江苏、浙江、江西、湖北、河南、贵州、山东、安徽、湖南、福建、台湾、新疆、重庆、云南、河北、四川、陕西、黑龙江、北京、西藏、青海、甘肃、山西、吉林等地。
神农架地区分布	巴东县、兴山县、神农架林区、房县、保康县、竹山县、竹溪县。
生物学特性与生境	种子繁殖和营养繁殖。种子繁殖能力强，繁殖速度快。种子小，产量高。果实成熟后炸裂，种子扩散。种子小，可随风、水、人、畜等传播。种子萌发条件宽泛，萌发率高。具有较强的无性繁殖能力和快速生长能力，匍匐茎发达，匍匐茎段能独立存活，重新形成植株。适应性强，环境限制因子少，喜光，耐半阴，忌冬季湿涝。生于路边、荒地、宅旁、苗圃、菜地、林地、风景旅游区、农田等处。
危害	入侵旱地夏熟作物田地，如麦田、油菜地等，竞争水肥，而且具有化感作用，影响农作物生长，造成减产。还是多种病菌的宿主或中间宿主。
防控措施	繁殖能力强，生长速度快，生长期长，耐药性强，人工、机械和化学防除均比较困难。该种处于下层，通过作物适当密植可一定程度控制这种草害。将旱旱轮作改为旱水轮作，可控制这种杂草的发生。少量发生时，在开花前及时进行人工拔除，但要去除根茎和匍匐茎。大面积发生时，采用绿麦隆、二甲四氯、氯氟吡氧乙酸等除草剂进行化学防除。

婆婆纳 *Veronica polita* Fries

玄参科	Scrophulariaceae
婆婆纳属	*Veronica*
英文名	dwarf bird's-eye speedwell; wayside speedwell
中文别名	双肾草

危害等级 | 一般入侵

生活型 | 一年生或二年生草本。

株 | 铺散多分枝，多少被长柔毛，高10~25cm。

叶 | 仅2~4对（腋间有花的为苞片，见下面），具3~6mm长的短柄，叶片心形至卵形，长5~10mm，宽6~7mm，每边有2~4个深刻的钝齿，两面被白色长柔毛。

花 | 总状花序很长；苞片叶状，下部的对生或全部互生；花梗比苞片略短；花萼裂片卵形，顶端急尖，果期稍增大，三出脉；花冠淡紫色、蓝色、粉色或白色，直径4~5mm，裂片圆形至卵形；雄蕊比花冠短。

果 | 蒴果近于肾形，密被腺毛，略短于花萼，宽4~5mm，凹口约为90°角，裂片顶端圆，脉不明显，宿存的花柱与凹口齐或略过之。种子背面具横纹，长约1.5mm。

物候期 | 花期3~10月。

原产地	西亚。
传入时间与方式及最早标本记载	1406年《救荒本草》已有记载，通过货物贸易等人为活动无意引入。国内最早的标本记载，1907年在江苏南京市采集（NAS00136082）。
中国分布	江苏、上海、浙江、湖南、广西、四川、江西、安徽、贵州、山东、陕西、青海、湖北、云南、甘肃、北京、重庆、香港、福建、广东、山西、河南等地。
神农架地区分布	巴东县、兴山县等地。
生物学特性与生境	种子繁殖和营养繁殖。种子量大，萌发率高。种子小，可随风、水、人、畜等传播扩散。茎铺散多分枝，分枝茎段生有不定根，进行营养繁殖，重新长成独立植物。适应性强，喜光，耐半阴。
危害	在中国小麦产区形成优势种群，是主要的田间杂草。生长迅速，繁殖快，且具有化感作用，影响农作物生长，造成减产。
防控措施	该种处于下层，通过作物适当密植可一定程度控制这种草害；旱旱轮作改为旱水轮作，亦可控制该种杂草的发生。少量发生时，在开花前，及时进行人工拔除，注意要清除根茎和匍匐茎。大量发生时，采用百草枯、草甘膦、二甲四氯、克芜踪等除草剂进行化学防除。

藿香蓟 *Ageratum conyzoides* L.

菊科	Asteraceae
藿香蓟属	*Ageratum*
英文名	billy goat weed, blue flowered groundsel, blue top, mother brinkley, tropical ageratum, white weed, winter weed
中文别名	臭草、胜红蓟
危害等级	恶性入侵（2016年被列入第四批《中国外来入侵物种名单》）
生活型	一年生草本。
根	无明显主根。
茎	高50~100cm，有时不足10cm。茎粗壮，基部直径4mm，淡红色，或上部绿色，被白色尘状短柔毛或上部被稠密开展的长绒毛。
叶	对生，有时上部互生，常有腋生的不发育的叶芽。中部茎叶卵形、椭圆形或长圆形，长3~8cm，宽2~5cm；自中部向上向下的叶渐小或小，卵形或长圆形，有时植株全部叶小型，长仅1cm，宽仅达0.6mm；全部叶基部钝或宽楔形，基出三脉或不明显五出脉，边缘圆锯齿，叶柄长1~3cm，两面被白色稀疏的短柔毛且有黄色腺点。
花	头状花序4~18个在茎顶排成通常紧密的伞房状花序；花序径1.5~3cm；花梗长0.5~1.5cm；总苞钟状或半球形，宽5mm；总苞片2层，长3~4mm；花冠长1.5~2.5mm，檐部5裂，淡紫色。
果	瘦果黑褐色，5棱，长1.2~1.7mm；冠毛膜片5或6个，长圆形；全部冠毛膜片长1.5~3mm。
物候期	花果期全年。

原产地	中南美洲。
传入时间与方式及最早标本记载	19世纪作为观赏植物人工栽培引入中国香港。国内最早的标本记载，1903年在台湾采集（PE02033768）。
中国分布	广西、云南、广东、福建、江西、贵州、四川、湖南、海南、重庆、山东、浙江、西藏、台湾、江苏、安徽、湖北、河南、陕西、上海、香港、黑龙江、河北、澳门、北京、山西等地。
神农架地区分布	神农架林区、兴山县、巴东县等地。
生物学特性与生境	种子繁殖，也可营养繁殖。种子产量高，花期长，种子陆续成熟扩散。生长迅速，繁殖力强，抗逆性好，适应性强，常在入侵地形成单优群落。生于山谷、山坡林下或林缘、河边或山坡草地、田边等地。
危害	侵入农田，成为旱地主要杂草，有强烈的趋肥效应，与农作物竞争光肥，严重影响作物生长，几乎可危及所有旱地作物及果树。具有化感作用，对作物种子萌发和幼苗生长具有显著的抑制作用。
防控措施	加强田间管理，结合中耕除草。少量发生时，在开花前，及时人工拔除。在入侵严重地区，采用绿海灵等除草剂持续地喷施2~3个月，进行化学防除。

豚草 *Ambrosia artemisiifolia* L.

菊科	Asteraceae
豚草属	*Ambrosia*
英文名	common ragweed, annual ragweed, bitterweed, blackweed, carrot weed, hay fever weed, short ragweed, small ragweed, wild tansy, american wormwood
中文别名	豕草、艾叶破布草、美洲艾、普通豚草
危害等级	恶性入侵（2003年被列入第一批《中国外来入侵物种名单》）
生活型	一年生草本。
茎	直立，高20~150cm。上部有圆锥状分枝，有棱，被疏生密糙毛。
叶	下部叶对生，具短叶柄，二次羽状分裂，裂片狭小，长圆形至倒披针形，全缘，有明显的中脉；上部叶互生，无柄，羽状分裂。
花	雄头状花序半球形或卵形，直径4~5mm，具短梗，下垂，在枝端密集成总状花序；总苞宽半球形或碟形；总苞片全部结合；每个头状花序有10~15个不育的小花；花冠淡黄色，长2mm；花药卵圆形；花柱不分裂，顶端膨大成画笔状；雌头状花序无花序梗，在雄头花序下面或在下部叶腋单生，或2~3个密集成团伞状，总苞闭合；花柱2深裂。
果	瘦果倒卵形，无毛，藏于坚硬的总苞中。
物候期	花期8~9月，果期9~10月。

原产地	北美洲（美国和加拿大南部）。
传入时间与方式及最早标本记载	1935年发现于杭州，可能是进口粮食和货物裹挟无意带入；另外，东北地区经由与苏联的经济往来无意带入。国内最早的标本记载，1957年在浙江采集［PE00998028、PE00998029、（HHBG）HZ046711］。
中国分布	江西、辽宁、广东、福建、黑龙江、湖北、江苏、湖南、安徽、河北、云南、四川、重庆、浙江、吉林、北京、山东、河南、广西、内蒙古、山西、上海、台湾、贵州等地。
神农架地区分布	神农架林区大九湖鹿苑西。
生物学特性与生境	种子繁殖。种子产量高，一株发育良好的植株可生产7万～10万粒种子。种子具有明显的休眠性，部分种子在土壤中埋藏40年仍能萌发。通过风、水自然传播，或借助农事活动在田间传播，或夹杂在粮食、油料作物中通过贸易传播。生态适应性广，能在不同土壤类型、不同植被群落及不同生境类型下大量暴发。
危害	危害农作物，减少产量、降低品质。豚草迅速成为新生境优势种，与本地种竞争空间、营养、光合水分，最终导致生境改变并降低生物多样性。豚草花粉导致人类过敏，产生严重的过敏性鼻炎、花粉症或皮炎。
防控措施	少量发生时，在苗期，及时人工拔除。大量发生时，在苗期前后喷洒硝磺草酮、二苯醚类、氯酯磺草胺等多种除草剂进行化学防除。大面积发生时，可引入豚草的天敌豚草条纹叶甲（*Zygogramma suturalis*）、广聚萤叶甲（*Ophraella communa*）、豚草卷蛾（*Epiblema strenuan*）、丁香假单胞菌（*Pseudomonas syringae*）等昆虫和病菌联合进行生物防治；但生物防治应谨慎，需实验和评估，避免造成新的外来入侵物种的引入。

婆婆针 *Bidens bipinnata* L.

菊科	Asteraceae
鬼针草属	*Bidens*
英文名	Spanish needles, pitchfork weed, bipinnate beggar's ticks, spanish black jack
中文别名	刺针草、鬼针草
危害等级	中度入侵
生活型	一年生草本。
茎	直立，高30~120cm，下部略具4棱，基部直径2~7cm。
叶	对生，柄长2~6cm，叶片长5~14cm，二回羽状分裂，第一次分裂深达中肋，裂片再次羽状分裂，小裂片三角状或菱状披针形，具1~2对缺刻或深裂，顶生裂片狭，边缘有稀疏不规整的粗齿。
花	头状花序直径6~10mm；花序梗长1~5cm（果时长2~10cm）；总苞杯形，外层苞片5~7，开花时长2.5mm，果时长达5mm，内层苞片膜质，椭圆形，长3.5~4mm，果时长6~8mm；托片狭披针形，长5mm，果时长可达12mm；舌状花通常1~3，不育，舌片黄色，椭圆形或倒卵状披针形，长4~5mm，宽2.5~3.2mm，先端全缘或具2~3齿，盘花筒状，黄色，长4.5mm，冠檐5齿裂。
果	瘦果条形，略扁，具3~4棱，长12~18mm，宽约1mm，具瘤状突起及小刚毛，顶端芒刺3~4，很少2，长3~4mm，具倒刺毛。
物候期	花果期8~10月。

原产地	美国东部。
传入时间与方式及最早标本记载	最早1861年《香港植被》有记载，应为人为无意传入。国内最早的标本记载，1904年在云南采集（IBSC0577499）。
中国分布	北京、云南、四川、陕西、江西、山东、浙江、河北、河南、安徽、甘肃、山西、江苏、福建、广西、广东、辽宁、湖南、贵州、湖北、重庆、天津、台湾、宁夏、海南、内蒙古、香港、黑龙江、西藏等地。
神农架地区分布	兴山县、神农架林区、房县、保康县、竹山县等地。
生物学特性与生境	种子繁殖。种子产量高。瘦果顶端带刺芒，借风和水传播，也容易挂在动物毛皮和人的衣服上携带传播。适应性强，生于路边荒地、山坡及田间等地。
危害	可侵入农田、果园和苗圃，造成作物减产。
防控措施	少量发生时，在开花前的苗期，及时人工拔除。加强田间管理，机械铲除，结果前及时清除。大面积发生时，采用草甘膦、二甲四氯、硝磺草酮、二苯醚类、氯酯磺草胺等多种除草剂进行化学防除。

大狼杷草 *Bidens frondosa* L.

菊科	Asteraceae
鬼针草属	*Bidens*
英文名	beggarticks, bur marigold, devil's bootjack, devil's pitchfork, pitchfork weed, sticktights, tickseed sunflower
中文别名	接力草、外国脱力草（上海）
危害等级	恶性入侵（2016年被列入第四批《中国外来入侵物种名单》）
生活型	一年生草本。
茎	直立，分枝，高20~120cm，被疏毛或无毛，常带紫色。
叶	对生，具柄，为一回羽状复叶，小叶3~5，披针形，长3~10cm，宽1~3cm，边缘有粗锯齿，通常背面被稀疏短柔毛。
花	头状花序单生茎端和枝端，连同总苞苞片直径12~25mm，高约12mm；总苞钟状或半球形，外层苞片5~10，通常8，披针形或匙状倒披针形，叶状，边缘有缘毛，内层苞片长圆形，长5~9mm，膜质，具淡黄色边缘，无舌状花或舌状花不发育，筒状花两性，花冠长约3mm，冠檐5裂。
果	瘦果扁平，狭楔形，长5~10mm，近无毛或糙伏毛，顶端芒刺2，长约2.5mm，有倒刺毛。
物候期	花期7~10月，果期8~10月。

原产地	北美洲。
传入时间与方式及最早标本记载	可能在20世纪30年代通过作物或旅行等无意引进华东地区。国内最早的标本记载，1926年在江苏采集（PE01716837）。
中国分布	江西、湖南、广西、浙江、江苏、安徽、贵州、辽宁、上海、黑龙江、四川、山东、吉林、福建、广东、陕西、北京、湖北、河南、甘肃、重庆、青海等地。
神农架地区分布	巴东县、兴山县、神农架林区、房县、保康县、竹山县、竹溪县。
生物学特性与生境	种子繁殖。种子产量高。主要通过瘦果顶端芒刺上的倒刺毛钩于动物体表或人的衣物上传播，也可随水流传播。生长旺盛、适应性强。常生于河流两岸、水渠边、路边田埂、抛荒农田、路旁水沟等湿润处。
危害	大狼杷草是秋收作物如棉花、大豆及番薯等和水稻田的常见杂草。由于其根系发达，吸收土壤水分和养分的能力很强，耗肥、耗水都超过作物生长的消耗，并且与作物竞争空间和光照，干扰并限制作物的生长，造成减产。大量发生于河道、沟渠两岸，还可造成河道淤塞和水体富营养化。
防控措施	加强检疫，精选种子，减少来源。少量发生时，在开花前及时拔除。大面积发生时，采用氯氟吡氧乙酸、草甘膦、二甲四氯、硝磺草酮、二苯醚类、氯酯磺草胺等多种除草剂进行化学防除。

鬼针草 *Bidens pilosa* L.

菊科	Asteraceae
鬼针草属	*Bidens*
英文名	blackjack, beggar tick, bur marigold, butterfly needles, cobbler's pegs, duppy needles, farmer's friend, needle grass, pitch forks, shepherd's needles
中文别名	白花鬼针草、金盏银盘、盲肠草、引线包、粘连子、粘人草、对叉草、蟹钳草、虾钳草、三叶鬼针草、铁包针、狼把草
危害等级	恶性入侵（2012年被列入第三批《中国外来入侵物种名单》）
生活型	一年生草本。
茎	直立，高30～100cm，钝四棱形，基部直径可达6mm。
叶	茎下部的叶较小，3裂或不分裂，通常在开花前枯萎；中部叶柄长1.5～5cm，小叶3，少为5（～7）小叶的羽状复叶，两侧小叶长2～4.5cm，宽1.5～2.5cm，基部近圆形或阔楔形，具短柄，边缘有锯齿，顶生小叶较大，长3.5～7cm，基部渐狭或近圆形，柄长1～2cm，边缘有锯齿；上部叶小，3裂或不分裂，条状披针形。
花	头状花序直径8～9mm，花序梗长1～6（果时长3～10）cm；总苞基部被短柔毛，苞片7～8，开花时长3～4mm，果时长至5mm，外层托片，果时长5～6mm；头状花序无舌状花，或边缘具舌状花5～7，白色，长5～8mm，宽3.5～5mm；盘花筒状，长约4.5mm，冠檐5齿裂。
果	瘦果黑色，条形，略扁，具棱，长7～13mm，宽约1mm，上部具稀疏瘤状突起及刚毛，顶端芒刺3～4，长1.5～2.5mm，具倒刺毛。
物候期	花果期9～11月。

原产地	美洲热带和亚热地区。
传入时间与方式及最早标本记载	1861年香港植被首次记载，可能通过种子进口或旅行等无意传入中国。国内最早的标本记载，1910年在安徽采集（NAS00484731）。
中国分布	四川、广西、云南、广东、贵州、福建、重庆、湖北、陕西、河南、山西、湖南、江苏、海南、浙江、北京、甘肃、江西、西藏、台湾、安徽、山东、河北、上海、辽宁、香港、内蒙古、天津、新疆、吉林等地。
神农架地区分布	巴东县、兴山县、神农架林区、房县、保康县、竹山县、竹溪县。
生物学特性与生境	种子繁殖。植株高大，花序多，种子产量大，每株可产近1.8万粒瘦果（种子）。种子发芽率高。具有灵活的交配机制，即可异花传粉也可自交结实。适应性广，生长迅速，容易成功入侵各种生境。常生于村旁、路边及荒地中。
危害	种子繁殖。繁殖能力强，传播速度快，入侵番薯、花生、大豆田及果园、草坪等。
防控措施	少量发生时，在苗期，及时人工拔除或机械铲除。大面积发生时，采用多种除草剂进行化学防除：采用草甘膦、百草枯等灭生性除草剂灭杀荒山荒坡、路旁的鬼针草，施用使它隆、苯来松等选择性除草剂控制田间的鬼针草。

剑叶金鸡菊 *Coreopsis lanceolata* L.

菊科	Asteraceae
金鸡菊属	*Coreopsis*
英文名	lanceleaf coreopsis, longstalk coreopsis, sand coreopsis, tickseed
中文别名	线叶金鸡菊、大金鸡菊
危害等级	一般入侵
生活型	多年生草本。
株	高30~70cm。
根	有纺锤状根。
茎	直立，无毛或基部被软毛，上部有分枝。
叶	较少数，在茎基部成对簇生，有长柄，叶片匙形或线状倒披针形，基部楔形，顶端钝或圆形，长3.5~7cm，宽1.3~1.7cm；茎上部叶少数，全缘或3深裂，裂片长圆形或线状披针形，长6~8cm，宽1.5~2cm，叶柄长6~7cm；上部叶无柄，线形或线状披针形。
花	头状花序在茎端单生，直径4~5cm；总苞片内外层近等长；披针形，长6~10mm，顶端尖。舌状花黄色；管状花狭钟形。
果	瘦果圆形或椭圆形，长2.5~3mm，边缘有宽翅，顶端有2短鳞片。
物候期	花期5~9月。

同属的外来入侵植物还有两色金鸡菊(*Coreopsis tinctorial*)和大花金鸡菊(*Coreopsis grandiflora*)。

原产地	北美洲。
传入时间与方式及最早标本记载	1911年从日本引入中国台湾，作为园艺花卉植物栽培。国内最早的标本记载，1909年在上海采集（PE00607844）。
中国分布	山东、江西、河南、浙江、福建、江苏、安徽、湖北、湖南、广西、陕西、北京、四川、贵州、广东、黑龙江、重庆、河北、云南、海南、天津、青海、辽宁、新疆、台湾、上海等地。
神农架地区分布	巴东县、兴山县、神农架林区、房县、保康县、竹山县等地。
生物学特性与生境	种子繁殖。种子产量高。随人工栽培逸生而传播，如园林栽培、道路绿化撒种。适应性强，生长期长。逸生后野生，生长于山地荒坡、沟坡、林间空地及沿海草地等。
危害	具有很强的生长能力和繁殖能力，与林木争地，降低土壤肥力，排挤入侵地其他植物生长，影响入侵地生物多样性。
防控措施	限制引种栽培，避免逸生，减少来源。使用乡土植物替代种植，进行园林栽培和道路绿化。少量发生时，在开花前，及时人工拔除，要注意清除根茎。大量发生时，采用草甘膦、百草枯、二甲四氯等多种除草剂进行化学防除。

秋英 *Cosmos bipinnatus* Cavanilles

菊科	Asteraceae
秋英属	*Cosmos*
英文名	garden cosmos, cut leaf cosmos, mexican aster, tall cosmos
中文别名	美格桑花、扫地梅、波斯菊、大波斯菊、格桑花（藏区）
危害等级	一般入侵
生活型	一年生或多年生草本。
株	高1~2m。
根	纺锤状，多须根，或近茎基部有不定根。
茎	无毛或稍被柔毛。
叶	二次羽状深裂，裂片线形或丝状线形。
花	头状花序单生，直径3~6cm；花序梗长6~18cm；总苞片外层披针形或线状披针形，近革质，淡绿色，具深紫色条纹，长10~15mm，内层椭圆状卵形，膜质；托片平展，上端成丝状，与瘦果近等长。舌状花紫红色，粉红色或白色；舌片椭圆状倒卵形，长2~3cm，宽1.2~1.8cm，有3~5钝齿；管状花黄色，长6~8mm。
果	瘦果黑紫色，长8~12mm，无毛，上端具长喙，有2~3尖刺。
物候期	花期6~8月，果期9~10月。

原产地	北美洲（墨西哥和美国南部）。
传入时间与方式及最早标本记载	1911年从日本引入中国台湾，1918年记载青岛有栽培，作为观赏花卉栽培而逸生。国内最早的标本记载，1921年在河北采集（NAS00488188、00488189）。
中国分布	河南、山东、陕西、贵州、四川、福建、北京、新疆、湖北、安徽、浙江、天津、江苏、江西、青海、河北、甘肃、云南、重庆、山西、广东、广西、辽宁、湖南、上海、黑龙江、吉林、西藏、宁夏等地。
神农架地区分布	巴东县、兴山县、房县、保康县等地。
生物学特性与生境	种子繁殖。种子产量高。随园林花卉栽培、道路绿化撒种逸生而传播。适应性强，在中国栽培很广，在路旁、田埂、溪岸也常自生。云南、四川西部、西藏有大面积归化，海拔可达2700m或更高。
危害	逸生杂草，常在道路两旁、山坡蔓延，影响景观和森林恢复。
防控措施	严格引种，登记审批，减少逸生。不宜作为荒野、草坡、道路两旁的绿化和美化的植物材料。少量发生时，在开花前，及时人工拔除，但需清除根茎，防止萌生。大面积发生时，采用草甘膦、百草枯、二甲四氯等多种除草剂进行化学防除。

野茼蒿 *Crassocephalum crepidioides* (Benth.) S. Moore

菊科	Asteraceae
野茼蒿属	*Crassocephalum*
英文名	redflower ragweed, ebolo, fireweed, gbolo, hawksbeard velvetplant, okinawa spinach
中文别名	冬风菜、假茼蒿、革命菜、昭和草、安南草
危害等级	严重入侵
生活型	直立草本。
茎	有纵条棱，高20~120cm。
叶	椭圆形或长圆状椭圆形，长7~12cm，宽4~5cm，基部楔形，边缘有不规则锯齿或重锯齿，或有时基部羽状裂；叶柄长2~2.5cm。
花	头状花序数个在茎端排成伞房状，直径约3cm；总苞钟状，长1~1.2cm，基部截形；总苞片1层，线状披针形，宽约1.5mm，具狭膜质边缘，顶端有簇状毛；小花全部管状，两性，花冠红褐色或橙红色，檐部5齿裂，花柱基部呈小球状，分枝。
果	瘦果狭圆柱形，赤红色，有肋，被毛；冠毛极多数，白色，绢毛状，易脱落。
物候期	花期7~12月。

原产地	非洲。
传入时间与方式及最早标本记载	无意引入，20世纪30年代初从中南半岛蔓延入境。国内最早的标本记载，1924年在广西、广东采集（IBSC0582222、IBSC0582138）。
中国分布	广西、广东、贵州、江西、湖南、福建、云南、海南、四川、重庆、湖北、浙江、安徽、西藏、河南、陕西、江苏、台湾、甘肃、上海、山东等地。
神农架地区分布	巴东县、兴山县、神农架林区、保康县、竹山县等地。
生物学特性与生境	种子繁殖。种子产量高，种子借助冠毛，极易借助风力传播。山坡路旁、水边、灌丛中常见，海拔300~1800m。
危害	在泛热带广泛分布的一种杂草。常危害蔬菜园、果园和茶园。
防控措施	少量发生时，在开花前，及时人工拔除。大量发生时，采用乙羧氟草醚、草甘膦和百草枯等除草剂进行化学防除；或采用野茼蒿链格孢菌YTH-21（*Alternaria* sp.）进行生物防治，野茼蒿链格孢菌可引起野茼蒿叶斑病，造成叶片坏死脱落。

一年蓬 *Erigeron annuus* (L.) Pers.

菊科	Asteraceae
飞蓬属	*Erigeron*
英文名	annual fleabane, daisy fleabane
中文别名	治疟草、千层塔、白顶飞蓬
危害等级	恶性入侵（2012年被列入第三批《中国外来入侵物种名单》）
生活型	一年生或二年生草本。
茎	粗壮，高30~100cm，基部直径6mm，直立，上部有分枝，绿色，下部被开展的长硬毛，上部被较密的上弯的短硬毛。
叶	基部叶花期枯萎，长圆形或宽卵形，长4~17cm，宽1.5~4cm，基部狭成具翅的长柄，边缘具粗齿；下部叶与基部叶同形，但叶柄较短；中部和上部叶较小，长圆状披针形或披针形，长1~9cm，宽0.5~2cm，具短柄或无柄，边缘有不规则的齿或近全缘，最上部叶线形；全部叶边缘被短硬毛，两面被疏短硬毛。
花	头状花序数个或多数，排列成疏圆锥花序，长6~8mm，宽10~15mm，总苞半球形，总苞片3层，长3~5mm，宽0.5~1mm，淡绿色或多少褐色；外围的雌花舌状，2层，长6~8mm，管部长1~1.5mm，舌片平展，白色，或有时淡天蓝色，线形，宽0.6mm，顶端具2小齿，花柱分枝线形；中央的两性花管状，黄色，管部长约0.5mm。
果	瘦果披针形，长约1.2mm；冠毛异形，雌花的冠毛极短，膜片状连成小冠，两性花的冠毛2层，外层鳞片状，内层为10~15条长约2mm的刚毛。
物候期	花期6~9月。

原产地	北美洲。
传入时间与方式及最早标本记载	1886年在上海郊区发现,应为人为无意带入。国内最早的标本记载,1918年在江西采集(IBSC0599898)。
中国分布	江西、河南、贵州、湖北、山东、浙江、辽宁、湖南、江苏、四川、重庆、广西、福建、安徽、陕西、吉林、黑龙江、上海、广东、甘肃、云南、西藏、山西、内蒙古、河北、北京、台湾等地。
神农架地区分布	巴东县、兴山县、神农架林区、房县、保康县、竹山县、竹溪县。
生物学特性与生境	种子繁殖。种子产量高,一株每年能产多达4万粒种子。果实上有冠毛,易随风传播。萌发期短,繁殖速度快。环境适应性强,分布广泛,常生于路边旷野或山坡荒地。
危害	蔓延迅速,发生量大,极易侵入次生裸地、撂荒地,常危害麦类、果树、桑、茶等,同时入侵牧场、苗圃,造成危害。大量发生于荒野、路边,排挤本地植物生长,危害入侵地的植物多样性,严重影响景观,而且其花粉也易致花粉病。
防控措施	加强检疫,减少来源。注意裸地植被的恢复,减少受干扰的生境,减少入侵的空间。少量发生时,在开花前,尽早及时人工拔除。大面积发生时,采用草甘膦、百草敌、二甲四氯等除草剂进行化学防除。

香丝草 *Erigeron bonariensis* L.

菊科	Asteraceae
飞蓬属	*Erigeron*
英文名	hairy fleabane, argentine fleabane, fleabane
中文别名	蓑衣草、野地黄菊、野塘蒿
危害等级	严重入侵
生活型	一年生或二年生草本。
根	纺锤状，常斜升，具纤维状根。
茎	直立或斜升，高20~50cm，或更高，中部以上常分枝，常有斜上不育的侧枝，密被贴短毛，杂有开展的疏长毛。
叶	密集，基部叶花期常枯萎，下部叶倒披针形或长圆状披针形，长3~5cm，宽0.3~1cm，基部渐狭成长柄，通常具粗齿或羽状浅裂；中部和上部叶具短柄或无柄，狭披针形或线形，长3~7cm，宽0.3~0.5cm，中部叶具齿，上部叶全缘，两面均密被贴伏糙毛。
花	头状花序多数，直径8~10mm，在茎端排列成总状或总状圆锥花序，花序梗长10~15mm；总苞椭圆状卵形，长约5mm，宽约8mm，总苞片2~3层，内层长约4mm，宽0.7mm；花托稍平，有明显的蜂窝孔，直径3~4mm；雌花多层，白色，花冠细管状，长3~3.5mm，无舌片或顶端仅有3~4细齿；两性花淡黄色，花冠管状，长约3mm，管部上部被疏微毛，上端具5齿裂。
果	瘦果线状披针形，长1.5mm，扁压，被疏短毛；冠毛1层，淡红褐色，长约4mm。
物候期	花期5~10月。

原产地	南美洲。
传入时间与方式及最早标本记载	人为无意引入。1857年首次在香港采集到标本，不久便传入广东和上海。国内最早的标本记载，1905年在湖南采集（PE00300539）。
中国分布	上海、河南、江苏、四川、广西、云南、山东、浙江、福建、贵州、湖南、陕西、重庆、湖北、广东、江西、安徽、西藏、甘肃、河北、海南、黑龙江、台湾、山西、香港等地。
神农架地区分布	巴东县、兴山县、神农架林区、房县、保康县、竹山县、竹溪县。
生物学特性与生境	种子繁殖。种子产量高，单株种子产量可达百万粒。瘦果小且有冠毛，容易通过风力传播。种子含水量高，萌发快，而且萌发率高。生长适应性强，分布广泛，常生于荒地、田边、路旁等地。
危害	常见的杂草。繁殖速度快，生物量大，扩散范围广，常入侵果园和农田。具有化感作用，对入侵地本地植物的生长具有一定的抑制作用，危害入侵地的生物多样性。
防控措施	少量发生时，在开花前和温度较低的季节，及时进行人工拔除。大面积发生时，采用草甘膦、百草敌、二甲四氯等除草剂进行化学防除。

小蓬草 *Erigeron canadensis* L.

菊科	Asteraceae
飞蓬属	*Erigeron*
英文名	Canadian horseweed, butterweed, colstail, horseweed, marestail
中文别名	小飞蓬、飞蓬、加拿大蓬、小白酒草、蒿子草、小蒸草
危害等级	恶性入侵（2012年被列入第三批《中国外来入侵物种名单》）
生活型	一年生草本。
根	纺锤状，具纤维状根。
茎	直立，高50～100cm或更高，圆柱状，多少具棱，有条纹，被疏长硬毛，上部多分枝。
叶	密集，基部叶花期常枯萎；下部叶倒披针形，长6～10cm，宽1～1.5cm，基部渐狭成柄，边缘具疏锯齿或全缘；中部和上部叶较小，线状披针形或线形，近无柄或无柄，全缘或少有具1～2齿。
花	头状花序多数，小，直径3～4mm，排列成顶生多分枝的大圆锥花序；花序梗细，长5～10mm，总苞近圆柱状，长2.5～4mm；总苞片2～3层，淡绿色，内层长3～3.5mm，宽约0.3mm；花托平，直径2～2.5mm；雌花多数，舌状，白色，长2.5～3.5mm；两性花淡黄色，花冠管状，长2.5～3mm，上端具4或5齿裂。
果	瘦果线状披针形，长1.2～1.5mm；冠毛污白色，1层，长2.5～3mm。
物候期	花期5～9月。

原产地	北美洲。
传入时间与方式及最早标本记载	1860年在山东烟台发现。应为人为无意传入。1886年在浙江宁波和湖北宜昌采集标本，1887年在四川南溪采集到标本。其他较早的植物标本，1910年在辽宁、浙江采集到（NAS00487869、NAS00487929、NAS00487999、NAS00488000）。
中国分布	福建、四川、黑龙江、辽宁、上海、广西、广东、贵州、云南、吉林、浙江、陕西、河南、江西、重庆、山东、安徽、湖北、江苏、山西、新疆、湖南、河北、甘肃、西藏、内蒙古、北京、海南、香港、青海、台湾、天津、澳门等地。
神农架地区分布	巴东县、兴山县、神农架林区、房县、保康县、竹山县、竹溪县。
生物学特性与生境	种子繁殖。种子产量高。瘦果小且轻，有冠毛，容易通过风力传播。种子萌发快，萌发率高。适应性强，分布广泛。常生于路边旷野或山坡荒地。
危害	蔓延极快，对秋收作物、果园、茶园危害严重，是一种常见的杂草。具有化感作用，抑制邻近其他植物的生长，降低入侵地的生物多样性。是棉铃虫和棉蜻象的中间寄主。其叶汁和捣碎的叶对人的皮肤有刺激作用。
防控措施	通过作物轮作，如洋葱—大麦—胡萝卜，可有效控制小蓬草的繁殖和蔓延，并在一定程度上提高作物的产量。少量发生时，在开花结果前，及时进行人工拔除或机械清除。大面积发生时，采用多种除草剂进行化学防除：在荒山、荒坡采用灭生性的百草枯、草甘膦等；在农田中采用选择性的除草剂，在苗期施用绿麦隆，在早春采用2,4-D丁酯。

菊科

苏门白酒草 *Erigeron sumatrensis* Retz.

菊科	Asteraceae
飞蓬属	*Erigeron*
英文名	tall fleabane, broad-leaved fleabane, fleabane, guernsey fleabane
中文别名	苏门白酒菊
危害等级	恶性入侵（2012年被列入第三批《中国外来入侵物种名单》）
生活型	一年生或二年生草本。
根	纺锤状，直或弯，具纤维状根。
茎	粗壮，直立，高80~150cm，基部直径4-6mm，具条棱，绿色或下部红紫色，被较密灰白色上弯糙短毛，杂有开展的疏柔毛。
叶	密集，基部叶花期凋落；下部叶倒披针形或披针形，长6~10cm，宽1~3cm，基部渐狭成柄，边缘上部每边常有4~8粗齿，基部全缘；中部和上部叶渐小，两面特别下面被密糙短毛。
花	头状花序多数，直径5~8mm，在茎枝端排列成大而长的圆锥花序；花序梗长3~5mm；总苞卵状短圆柱状，长4mm，宽3~4mm，总苞片3层，灰绿色，内层长约4mm；花托，直径2~2.5mm；雌花多层，长4~4.5mm，管部细长，舌片淡黄色或淡紫色，极短细，丝状，顶端具2细裂；两性花6~11个，花冠淡黄色，长约4mm。
果	瘦果线状披针形，长1.2~1.5mm；冠毛1层，白色，后变黄褐色。
物候期	花期5~10月。

原产地	南美洲。
传入时间与方式及最早标本记载	可能于20世纪初，裹挟在货物、粮食中无意带入。国内最早的标本记载，1922年在福建采集（AU022528）。
中国分布	云南、广西、贵州、江西、福建、广东、安徽、浙江、湖南、四川、重庆、江苏、海南、湖北、河南、甘肃、台湾、西藏、山东、新疆、上海等地。
神农架地区分布	巴东县、兴山县、神农架林区、房县、保康县、竹山县、竹溪县。
生物学特性与生境	种子繁殖。种子产量高。瘦果小，有冠毛，容易通过风力传播。适应性强，常生于山坡、草地、旷野、路旁。
危害	给入侵地的农业、林业、畜牧业及生态环境带来极大的危害。入侵农田和果园导致农作物和果树减产。排斥入侵地其他植物，形成单优群落，减少生物多样性，影响景观。
防控措施	加强对货物、运输工具等检疫，切断种子源。少量发生时，在开花前，及时人工拔除。大面积发生时，采用化学方法防除：在农田周边的非耕地采用百草枯、草甘膦等灭生性除草剂，在农田使用选择性的除草剂如莠去津、二甲四氯、乙羧氟甲醚等进行防除。

牛膝菊 *Galinsoga parviflora* Cav.

菊科	Asteraceae
牛膝菊属	*Galinsoga*
英文名	gallant soldier, chickweed, french soldier, peruvian daisy, quickweed, small-flower galinsoga
中文别名	铜锤草、珍珠草、向阳花、辣子草
危害等级	严重入侵
生活型	一年生草本。
株	高10~80cm。
茎	纤细，基部直径不足1mm，或粗壮，基部直径约4mm，分枝斜升，全部茎枝被疏散或上部稠密的贴伏短柔毛和少量腺毛。
叶	对生，卵形或长椭圆状卵形，长（1.5~）2.5~5.5cm，宽（0.6~）1.2~3.5cm，基部圆形、宽或狭楔形，基出三脉或不明显五出脉；叶柄长1~2cm；向上及花序下部的叶渐小；边缘浅或钝锯齿或波状浅锯齿。
花	头状花序半球形，有长花梗，多数在茎枝顶端排成疏松的伞房花序，花序直径约3cm；总苞半球形或宽钟状，宽3~6mm；总苞片1~2层，约5个，外层短，内层长3mm；舌状花4~5，舌片白色，顶端3齿裂，筒部细管状；管状花花冠长约1mm，黄色。
果	瘦果长1~1.5mm，三棱或中央的瘦果4~5棱，黑色或黑褐色；舌状花冠毛毛状，脱落；管状花冠毛膜片状，白色。
物候期	花果期7~10月。

原产地	南美洲。
传入时间与方式及最早标本记载	20世纪初，随人为活动，特别是园艺植物引种裹挟等无意传入。国内最早的标本记载，1914年在云南采集（PE00993986、01710788）。
中国分布	四川、云南、贵州、西藏、广西、北京、辽宁、江西、湖北、福建、河北、湖南、山西、山东、重庆、陕西、浙江、黑龙江、内蒙古、河南、广东、江苏、青海、上海、安徽、甘肃、吉林、台湾、新疆、海南、香港等地。
神农架地区分布	巴东县、兴山县、神农架林区、房县、保康县、竹山县、竹溪县。
生物学特性与生境	种子繁殖。种子产量高，易随带土苗木传播；种子小，可随风力传播；也可随人、牲畜、交通工具或大豆、小麦等农作物的种子转运传播扩散。生长迅速，开花早，同一生长季节可多次开花，发生多代。对养分要求不高，可在贫瘠的土地上生长，又能适应潮湿的土壤环境。根系发达，水分吸收能力强，与作物竞争水分。常生于林下、河谷地、荒野、河边、田间、溪边或市郊路旁。
危害	该种是一种难以去除的杂草，适应能力强，发生量大，对农田、菜园、果园等都有严重影响。
防控措施	加强检疫，精选种子，减少来源。少量发生时，在开花前，及时人工拔除。大量发生时，用二甲四氯、百草敌等除草剂进行化学防除。

粗毛牛膝菊 *Galinsoga quadriradiata* Ruiz et Pav.

菊科	Asteraceae
牛膝菊属	*Galinsoga*
英文名	shaggy soldie, hairy galinsoga
中文别名	睫毛牛膝菊、粗毛辣子草、粗毛小米菊、珍珠菜
危害等级	严重入侵
生活型	一年生草本。
茎	多分枝，具浓密刺芒和细毛；尤以花序以下，被开展稠密长柔毛。
叶	单叶，对生，具叶柄，卵形至卵状披针形，叶缘细锯齿状、粗锯齿状或犬齿状。
花	头状花多数，顶生，具花梗，呈伞形状排列，总苞近球形，绿色，舌状花5，白色，筒状花黄色，多数，具冠毛。
果	果实为瘦果，黑色。
物候期	花果期7~10月。

原产地	南美洲。
传入时间与方式及最早标本记载	20世纪中叶随园艺植物引种无意传入。国内最早的标本记载，1943年在四川成都采集（PE01710777）。
中国分布	辽宁、福建、贵州、四川、广东、江西、北京、河北、广西、浙江、陕西、台湾、安徽、重庆、湖北、黑龙江、江苏、内蒙古、云南、甘肃、山东、吉林、湖南等地。
神农架地区分布	巴东县、兴山县、房县等地。
生物学特性与生境	种子繁殖。种子量大，易随带土苗木传播；种子具短硬毛，借助风力粘附于人畜散播。生长速度快，对养分要求不高，可在贫瘠土地生长，又能适应潮湿的土壤环境。生于林下、河谷地、荒野、河边、田间、溪边或市郊路旁。
危害	危害秋收作物（玉米、大豆、甘薯、甘蔗）、蔬菜、观赏花卉、果树和茶树，发生量大，危害重。产生大量种子，在适宜环境下快速扩增，形成单优群落，排挤本地植物，影响生物多样性。入侵草坪、绿地，造成草坪荒废，影响城市绿化。
防控措施	加强检疫，精选种子，减少传播源。翻耕、轮作可以降低种子萌发。少量发生时，在开花前，及时人工拔除。大量发生时，采用除草剂进行化学防除：幼苗期使用扑草净、敌草隆、西玛津等除草剂，生长期采用2,4-D丁酯、二甲四氯、苯达松等除草剂防除。

欧洲千里光 *Senecio vulgaris* L.

菊科	Asteraceae
千里光属	*Senecio*
英文名	common ragwort, birdseed, common groundsel, grinsel, ground glutton, groundswell, grunswaithe, old-man-of-spring, sention, swallow
中文别名	欧千里光、欧洲狗舌草
危害等级	一般入侵
生活型	一年生草本。
茎	单生，直立，高12~45cm，自基部或中部分枝；分枝斜升或略弯曲，被疏蛛丝状毛至无毛。
叶	无柄，倒披针状匙形或长圆形，长3~11cm，宽0.5~2cm，羽状浅裂至深裂；侧生裂片3-4对，长圆形或长圆状披针形，通常具不规则齿，下部叶基部渐狭成柄状；中部叶基部扩大且半抱茎，两面尤其下面多少被蛛丝状毛至无毛；上部叶较小，线形，具齿。
花	头状花序无舌状花，排列成顶生密集伞房花序；花序梗长0.5~2cm，具数枚线状钻形小苞片；总苞钟状，长6~7mm，宽2~4mm；苞片7~11，长2~3mm；总苞片18~22，线形，宽0.5mm；舌状花缺，管状花多数；花冠黄色，长5~6mm，管部长3~4mm；裂片卵形，长0.3mm；花药长0.7mm；花柱分枝长0.5mm。
果	瘦果圆柱形，长2~2.5mm，沿肋有柔毛；冠毛白色，长6~7mm。
物候期	花期4~10月。

原产地	欧洲。
传入时间与方式及最早标本记载	19世纪入侵中国东北，通过货物或国际贸易交往而无意引入。国内最早的标本记载，1921年在贵州采集（PE00852193）。
中国分布	云南、贵州、黑龙江、辽宁、内蒙古、四川、重庆、湖北、西藏、吉林、山东、陕西、山西、新疆、青海、上海、甘肃、河北、宁夏、江苏、广西、湖南、福建等地。
神农架地区分布	兴山县、竹溪县等地。
生物学特性与生境	种子繁殖。瘦果混在作物种子或草皮中传播。结实量大，种子有冠毛，容易随风传播。生于开阔山坡、田间、草地及路旁，海拔可达2300m。
危害	有毒杂草，危害中耕作物田、蔬菜田、果园和茶园。含有生物碱，主要包括千里光碱、千里光菲灵碱、全缘千里光碱和倒千里光碱，对牛和马等家畜造成肝中毒，导致体重下降、身体虚弱甚至死亡；对人类具有肝毒性、肺毒性、遗传毒性及神经毒性的危害。
防控措施	加强检疫，精选种子，控制来源。少量发生时，开花结实前，及时人工拔除和机械清除。大量发生时，采取生物防治和化学防除相结合的方法控制其危害：在采用真菌［如锈菌（*Puccinia lagenophorae*）］、昆虫［如辰砂飞蛾（*Tyria jacobaeae*）］、线虫和病毒进行生物防治的同时，施用二甲戊乐灵等除草剂进行化学防除。

加拿大一枝黄花 *Solidago canadensis* L.

菊科	Asteraceae
一枝黄花属	*Solidago*
英文名	Canadian goldenrod
中文别名	麒麟草、幸福草、黄莺、金棒草
危害等级	恶性入侵（2010年被列入第二批《中国外来入侵物种名单》）
生活型	多年生草本。
根	有长根状茎。
茎	直立，高达2.5m。
叶	披针形或线状披针形，长5~12cm。
花	头状花序很小，长4~6mm，在花序分枝上单面着生，多数弯曲的花序分枝与单面着生的头状花序，形成开展的圆锥状花序；总苞片线状披针形，长3~4mm；边缘舌状花很短。
物候期	花期7~11月。

原产地	北美洲。
传入时间与方式及最早标本记载	20世纪30年代，作为观赏花卉栽培，人为有意引入。国内最早的标本记载，1926年在浙江湖州市莫干山采集（PE00300828、PEY0054263、NAS00499428）。
中国分布	上海、江西、江苏、浙江、重庆、广西、福建、安徽、陕西、山东、湖南、北京、山西、贵州、广东、天津、四川、湖北、云南、辽宁、台湾、新疆、河南等地。
神农架地区分布	兴山县有分布的报道。
生物学特性与生境	具备极强地依靠多年生地下茎的无性繁殖和种子繁殖。种子产量高，每株每年可产生1万～2万粒种子，甚至高达4万粒。种子萌发期长，3～10月均可萌发。瘦果质量轻，有冠毛，可借助风、水流、鸟类及车辆运输等实现远距离传播。每株有4～15条地下茎，以根状茎为中心向四周辐射延伸生长。生长适应性强，遭遇不良环境胁迫时，可以利用发达的根状茎产生无性繁殖体，维持种群的存活。可生长在潮湿或干燥的开阔地，如疏林下、路边、果园、苗圃。
危害	该种具有极高的入侵性，侵入各种生境，极易形成单优群落，严重排挤本地植物生长，影响当地的生物多样性。根状茎发达，种子小而极易随水流、风和人畜传播，一旦定植就很难根除。花粉能致人过敏。
防控措施	禁止引种，并严禁将其作为切花材料出售，减少来源。少量发生时，在开花前，及时人工拔除，并将其根茎全部挖出，防止其萌生扩散。大面积危害时，采用草甘膦、氯氟吡氧乙酸和甲嘧磺隆等除草剂进行化学防除，在秋冬或春季苗期防除为宜。

花叶滇苦菜 *Sonchus asper* (L.) Hill.

菊科	Asteraceae
苦苣菜属	*Sonchus*
英文名	spiny sow-thistle, blue sow-thistle, prickly sow-thistle, rough sow-thistle, spiny-leaf sow-thistle
中文别名	断续菊、续断菊
危害等级	一般入侵
生活型	一年生草本。
根	倒圆锥状，褐色，垂直直伸。
茎	单生或少数茎成簇生；直立，高20～50cm或更高。
叶	基生叶与茎生叶同形，但较小；中下部茎叶长椭圆形、倒卵形、匙状或匙状椭圆形（包括渐狭的翼柄）长7～13cm、宽2～5cm，基部渐狭成短或较长的翼柄，柄基耳状抱茎或基部无柄，耳状抱茎；上部茎叶披针形，不裂，基部扩大，圆耳状抱茎；或下部叶或全部茎叶羽状浅裂、半裂或深裂，侧裂片4～5对，椭圆形、三角形、宽镰刀形或半圆形；全部叶及裂片与抱茎的圆耳边缘有尖齿刺，两面光滑无毛。
花	头状花序少数（5个）或较多（10个）在茎枝顶端排成稠密的伞房花序；总苞宽钟状，长约1.5cm，宽1cm；总苞片3～4层，长3mm，宽不足1mm，中内层长椭圆状披针形至宽线形，长达1.5cm，宽1.5～2mm；全部苞片顶端急尖，外面光滑无毛；舌状小花黄色。
果	瘦果倒披针状，褐色，长3mm，宽1.1mm；冠毛白色，长达7mm。
物候期	花果期5～10月。

原产地	欧洲，地中海地区。
传入时间与方式及最早标本记载	古代疑为通过丝绸之路人为无意带入。国内最早的标本记载，1908年在澳门采集，1911年在黑龙江采集（NAS00500068）。
中国分布	江苏、河南、浙江、安徽、贵州、山东、宁夏、湖北、上海、四川、广西、湖南、陕西、甘肃、新疆、西藏、山西、云南、江西、黑龙江、重庆、吉林、内蒙古、香港、北京、辽宁等地。
神农架地区分布	兴山县、神农架林区、房县、保康县、竹山县、竹溪县等地。
生物学特性与生境	种子繁殖。种子产量高，瘦果有冠毛可随风等外力传播。生于山坡、林缘及水边，海拔可达3650m。
危害	杂草。危害农作物、草坪，影响景观。
防控措施	少量发生时，在开花前，及时人工拔除。大量发生时，采用二甲戊灵、氯氟吡氧乙酸、百草敌、草甘膦等除草剂进行化学防除。

苦苣菜 *Sonchus oleraceus* L.

菊科	Asteraceae
苦苣菜属	*Sonchus*
英文名	common sowthistle, annual sowthistle, colewort, field sow-thistle, hare's lettuce, milk thistle, small sow thistle, smooth sowthistle
中文别名	滇苦荬菜
危害等级	一般入侵
生活型	一年生或二年生草本。
根	圆锥状，垂直直伸，有多数纤维状的须根。
茎	直立，单生，高40~150cm。
叶	基生叶羽状深裂，全形长椭圆形或倒披针形，或大头羽状深裂，全形倒披针形，或基生叶不裂，椭圆形、椭圆状戟形、三角形，或三角状戟形或圆形，全部基生叶基部渐狭成长或短翼柄；中下部茎叶羽状深裂或大头状羽状深裂，长3~12cm，宽2~7cm，基部急狭成翼柄，柄基圆耳状抱茎，顶裂片宽三角形、戟状宽三角形、卵状心形，侧生裂片1~5对，椭圆形，常下弯；全部叶或裂片边缘及抱茎小耳边缘有大小不等的急尖锯齿或大锯齿，或上部及接花序分枝处的叶边缘大部全缘或上半部边缘全缘，质地薄。
花	头状花序少数在茎枝顶端排成紧密的伞房花序或总状花序或单生茎枝顶端；总苞宽钟状，长1.5cm，宽1cm；总苞片3~4层；外层长3~7mm，宽1~3mm，中内层长8~11mm，宽1~2mm；舌状小花多数，黄色。
果	瘦果褐色，长椭圆形或长椭圆状倒披针形，长3mm，宽不足1mm，冠毛白色，长7mm。
物候期	花果期5~12月。

原产地	欧洲，地中海沿岸。
传入时间与方式及最早标本记载	古代无意引入或自然扩散进入中国。国内最早的标本记载，1907年采集（N280164080）。
中国分布	上海、河南、四川、新疆、陕西、甘肃、山东、江西、云南、湖北、山西、江苏、贵州、浙江、广西、湖南、福建、河北、青海、内蒙古、北京、广东、重庆、安徽、黑龙江、宁夏、辽宁、吉林、台湾、天津、海南、西藏等地。
神农架地区分布	巴东县、兴山县、神农架林区、房县、保康县、竹山县、竹溪县。
生物学特性与生境	种子繁殖。种子产量高，瘦果种子具冠毛，能借助风、水流等外力传播，也可借助交通工具传播。适应性强，适宜于各种次生生境，生于山坡或山谷林缘、林下或平地田间、空旷处或近水处，海拔可达3200m。
危害	杂草。对农作物、果园、茶园等造成危害。
防控措施	少量发生时，在花期前，及时人工拔除。大量发生时，采用二甲戊灵、氯氟吡氧乙酸和百草敌等除草剂进行化学防除。

钻叶紫菀 *Symphyotrichum subulatum* (Michx.) G. L. Nesom

菊科	Asteraceae
联毛紫菀属	*Symphyotrichum*
英文名	eastern annual saltmarsh aster, annual saltmarsh American-aster
中文别名	钻形紫菀、窄叶紫菀、美洲紫菀
危害等级	恶性入侵（2012年被列入第三批《中国外来入侵物种名单》）
生活型	一年生草本。
株	高（8~）20~100（~150）cm。
根	主根圆柱状，长5~17cm，粗2~5mm，具多数侧根和纤维状细根。
茎	单一，直立，基部粗1~6mm，具粗棱，光滑无毛，有时带紫红色。
叶	基生叶花期凋落；茎生叶叶片披针状线形，长2~10（~15）cm，宽0.2~1.2（~2.3）cm，基部渐狭，通常全缘，两面绿色，光滑无毛，中脉在背面凸起，侧脉数对，上部叶渐小，全部叶无柄。
花	头状花序极多数，直径7~10mm，排列成疏圆锥状花序；花序梗纤细、光滑，具4~8钻形、长2~3mm的苞叶；总苞钟形，直径7~10mm；雌花花冠舌状，舌片淡红色、红色、紫红色或紫色，长1.5~2mm，先端2浅齿，管部极细，长1.5~2mm；两性花花冠管状，长3~4mm，先端5齿裂，冠管细，长1.5~2mm。
果	瘦果线状长圆形，长1.5~2mm；冠毛1层，细而软，长3~4mm。
物候期	花果期6~10月。

原产地	北美洲。
传入时间与方式及最早标本记载	1827年在澳门被发现，可能通过作物或旅行等人为活动无意引入中国。国内最早的标本记载，1956年在浙江〔（HHBG）HZ046883，钱塘江边）和四川（SM719401326、SM719401327、SM719401328〕采集。
中国分布	福建、广东、上海、江苏、山东、广西、四川、贵州、浙江、湖南、安徽、河南、湖北、重庆、江西、河北、陕西、北京、云南、河南、吉林、甘肃、澳门、辽宁等地。
神农架地区分布	巴东县、兴山县、神农架林区、房县、保康县、竹山县等地。
生物学特性与生境	种子繁殖。产生大量瘦果，瘦果具冠毛，随风散布入侵。适应性强，生长迅速。具有较强的耐盐碱性，在弱碱性土壤中可以健壮成长，并形成单一优势群落。可生长于山坡灌丛中、草坡、沟边、路旁或荒地，海拔可达1900m。
危害	恶性农田杂草，侵入棉花、大豆、甘薯田块和草坪，对小麦、绿豆、油菜的萌发与生长具有明显的抑制作用，造成危害。生长耗费大量土壤营养，危害作物生长；极易形成单优群落，具有化感作用，影响入侵地生物多样性，危害大。
防控措施	现实危害和潜在危害性大，应加强其分布动态调查，加强防除力度。精选种子，防止作物种子夹带。农田中，深翻土壤，抑制其种子萌发。少量发生时，在开花结果前，及时人工拔除，注意需清除根茎，防止其萌生。大量发生时，在幼苗期喷洒草甘膦、二甲戊灵、氯氟吡氧乙酸和百草敌等除草剂进行化学防除。

万寿菊 *Tagetes erecta* L.

菊科	Asteraceae
万寿菊属	*Tagetes*
英文名	Mexican marigold, african marigold, aztec marigold, big marigold, french marigold, saffron marigold
中文别名	孔雀菊、西番菊、红黄草、小万寿菊、臭芙蓉、孔雀草
危害等级	一般入侵
生活型	一年生草本。
株	高50~150cm。
茎	直立，粗壮，具纵细条棱，分枝向上平展。
叶	羽状分裂，长5~10cm，宽4~8cm，裂片长椭圆形或披针形，边缘具锐锯齿，上部叶裂片的齿端有长细芒；沿叶缘有少数腺体。
花	头状花序单生，直径5~8cm，花序梗顶端棍棒状膨大；总苞长1.8~2cm，宽1~1.5cm；舌状花黄色或暗橙色；长2.9cm，舌片倒卵形，长1.4cm，宽1.2cm；管状花花冠黄色，长约9mm，顶端5齿裂。
果	瘦果线形，基部缩小，黑色或褐色，长8~11mm；冠毛有1~2长芒和2~3短而钝的鳞片。
物候期	花期7~9月。

原产地	美洲，墨西哥。
传入时间与方式及最早标本记载	清代著作《秘传花镜》（1688）年已有记载，作为观赏花卉人为有意引进中国。国内最早的标本记载，1914年在河北采集（TIE00037436）。
中国分布	四川、河南、云南、新疆、山西、广西、重庆、陕西、贵州、湖北、浙江、广东、北京、江西、河北、辽宁、福建、安徽、天津、黑龙江、内蒙古、江苏、湖南、山东、青海、上海、海南、甘肃、西藏等地。
神农架地区分布	巴东县、兴山县、房县、保康县等地。
生物学特性与生境	种子繁殖和营养繁殖。种子产量高。随人工栽培逸生后野生。适应性强，中国大部分地区栽培后逸生，多生在路边草甸，海拔可达1480m。
危害	杂草。入侵山坡草地，影响生物多样性和森林恢复。
防控措施	不宜在道路两旁、山坡作为绿化种栽培，特别是长江流域及以南地区要加以控制和监管。少量发生时，在开花前，及时人工拔除。大量发生时，采用草甘膦、百草枯、二甲戊灵、氯氟吡氧乙酸等除草剂进行化学防除。

凤眼蓝 *Eichhornia crassipes* (Mart.) Solme

雨久花科	Pontederiaceae
凤眼莲属	*Eichhornia*
英文名	water hyacinth, floating water hyacinth, lilac devil, nile lily, pickerelweed, water orchid, water violet
中文别名	水葫芦、水浮莲、凤眼莲
危害等级	恶性入侵（2003年被列入第一批《中国外来入侵物种名单》）
生活型	浮水草本。
株	高30~60cm。
根	须根发达，棕黑色，长达30cm。
茎	极短，具长匍匐枝，淡绿色或带紫色，分离母株后长成新植物。
叶	叶在基部丛生，莲座状排列，一般5~10片；叶片圆形、宽卵形或宽菱形，长4.5~14.5cm，宽5~14cm，基部宽楔形或在幼时为浅心形，全缘，具弧形脉，表面深绿色，光亮，质地厚实；叶柄中部膨大成囊状或纺锤形，黄绿色至绿色。
花	花葶从叶柄基部的鞘状苞片腋内伸出，长34~46cm，多棱；穗状花序长17~20cm，常具9~12花；花被裂片6，花瓣状，卵形、长圆形或倒卵形，紫蓝色，花冠直径4~6cm，上方1枚裂片较大，长约3.5cm，宽约2.4cm，三色（四周淡紫红色，中间蓝色，蓝色的中央有1黄色圆斑），其余各片长约3cm，宽1.5~1.8cm，下方1枚裂片较狭，宽1.2~1.5cm，花被片基部合生成筒；雄蕊6枚，3长3短，长的长1.6~2cm，短的长3~5mm；花丝长0.5mm，顶端膨大；花药箭形，蓝灰色；子房长梨形，长6mm；花柱1，长约2cm。
果	蒴果卵形。
物候期	花期7~10月，果期8~11月。

原产地	南美洲（巴西，亚马孙流域）。
传入时间与方式及最早标本记载	1901年，作为水生观赏植物从日本引入中国台湾，同一时期可能也引入中国香港。到20世纪初，在台湾、广东、广西已有野生种群发现；20世纪50~70年代，粮食极度短缺，用凤眼蓝喂养鸭子和喂猪，随后作为饲料大量推广；20世纪80年代，不再作为饲料，不受控制的凤眼蓝从小池塘进入河流和湖泊，造成严重的农业和生态问题。国内最早的标本记载，采自台湾（TAI027877），另外，1917年在广东采集（PE01789418）。
中国分布	广东、广西、江西、云南、重庆、福建、浙江、江苏、湖南、湖北、四川、海南、贵州、上海、天津、山东、香港、河北、台湾、安徽、内蒙古、陕西、河南、青海、澳门、辽宁等地。
神农架地区分布	房县、竹山县等地。
生物学特性与生境	以无性繁殖为主，也有有性繁殖。幼苗最初扎根于泥土中，后因波浪推动或水位上涨而自由漂浮，其腋芽周期性发育为葡匐茎，适宜条件下葡匐茎5天就可生长为新植株，一年可产生1.4亿分株，可铺满140hm²的水面，鲜重可达28000t。有性繁殖，在开花末期，花序梗弯曲向下扎入水中，蒴果成熟后种子在水下释放。种子可立即萌发，也可休眠。叶柄中部膨大成囊状或纺锤形的气囊，内有多数气室，极易漂浮于水面，随水流或风传播。适应性强，富营养水体促进其快速生长。可生于海拔200~1500m的水塘、沟渠及稻田中。
危害	是最具入侵潜力的恶性水生杂草，被列为"世界上最严重的100种外来入侵物种"之一。该种生长繁殖迅速，形成单一、密集的草垫，降低水体透光率，从而影响浮游植物、沉水植物及藻类的光合作用，并抑制它们的生长。大量繁殖的凤眼蓝，堆积河面，影响河流景观，造成河道淤塞，减缓水流速度，进一步造成水体富营养化，还会造成水生生物的死亡，降低生物多样性，并给水产养殖业造成巨大的经济损失。还是一些带菌动物如摇蚊的繁殖场所；富集汞等重金属，通过食物链影响人体健康。
防控措施	禁止有意引入，减少来源。凤眼蓝的暴发主要是缺乏天敌和水体中养分的增加。管理好水体，避免富营养化对控制凤眼蓝有积极的作用。加强河道管理，上下游协调，及时清除水流中的凤眼蓝，避免顺水流传播。对于池塘或小型湖泊，采用排干水分，使其自然干死。少量发生时，通过人工或机械打捞实施物理控制，最佳打捞期为12月至翌年6月。大量发生时采用化学控制、生物控制以及化学防除、生物控制和物理打捞三者相结合的方法进行防控。化学控制，采用草甘膦和克芜踪等除草剂，但须谨慎用量，以防水体污染。生物控制，采用专食性的两种天敌即水葫芦象甲（*Neochetina eichhorniae*）和（*Neochetina bruch*）进行控制；但是，为避免外来生物引入的风险，需反复试验才能最终确认。

野燕麦 *Avena fatua* L.

禾本科	Poaceae
燕麦属	*Avena*
英文名	wild oat
中文别名	燕麦草、乌麦、南燕麦
危害等级	严重入侵（2016年被列入第四批《中国外来入侵物种名单》）
生活型	一年生。
株	秆直立，光滑无毛，高60~120cm，具2~4节。
根	须根较坚韧。
叶	叶鞘松弛，光滑或基部者被微毛；叶舌透明膜质，长1~5mm；叶片扁平，长10~30cm，宽4~12mm，微粗糙，或疏生柔毛。
花	圆锥花序开展，金字塔形，长10~25cm，分枝具棱角，粗糙；小穗长18~25mm，含2~3朵小花，其柄弯曲下垂，顶端膨胀；小穗轴密生淡棕色或白色硬毛，其节脆硬，易断落，第一节间长约3mm；颖草质，通常具9脉；外稃质地坚硬，第一外稃长15~20mm，背面中部以下具淡棕色或白色硬毛，芒自稃体中部稍下处伸出，长2~4cm，膝曲，芒柱棕色，扭转。
果	颖果被淡棕色柔毛，腹面具纵沟，长6~8mm。
物候期	花果期4~9月。

原产地	欧洲、亚洲中部及南部。
传入时间与方式及最早标本记载	中国没有引种记录，20世纪中期已广布南北各省份，可能不是近代引入；很可能是随小麦栽培品种的引进，夹杂其中被无意引入中国。国内最早的标本记载，1902年采集（NAS00566543）。
中国分布	四川、新疆、重庆、甘肃、青海、安徽、云南、江苏、浙江、山东、山西、河南、江西、西藏、贵州、陕西、内蒙古、宁夏、上海、湖北、湖南、广东、福建、黑龙江、广西、北京、吉林、河北、辽宁等地。
神农架地区分布	巴东县、兴山县、神农架林区、房县、保康县、竹山县、竹溪县。
生物学特性与生境	种子繁殖。根系发达，植株高大，分蘖能力强，繁殖系数高。混生在麦田中，早熟、早落种子。适应性强，耐寒、耐旱，耐盐胁迫能力强，抗逆性强。种子具休眠性，条件不适时，可休眠多年。可生长于海拔4300m以下的荒野、荒山草坡、田间、路边等处。
危害	野燕麦是麦类作物田间的世界性恶性杂草，常与小麦混生，降低其产量，严重威胁小麦生产，还威胁其他作物如其他麦类、玉米、高粱、马铃薯、油菜、大豆等。
防控措施	加强检疫，精选种子，减少传播源。深耕、中耕，减少野燕麦种子萌发。实施轮作，减少传播。合理密植，科学施肥，抑制和减少野燕麦的繁殖。少量发生时，加强田间管理，在开花结果前，及时人工拔除，严防传播蔓延。大量发生时，采用炔草酯、唑啉草酯、精噁唑禾草灵、甲基二磺苯、氟唑磺隆、啶黄草胺、乙草胺、二甲戊灵等除草剂进行化学防除。

多花黑麦草 *Lolium multiflorum* Lam.

禾本科	Poaceae
黑麦草属	*Lolium*
英文名	Italian ryegrass, annual ryegrass, westerwold ryegrass
中文别名	意大利黑麦草

危害等级 一般入侵

生活型 一年生，越年生或短期多年生。

株 秆直立或基部偃卧节上生根，高50~130cm，具4~5节。

叶 叶鞘疏松；叶舌长达4mm，有时具叶耳；叶片扁平，长10~20cm，宽3~8mm，无毛，上面微粗糙。

花 穗形总状花序直立或弯曲，长15~30cm，宽5~8mm；穗轴柔软，节间长10~15mm；小穗含10~15小花，长10~18mm，宽3~5mm；小穗轴节间长约1mm；颖具5~7脉，长5~8mm，通常与第一小花等长；外稃长约6mm，具5脉，具长约5（~15）mm之细芒，或上部小花无芒；内稃约与外稃等长，脊上具纤毛。

果 颖果长圆形，长为宽的3倍。

物候期 花果期7~8月。

原产地	欧洲中部和南部、非洲西北部和亚洲西南部等地区。
传入时间与方式及最早标本记载	20世纪30年代，作为牧草人为有意引入中国。当时位于南京的中央农业实验所和中央林业实验所从美国引进100多份豆科和禾本科牧草的种子，在南京进行引种试验，其中就包括多花黑麦草。国内最早的标本记载，1930年在山东采集（SYS00016166、IBSC0116139）。
中国分布	山东、江苏、安徽、四川、云南、江西、北京、福建、河南、广西、湖北、贵州、青海、湖南、新疆、辽宁、广东、浙江、陕西、河北、内蒙古、上海、重庆、吉林、宁夏、台湾、甘肃等地。
神农架地区分布	兴山县、神农架林区、房县、保康县、竹山县等地。
生物学特性与生境	种子繁殖。苗期生长旺盛，分蘖多，可达30~50个。异花授粉，种子产量高。种子萌发率高，深埋4年后仍有少数种子能萌发。主要依靠农业、林业引种栽培进行远距离传播。适应性强，耐刈割，再生能力强，可适应持续干扰的生境，耐炎热，不耐霜冻。喜温润气候，耐低温，10℃左右生长良好，20℃以上最适宜。耐盐碱，在含盐量0.25%以下的土壤中生长良好。常见于路边荒地、耕地以及农田周围、园林绿地、草坪，尤其容易侵入覆盖不连续和受到持续干扰的生境。
危害	多花黑麦草生长迅速，耐干扰，主要危害表现为入侵天然草场、农田（麦田）和草坪，影响原生牧草生长，破坏草坪景观，增加草坪维护成本。是赤霉病和冠锈病的寄主。对小麦的收成有明显的降低影响。
防控措施	控制引种栽培范围，减少来源。少量发生时，在开花结果前，及时人工拔除。大量发生时，采用氯磺隆、精噁唑禾草灵、炔草脂、除草通、萘丙酰草胺等除草剂进行化学防除，但不应长期重复使用同一种除草剂，避免产生抗除草剂的不同生物型。

黑麦草 *Lolium perenne* L.

禾本科	Poaceae
黑麦草属	*Lolium*
英文名	perennial ryegrass, english ryegrass, Italian ryegrass
中文别名	多年生黑麦草、宿根黑麦草、英国黑麦草
危害等级	一般入侵
生活型	多年生。
株	秆丛生，高30~90cm，具3~4节，质软，基部节上生根。
根	具细弱根状茎。
叶	叶舌长约2mm；叶片线形，长5~20cm，宽3~6mm，柔软，具微毛，有时具叶耳。
花	穗形穗状花序直立或稍弯，长10~20cm，宽5~8mm；小穗轴节间长约1mm，平滑无毛；颖披针形，为其小穗长的1/3，具5脉；外稃长圆形，草质，长5~9mm，具5脉，顶端无芒，或上部小穗具短芒，第一外稃长约7mm；内稃与外稃等长，两脊生短纤毛。
果	颖果长约为宽的3倍。
物候期	花果期5~7月。

原产地	欧洲、非洲北部、亚洲中部。
传入时间与方式及最早标本记载	20世纪30年代，作为牧草人为有意引入中国。当时位于南京的中央农业实验所和中央林业实验所从美国引进100多份豆科和禾本科牧草的种子，在南京进行引种试验，其中就包括黑麦草。国内最早的标本记载，1922年在江苏省采集（N019105569）。
中国分布	山东、重庆、北京、江苏、四川、河南、陕西、安徽、上海、湖北、江西、新疆、云南、内蒙古、青海、贵州、浙江、甘肃、广西、湖南、天津、河北、台湾、山西、广东、福建、西藏、黑龙江、辽宁等地。
神农架地区分布	兴山县、神农架林区、房县、保康县、竹溪县等地。
生物学特性与生境	种子繁殖。异花授粉，常自交不亲和。该种为地面芽植物，生长速度快，尤其在春季和秋季生长快。主要靠引种栽培进行远距离传播。适应性较强，分蘖多，耐践踏。较耐湿，不耐旱，对土壤要求比较严格，喜肥不耐瘠。常生于路边草丛、荒地、灌丛、淡水湿地、草原、牧场以及公园绿地。
危害	黑麦草具有许多杂草特性，能够迅速适应环境，产生大量种子，并且很容易随人类活动传播。该种入侵草坪等地，造成经济危害。入侵当地群落后，影响本地物种生长。黑麦草的花粉也是人类过敏原之一。
防控措施	荒山荒坡绿化应控制该种使用，减少来源。园林绿化使用时应定期刈割，防止其向周边扩散蔓延。少量发生时，在开花结果前，及时人工拔除。大面积发生时，采用氯磺隆、环丙嘧磺隆、精噁唑禾草灵、炔草脂、除草通、萘丙酰草胺等除草剂进行化学防除；但应避免长期使用同一种除草剂，防止抗药性生物型的出现。

双穗雀稗 *Paspalum distichum* L.

禾本科	Poaceae
雀稗属	*Paspalum*
英文名	knotgrass, devil's grass, ditch-grass, eternity grass, ginger grass, mercer grass, seashore paspalum, seaside millet, silt grass, victoria grass, water couch, wiregrass
中文别名	泽雀稗、游水筋、过江龙
危害等级	中度入侵
生活型	多年生。
株	匍匐茎横走、粗壮，长达1m，向上直立部分高20~40cm，节生柔毛。
叶	叶鞘短于节间，背部具脊，边缘或上部被柔毛；叶舌长2~3mm，无毛；叶片披针形，长5~15cm，宽3~7mm，无毛。
花	总状花序2枚对连，长2~6cm；穗轴宽1.5~2mm；小穗倒卵状长圆形，长约3mm；第一颖退化或微小；第二颖贴生柔毛，具明显的中脉；第一外稃具3~5脉；第二外稃草质，黄绿色。
物候期	花果期5~9月。

原产地	加拿大以南的美洲。
传入时间与方式及最早标本记载	20世纪初传入中国台湾和广东省南部，可能随农业活动无意传入。国内最早的标本记载，1915年在台湾采集 [Y.Shimada 360（TAI）]，另外，1925年在福建福州市采集（AU001663）。
中国分布	广东、江苏、湖北、福建、浙江、台湾、广西、江西、云南、上海、湖南、四川、贵州、海南、安徽、河南、河北、香港等地。
神农架地区分布	兴山县、保康县、神农架林区等地。
生物学特性与生境	主要以根茎和匍匐茎等营养繁殖体繁殖，部分以种子繁殖。根茎、匍匐茎可随水流、农业活动扩散传播。生长迅速，匍匐茎蔓延迅速，节处生根发芽，短时间形成密集的种群。该种为C_4植物，对遮阴敏感。适生于潮湿的生境，耐水淹，同时也能忍受一定程度的干旱。对外界环境温度要求宽泛，一年四季都可生长。生于田边、路旁、湿地等生境。
危害	曾作优良牧草引种，但是逸生后，在局部地区，成为造成作物减产的恶性杂草，尤其是水稻田和湿润秋熟旱作物的主要杂草之一。是叶蝉、飞虱的越冬寄主。一些草坪被双穗雀稗入侵，影响景观，增加维护成本。该种在全世界热带、亚热带稻作区，是影响水稻生长的重要杂草，严重影响水稻的产量。
防控措施	针对水稻的防控措施包括人工控草、耕前除草和苗期除草。对应田埂及田边的双穗雀稗，须及时铲除，并移除烧毁。少量发生时，在开花结果前，及时人工拔除。大面积发生时，在苗期，采用氰氟草酯和恶唑酰草胺等除草剂进行化学防除；也要避免长期施用同一种除草剂，防止产生抗药性。

梯牧草 *Phleum pratense* L.

禾本科	Poaceae
梯牧草属	*Phleum*
英文名	timothy grass, common cat's tail, herd grass, meadow cat's tail, timothy
中文别名	猫尾草
危害等级	一般入侵
生活型	多年生。
株	秆直立，基部球状膨大，宿存枯萎叶鞘，高40~120cm，具5~6节。
根	须根稠密，有短根茎。
叶	叶鞘松弛，短于或下部者长于节间，光滑无毛；叶舌膜质，长2~5mm；叶片扁平，两面及边缘粗糙，长10~30cm，宽3~8mm。
花	圆锥花序圆柱状，灰绿色，长4~15cm，宽5~6mm；小穗长约3mm，具3脉，具长0.5~1mm的尖头；外稃长约2mm，具7脉；内稃略短于外稃；花药长约1.5mm。
果	颖果长圆形，长约1mm。
物候期	花果期6~8月。

原产地	欧洲。
传入时间与方式及最早标本记载	可能为人为无意引入，时间不详。国内最早的标本记载，1905年在福建采集（IBSC0116176）。
中国分布	山东、重庆、北京、江苏、四川、河南、陕西、安徽、上海、湖北、江西、新疆、云南、内蒙古、青海、贵州、浙江、甘肃、广西、湖南、天津、河北、台湾、山西、广东、福建、西藏、黑龙江、辽宁等地。
神农架地区分布	房县、保康县等地。
生物学特性与生境	种子繁殖。种子产量高。随人或交通工具携带传播。适应性强，多见于海拔1800m之下的草原、路旁、山坡荒地及林缘等地。
危害	杂草。危害草地、果园、农田等。
防控措施	少量发生时，在苗期，及时人工拔除或机械铲除。入侵面积较大时，采用氯磺隆、环丙嘧磺隆、精噁唑禾草灵、炔草脂、萘丙酰草胺等除草剂进行化学防除。

SHENNONGJIA

定点监测

01. 监测规范

外来植物的入侵是一个动态的过程，必须及时跟踪，才能掌握准确的数据资料，为外来植物入侵的防控提供预警信息。而定点监测能满足这一需求，可提供持续的动态数据。外来入侵植物的定点监测需要有具体的程序和规范，以便长期、有效地组织和实施。

定点监测，指在典型地域设置固定监测样地，对外来植物入侵的发生动态及相关的环境状况定时或连续进行观测和记录的过程。通过在典型区域选取和布设监测样地，在监测样地中设置固定监测样方，来实现对外来入侵植物的发生过程进行跟踪观测。

监测样地，指实施外来入侵植物定点监测的具体位置，在空间上包括监测样方，一般没有特定的面积；本监测规范仅指监测样方及周边50m左右的区域。

监测样方，指外来入侵植物调查所实施的特定地段，有特定面积、有特定形状，一般为矩形。样方法主要适用于对集群式分布的物种监测。外来入侵植物常易形成优势群落对当地植物群落和物种造成危害。而且在次生生境，常有多种外来入侵植物，在同一群落中共同出现。因此，样方法适用于外来入侵植物的定点监测。

◎ 监测目的

外来植物入侵定点监测的目的，是通过固定地点长期持续监测，以便提供长时间序列的跟踪监测数据，为外来入侵植物的入侵、扩散和危害提供预警资料，以进行有效预防、及时控制和最大限度消除外来入侵植物造成的重大危害，确保农林牧副渔业安全生产和国土生态安全，保护生物多样性，维持生态系统健康和服务功能。

◎ 监测原则

（1）监测对象全面性原则：定点监测对象包括已在监测区域发现

的全部外来入侵植物种类，不仅包括造成重大危害、分布范围广的外来入侵植物，也包括数量少、刚开始入侵的外来植物。

（2）监测区域代表性原则：固定监测样地的选择要有代表性，尽量覆盖监测区域不同土地利用、不同生境类型，特别是外来植物入侵的传输和扩散的重要通道和源头，以及易受外来植物入侵的区域和已经造成危害的重点区域。

（3）监测指标可操作性原则：便于长期持续的跟踪监测，尽量选择切实可行的长期监测指标，优先考虑容易实施、可操作性强的指标。

（4）监测程序规范性原则：为保证连续监测数据的真实性和准确性，需要制定规范的操作程序和监测技术方法。

（5）监测人员专业性原则：外来入侵植物定点监测，对监测人员的专业能力有较高的要求。外来入侵植物的识别能力是监测数据正确可用性的保证。监测人员通过查阅文献资料或接受培训，不仅需要识别常见或大部分本土植物，而且还需要鉴别已在目标区域有分布的外来入侵植物，也需要关注能够在目标区域潜在分布的外来入侵植物。

◎ 监测内容

（1）生境特点：生境要素和土地利用类型。
（2）群落特征：群落类型、面积与空间分布。
（3）种群特征：种类、数量与生长状态。
（4）危害状况：更新、扩散、危害对象与面积。

◎ 监测指标

（1）生境指标：包括监测样地的生境要素和土地利用类型。生境要素包括经纬度、海拔、坡向、坡度、地貌、坡位、干扰类型、干扰程度、基岩、土壤类型、水分状况、人为活动、动物活动、历史干扰情况、周围情况描述等。土地利用类型参照《土地利用现状分类（GB/T 21010–2017）》，一级分类为耕地、园地、林地、草地等农用地和住宅用地、交通运输用地、公共管理与公共服务用地等建设用地。

（2）群落特征指标：包括固定监测样地的群落类型、高度、盖度，优势种组成、密度、高度、盖度，以及群落面积与空间分布范围等。

（3）种群特征指标：包括监测样地外来入侵植物和本地植物的种名、数量、高度、盖度、物候期、健康状态等。

（4）危害状况指标：包括监测样地外来入侵植物的更新、扩散、危害状况、危害面积等。

◎ 监测的频次和时间

（1）监测频度：每年1次。

（2）监测时间：5~9月，可在春季开花期和秋季结果期补充调查。

◎ 监测工具

采集箱或塑料袋、放大镜、照相机和摄像机、全球卫星定位设备（GPS）或高精度实时差分定位设备（RTK）、海拔表、罗盘、皮尺（钢卷尺、胸径尺、测绳、样方绳等）、标签（号牌）、原始记录表格、土壤采集布袋、小铁铲、铁锤、聚氯乙稀（PVC）管或水泥标桩（长55cm、截面8cm×8cm、内置3根直径4mm的钢筋）、枝剪、尖镊子、铅笔、橡皮擦、小刀等。

◎ 固定监测样地布设

（1）布设依据

固定监测样地主要依据监测范围内外来入侵植物的种类、分布特点以及外来入侵植物传播扩散的特点来进行选择和布设。

（a）走访调查和踏查

走访调查是指对熟悉当地实际情况的群众、管理部门工作人员及专家等进行走访或问卷调查，以获取调查地区外来植物发生情况的方法。走访调查的内容主要为外来入侵植物的发生种类、传入和扩散途径，包括生长发育时期、发生面积、生境类型、危害情况、利用方式以及防控措施等。

踏查是指通过实地察看以获取调查地区外来植物入侵发生情况的方法。踏查的内容主要为外来入侵植物的发生种类、发生面积以及是否造成危害等。

在监测范围内通过大量的走访调查和踏查，了解外来入侵植物的种类、空间分布特点、危害等情况，分析外来入侵植物的现实分布区、潜在分布区以及易受外来植物入侵的敏感区。

（b）外来入侵植物输入的源头和扩散传播的通道

外来植物入侵主要通过人为活动进行传输和扩散。重要的交通路口、道路交通网络、人类活动频繁区域、河流入口等外来入侵植物传入点和扩散通道，是外来入侵植物固定监测样地的优先选择位置。

（c）重要监测对象和重点监控区域

通过走访调查和踏查的分析结果，根据外来入侵植物的种类和空间分布格局，以及外来入侵植物输入的源头和扩散传播的通道，遴选出重要监测对象和重点监控区域，以便有针对性地进行监测和防控。

重要监测对象，主要包括国家和地方部门公布的外来入侵植物。

重点监控区域，主要包括监测范围内外来入侵植物种类分布丰富的区域、危害程度大的区域、易受入侵的敏感区域以及遭受入侵后果更加严重的区域（如自然保护地）。

（2）样地设置

在上述重点监控区域，针对重要监测对象，选择设置合适的监测样地，并在其中设置监测样方。原则上，监测样方的面积大小是根据植物种–面积曲线确定的。一般来说，物种越丰富的群落，设置的样方面积也应越大。在亚热带地区，草本植物群落调查样方的面积为$2m \times 2m$或$1m \times 1m$，灌木植物群落调查样方为$5m \times 5m$或$10m \times 10m$，乔木植物群落调查样方面积为$20m \times 20m$或更大。监测样方周边，要留有样方边长一半以上的缓冲区。

大部分外来入侵植物为草本植物，并形成了草本植物群落，因此，一般在监测样地设置面积为$2m \times 2m$的固定监测样方。固定监测样方的具体布设方法如下图所示。

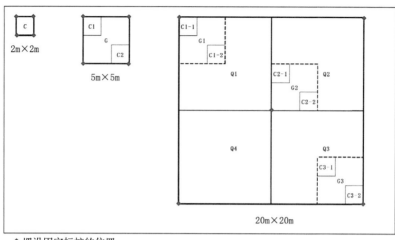

◆埋设固定标桩的位置

固定监测样方布设图

　　左上为草本植物监测样方，2m×2m。左中上为灌木植物监测样方，5m×5m，在其左上角和右下角设置2个2m×2m的草本植物调查样方C1和C2。右为乔木植物监测样方，20m×20m：将其划分为4个10m×10m乔木调查样方，Q1，Q2，Q3和Q4；在乔木调查样方Q1，Q2，Q3中各设置1个5m×5m的灌木调查样方。灌木调查样方共3个：G1、G2、G3；在这3个灌木调查样方中各设置2个2m×2m的草本调查样方，草本样方共6个：C1-1、C1-2、C2-1、C2-2、C3-1、C3-2。图中标注的尺寸为水平投影的距离。草本植物监测样方和灌木植物监测样方埋设固定标桩的位置（图例为◆）在样方的四个角，乔木植物监测样方埋设固定标桩的位置在四个角和中心点的位置。

　　在上图标注的位置，埋设固定标桩（PVC管或水泥标桩），埋设深度不低于40cm，地面露出15cm，在固定标桩露出地面的部分标注样地编号和标桩编号，便于复查时查找。标桩编号，左下为1，右下为2，右上为3，左上为4；乔木样方中心标桩编号为5。如SNJ02-1，表示神农架国家公园2号监测样地1号标桩。

◎ 调查取样

（1）调查

　　调查前，按照样地设置图，用皮尺或样方绳等，沿标桩（无标桩的地方在样方四角增加PVC管）样方边界，围取并拉好监测样方。

（a）生境调查

记录监测样方编号、调查地点（样地所在位置，如区县市村镇或林业局/林场和保护区名称等）、调查时间、样地面积、经纬度、海拔、坡向、坡度、地貌、坡位、干扰类型、干扰程度、基岩、土壤类型、水分状况、人为活动、动物活动、历史干扰情况、周围情况描述等环境因子指标和土地利用类型。记录表格，详见"表2-2-1　神农架外来入侵植物样地基本信息"。

用GPS或RTK测定样方中心的经纬度，建立外来入侵植物定点监测的空间位置信息系统。用海拔表测定海拔，需要注意的是GPS在山区测定海拔高度误差较大，应避免使用GPS测定海拔高度。用罗盘仪测定样方的平均坡度和坡向，坡向以S25°W（南偏西25°）的方式记入。地貌，指样方所在的地貌类型，如山地、洼地、丘陵、平原等。坡位，指样方所在坡面的位置，如坡上、坡中、坡下、谷底、山顶、山脊等。干扰类型包括火烧、放牧、采伐、农耕、旅游、践踏、洪涝、开矿、城建等，可以多选，也可补充其他类型的干扰。干扰程度按照无干扰、轻微、中度、强度等记录。基岩包括石灰岩、砂页岩、花岗岩等。土壤类型，指样方所在地的土壤类型，参照《中国土壤分类与代码》（GB 17296-2009），如黄壤、黄棕壤、紫色土及其他土壤类型。水分状况、人为活动、动物活动、历史干扰情况、周围情况描述等其他环境因子指标在调查表格"备注"栏记录。

土地利用类型，按照耕地、园地、林地、草地、住宅用地、交通运输用地、公共管理与公共服务用地等，在调查表格"备注"栏记录。

（b）群落特征调查

调查并记录固定监测样地的群落类型、群落高度、群落总盖度，群落垂直结构，群落面积与空间分布范围，以及外来入侵植物的分布面积、更新、扩散、危害状况等情况。记录表格，详见"表2-2-1　神农架外来入侵植物样地基本信息"。

群落类型，指监测样方所在植物群落的名称，一般以优势植物命名。群落高度，指该植物群落的上层（冠层）的平均高度。群落总盖度，指植物群落所有植物的投影面积占样方面积的百分比。群落垂直结构按照乔木层、灌木层、草本层分层记录，记录各层的优势种组成与密度、层高、层盖度。优势种组成，指该层优势植物的种类名称。优势种密度指优势种在监测样方中的植株个体（分株）数量，可在详细调查完成后统计再填写。层高指该层上层的平均高度。层盖度指该层所有植株垂直投影面积占样方面积的百分比。群落面积指该类型植物群落在监测样地附近所分布的面积，记录于备注栏中。群落的空间分布范围按照比例绘制于记录表格右下方的方格图中。另外，在备注栏中还需记录样地及周边外来入侵植物的分布面积、更新、扩散、危害状况等情况。

（c）种群特征调查

调查并记录监测样方内外来入侵植物和本地植物的种名、数量、高度、盖度、物候期、健康状态等，以及监测样地外来入侵植物的种类。记录表格，详见"表2-2-2　神农架外来入侵植物样地调查"。

调查并记录监测样方中所有植物种类，特别是外来入侵植物。草本植物，须分种记录高度（最高、最低、均高）、株（丛）数和盖度。灌木，须分种记录高度（最高、最低、均高）、平均基径、株（丛）数和盖度。乔木，须测量每株树的胸径、树高、枝下高、冠幅等指标。还须记录每棵树、每种灌木或草本植物的物候期（生长期）、健康状况等。调查并记录样方外周边50m范围内（监测样地）所有外来入侵植物的种类。

株（丛）数指样方中的植物个体数量。对于克隆植物，本监测规范仅指植物分株的数量。灌木植物和乔木植物还需测定茎干直径，包括胸径和基径。胸径，胸高直径的简称，中国采用离地1.3m处的直径。在1.3m以下分枝的两个及以上茎干，需分别测定胸径。基径，基部直径的简称，指离地5cm处的茎干直径。测定胸径和基径时，需清除测量部位苔藓、藤蔓等杂物的阻挡，必须与树干垂直，且需上下挪动位置以避开树杈分枝、树瘤等异常情况。高度，指植株个体的高度。高度测量时，如遇生长倾斜的树木，则指树木的长度，而不是垂直于地面的高度。枝下高，又叫作冠下高，指树木形成树冠的第一主枝的分枝以下的高度。冠幅，指树木树冠的覆盖范围。一般用树冠长轴×短轴的方式记录，3.5m×2m表示某树木长轴为3.5m、短轴为2m的冠幅。盖度，指植物地上部分垂直投影面积占样方面积的百分比，又称投影盖度。物候期按营养期、开花期、结实期等生长期记录。健康状况包括正常生长、枯梢、折断、枯萎、病虫害等情况，分种记录于备注栏。

（d）危害状况调查

包括监测样地外来入侵植物的更新、扩散、危害状况、危害面积等。监测样地外来入侵植物的总体危害状况，记录于"表2-2-1　神农架外来入侵植物样地基本信息"的备注栏，分种的危害状况记录于"表2-2-2　神农架外来入侵植物样地调查"分种调查的备注栏。

（2）取样

（a）视频资料采集

在固定监测样方调查的同时，拍摄外来入侵植物的照片或视频，作为物种鉴定的依据之一。拍摄内容包括监测样方的群落外貌、周边情况、植物群落优势种，特别是外来入侵植物的群落、植株、叶片、茎秆、分枝、花果特写等。

（b）土壤采样

调查完成后，采集表土样品用于土壤理化分析。采用梅花形采样法采集混合土样。在监测样方的4角和中心位置附近，采集深度为0~20cm的土壤样品，去除凋落物、根系等其他杂物，混合后采用四分法分取土样，取鲜土重500g左右，装入土壤采集布袋，带回实验室，风干，经研磨等处理，做理化测定。

（c）标本采集、制作与鉴定

植物标本是外来入侵植物物种鉴定的重要依据。因此，样地调查时必须要采集、制作凭证标本。

标本采集：采集标本时，要选择有代表性、姿态良好、无病虫害的植株或部分。尽可能采集花、果、根、茎、叶具备的完全标本。茎、叶、花、果等任何部分形态异常的植株不宜制作标本。草本植物要注意采集带根的标本，地下部分有变态根或变态茎的，应一并挖出。植物体过大的，采集全株不便制作标本的，可采集长度为30~50cm的一段典型部位（如带有花、果、叶的枝条）。对于叶片过大的植物（如芭蕉等），采集部分叶片，叶片为单叶的可沿中脉的一边剪下，或剪一个裂片，叶片为复叶的，采集总轴一边的小叶；单叶或复叶的采集均应保留叶片的顶端和基部，或顶端的小叶。对于花序较大的植物（如向日葵等），可采集花序的一部分，即只采集整株的一部分，而同株植物有不同叶型的（如基生叶和茎生叶、漂浮叶和沉水叶、营养叶和繁殖叶等），各种不同叶型均应采集。采集雌雄异株或单性花、雌雄同株的标本时，雌花和雄花均应采集。采集水生植物时，应尽可能采集其根部。对于捞出后容易缠绕成团、不易分开的水生植物，可用硬纸板将其从水中托出，连同纸板一同压入标本夹内。采集寄生或附生植物时，应将寄主或附主植物的部分同时采集下来，分别注明寄主或附主植物，并记录寄生或附生的部位、对寄主或附主造成的影响和危害等情况。采集植物标本时，要做好采集记录，包括采集时间、地点、海拔、坡向、生境、采集人、分类学性状描述如：花果的颜色、气味等（记录表格，详见"表2-2-3 神农架外来入侵植物标本采集记录）。采集后要对标本进行编号，挂牌。同一标本，一般采集3份及以上，标本编号相同。雌雄异株标本分开编号，并注明是同一种植物的雌株或雄株。

标本制作：植物标本的制作方法有干制和浸制两大类。干制法制作成腊叶标本。标本采集后，带回实验室，通过清理、修剪整形、压制标本，然后进行干燥、消毒、装订等步骤制作成腊叶标本。浸制法制作成浸液标本。对于地下部分、地下茎或果实肥厚或较大的标本，可浸放于药液中，制成浸液标本。也适用于植物其他部分或藻类、苔藓类、蕨类等保存。采用不同的药液和制作方法，可制作不保持原色的浸液标本或保持原色的浸液标本。另外，对于禾本科植物、一些菊科较大的完整花盘、肥厚或较大的地下部分和果实等，可置于通风干燥处自然风干制成标本。

标本鉴定：根据标本采集记录和标本的特征，对照植物志书、标本馆标本特别是模式标本，或其他相关资料，以及照片、视频等辅助材料，对制作完成的标本进行鉴定，并做好记录。特殊情况还可采用分子标记信息进行鉴定。

◎ 监测报告

每年定期跟踪调查后，需整理监测数据，分析监测结果，撰写定点监测工作报告和定点监测技术报告。

定点监测工作报告的内容包括监测工作的完成情况，调查的时间、进度、调查人员、调查完成的固定样方数量、记录的样方表格的数量、拍摄照片、视频的数据、采集的土壤样品数量、采集的标本数量以及外来植物入侵的总体情况等。

定点监测技术报告，是在标本鉴定、调查数据分析和样品测试的基础上，对定点监测结果的分析和总结。其内容主要包括：外来入侵植物的种类、数量、空间分布特征、入侵性、危害状况、扩散传播状况、风险评估等。

◎ 监测队伍与技术支持

外来植物入侵定点监测，需要专业的监测队伍来承担。鉴于外来入侵植物的识别、鉴定有一定的难度，需要相关专家的技术支持。植物群落调查、数据处理和分析，也需要专业的仪器设备和有经验的技术团队参与。

◎ 监测资料存档

定点监测是一项连续性的工作，会定期形成大量、连续的数据资料（表2-2-1～表2-2-3），监测资料存档和管理尤为重要。

需要制定详细的数据资料存档规范，指定相对固定的资料管理人员。要整理好数据资料的元数据，包括数据资料形成的时间、地点、调查人、记录人、数据录入人、数据校对人、数据质量控制人、数据存放格式（纸质版、电子版）、存放地点等信息。

表 2-2-1 神农架外来入侵植物样地基本信息

样地编号		群落类型			样地面积	
调查地点	省	县（林业局）		乡（林场）		村（林班）
具体位置						
纬度		地貌	□山地 □洼地 □丘陵 □平原 □高原		备注	
经度		坡位	□谷底 □下部 □中下 □中部 □中上 □上部 □山顶 □山脊			
海拔		干扰类型	□火烧 □放牧 □采伐 □农耕 □旅游 □践踏 □洪涝 □开矿 □城建 □其他			
坡度						
坡向		干扰程度	□无干扰 □轻微 □中度 □强度			
基岩	□石灰岩 □砂页岩 □花岗岩 ___					
土壤类型	□黄壤 □黄棕壤 □紫色土 ___					
群落高度	m	群落总盖度	%			

垂直结构	优势种及密度	层高 （m）	层盖度 （%）				
乔木层							
灌木层							
草本层							
调查人							
记录人							
调查时间	年 月 日 时						
土样编号							

　　群落调查表说明：（1）群落类型。样地的群落类型，由优势层、优势种决定。（2）调查地。样地所在位置，如县市村镇或林业局（场）小班和保护区名称。（3）经纬度。用 GPS 或 RTK，确定样地所在地的经纬度坐标。（4）海拔。用海拔表确定样地海拔，山区尽量避免使用 GPS 确定海拔高度。（5）坡位。样地所在坡面位置，如谷地、下部、中下部、中部、中上部、山顶、山脊等。（6）坡向。样地所在地的方位，以偏离正北或正南方位的方式记人。（7）坡度。样地的平均坡度（利用罗盘测定）。（8）面积。样地的面积，一般森林为 20m×20m，灌丛为 5m×5m，草丛为 2m×2m。（9）地貌。样地所在地的地貌，如山地、洼地、丘陵、平原等。（10）土壤。样地所在地的土壤类型，如褐色森林土、山地黄棕壤等。（11）干扰程度。按无干扰、轻微、中度、强度干扰等记录。（12）群落层次。群落垂直结构按照乔木层、灌木层、草本层分层记录，记录各层的优势种组成与密度、层高、层盖度。（13）优势种。记录各层次的优势种，如某层有多个优势种，要同时记录。（14）群落高度。指该植物群落的上层（冠层）的平均高度。（15）样地位置图。该图对了解样地的具体位置、地形等非常重要。（16）群落调查表。记录群落的各调查项目，包括物种名称、平均高、平均胸径、盖度等。（17）调查人、记录人及日期。记录该群落的调查人、记录人，注明调查日期时间，以备查用以及与照片视频等对应。（18）土样编号。土壤样品的编号，一般与群落样方一致。（19）密度。样方中的植物个体数量。本调查仅指非克隆植物植株的个体数量及克隆植物的分株的数量。（20）胸径。胸高直径的简称，中国采用离地 1.3m 处的直径。在 1.3m 以下分枝的两个以上茎干，需分别测定胸径。（21）基径。基部直径的简称，指离地 5cm 处的茎干直径。测定胸径和基径时，需清除测量部位苔藓、藤蔓等杂物的阻扰，必须与树干垂直，且需上下挪动位置以避开树杈分枝、树瘤等异常情况。（22）高度。指植株个体的高度，如遇生长倾斜的树木，则指树木的长度，而不是垂直于地面的高度。（23）枝下高。又叫作冠下高，指树干第一个一级干枝以下的高度。在实践中，往往是指树木形成树冠的第一主枝的分枝以下高度、层高等。（24）冠幅。指树木树冠的覆盖范围。一般用树冠长轴×短轴的方式记录，3.5m×2m 表示某树木长轴为 3.5m、短轴为 2m 的冠幅。（25）盖度。指植物地上部分垂直投影面积占样方面积的百分比，又称投影盖度。

表 2-2-2　神农架外来入侵植物样地调查

样地编号：＿＿＿＿＿＿＿＿　样方号：＿＿＿　层次：＿＿＿　总盖度：＿＿＿% 外来植物总盖度：＿＿＿% 本地植物总盖度：＿＿＿%
调查人员：＿＿＿＿＿＿＿＿　记录人员：＿＿＿　日期时间：＿＿＿年＿＿月＿＿日＿＿时　共＿＿页第＿＿页

编号	物种名	最高（m）	最低（m）	均高（m）	株(丛)数	盖度（%）	基径（cm）	胸径（cm）	树高（m）	枝下高（m）	冠幅（m×m）	生长期	备注
1													
2													
3													
4													
5													
6													
7													
8													
9													
10													
11													
12													
13													
14													
15													
16													
17													
18													
19													
20													
21													
22													
23													
24													
25													
样方外：外来入侵物种													

表 2-2-3　神农架外来入侵植物标本采集记录

采集时间：＿＿＿＿＿＿年＿＿月＿＿日＿＿＿＿＿时

采集地点：＿＿＿＿＿省＿＿＿＿＿县（林业局）＿＿＿＿＿乡（林场）＿＿＿＿＿村（林班）＿＿＿＿＿＿＿

采集人：＿＿＿＿＿＿＿＿＿＿＿＿＿＿＿　采集号：＿＿＿＿＿＿＿＿＿＿＿＿＿＿＿

生境：＿＿

海拔：＿＿＿＿＿m　　　经度：＿＿＿°＿＿＿′＿＿＿″　　　纬度：＿＿＿°＿＿＿′＿＿＿″

生活型：＿＿＿＿＿＿＿＿＿（乔木、灌木、草本、藤本等）植株高度：＿＿＿m

花：＿＿＿＿＿＿＿＿＿＿＿＿＿＿＿＿＿＿＿＿＿＿＿＿＿＿＿（颜色、形状、大小、气味等）

果：＿＿＿＿＿＿＿＿＿＿＿＿＿＿＿＿＿＿＿＿＿＿＿＿＿＿＿（颜色、形状、大小、气味等）

中文名：＿＿＿＿＿＿＿＿＿＿＿＿＿＿＿　学名：＿＿＿＿＿＿＿＿＿＿＿＿＿＿＿

科名：＿＿＿＿＿＿＿＿＿＿＿＿＿＿＿　属名：＿＿＿＿＿＿＿＿＿＿＿＿＿＿＿

俗名：＿＿

备注：＿＿

02. 定点监测样地空间分布

　　自然保护地是生物多样性就地保护的重要基地，但是已有外来植物入侵的报道。自然保护地一般具有较高的生物多样性和大量的珍稀濒危物种，一旦外来植物入侵，造成的危害将更大。因而，自然保护地成为外来植物监测和防控的重点区域。

　　在神农架地区7个自然保护地设置了65个固定监测样地，其空间分布如图2-2-1所示。其中，神农架国家公园26个、湖北巴东金丝猴国家级自然保护区5个、湖北十八里长峡国家级自然保护区8个、湖北堵河源国家级自然保护区8个、湖北五道峡国家级自然保护区6个、湖北三峡万朝山省级自然保护区6个，湖北野人谷省级自然保护区6个。

图2-2-1　定点监测样地空间分布图

　　共65个外来入侵植物固定监测样地，设置于神农架地区的7个自然保护地。A:神农架林区的神农架国家公园，B: 巴东县的湖北巴东金丝猴国家级自然保护区，C: 竹山县的湖北十八里长峡国家级自然保护区，D: 竹溪县的湖北堵河源国家级自然保护区，E: 保康县的湖北五道峡国家级自然保护区，F: 兴山县的湖北三峡万朝山省级自然保护区，G: 房县的湖北野人谷省级自然保护区。

03. 定点监测样地数据信息

◎ 神农架国家公园

❖ 监测样地 SNJ01

样地特征 样方大小：2m×2m。位置：神农架林区九湖镇坪阡村大界岭。经纬度：E110.148°，N31.438°。海拔：1706m。坡向：SW54°。坡度：5°。地貌：山地。坡位：中上。干扰类型：交通、旅游。干扰程度：中度。基岩：石灰岩。土壤类型：黄棕壤。周围情况：道路旁林缘绿化带草丛。土地利用类型：林地。

群落特征 群落类型：一年蓬草丛（图3-3-1）。群落高度：0.5m。群落总盖度：80%。优势种组成：一年蓬、活血丹和白车轴草，分别有380株、55株和80株，盖度分别为40%、18%和15%。群落面积：60m²。

入侵特征 样方中有外来入侵植物2种：一年蓬和白车轴草，总株数460株，均高0.4m，总盖度55%（表3-3-1）。样方外还有外来入

图3-3-1 监测样地SNJ01群落外貌

侵植物3种：大狼杷草、香丝草和红车轴草。

危害状况 外来入侵植物入侵本地植物群落，占据群落优势地位，一年蓬处于群落中上层，白车轴草处于群落中下层，改变了本地植物群落的类型、组成和结构。

表3-3-1 监测样地SNJ01外来入侵植物组成

序号	物种名	最高（m）	最低（m）	均高（m）	株（丛）数	盖度（%）
1	一年蓬	0.5	0.1	0.4	380	40
2	白车轴草	0.3	0.1	0.2	80	15

❖ 监测样地 SNJ02

样地特征 样方大小：2m×2m。位置：神农架林区九湖镇青树村东溪河谷。经纬度：E110.132°，N31.575°。海拔：675m。坡向：NW27°。坡度：5°。地貌：山地。坡位：谷底。干扰类型：洪涝、采石、采砂。干扰程度：强度。基岩：石灰岩。土壤类型：黄棕壤。周围情况：道路旁河滩地林缘草丛。土地利用类型：林地。

群落特征 群落类型：艾草丛（图3-3-2）。群落高度：0.5m。群落总盖度：80%。优势种组成：艾和旋花，分别有160株和28株，盖

图3-3-2 监测样地SNJ02群落外貌

度分别为75%和15%。群落面积：200m²。

入侵特征 样方中有外来入侵植物4种：小蓬草、香丝草、白车轴草和一年蓬，总株数49株，均高0.5m，总盖度10%（表3-3-2）。样方外还有外来入侵植物2种：牛膝菊和红车轴草。

危害状况 外来入侵植物入侵本地植物群落，还未占据群落优势地位，一年蓬、小蓬草处于群落中上层，样方周边还有大面积的白车轴草分布，改变了本地植物群落的组成和结构。

表3-3-2 监测样地SNJ02外来入侵植物组成

序号	物种名	最高（m）	最低（m）	均高（m）	株（丛）数	盖度（%）
1	小蓬草	0.5	0.1	0.4	16	5
2	香丝草	0.3	0.1	0.2	8	0.5
3	白车轴草	0.3	0.1	0.2	5	1
4	一年蓬	1	0.1	0.7	20	4

❖ **监测样地 SNJ03**

样地特征 样方大小：2m×2m。位置：神农架林区九湖镇坪阡村万山朝。经纬度：E110.150°，N31.474°。海拔：2130m。坡向：NW27°。坡度：5°。地貌：山地。坡位：谷底。干扰类型：交通、旅游。干扰程度：中度。基岩：石灰岩。土壤类型：棕壤。周围情况：道路旁林缘绿化带草丛。土地利用类型：林地。

群落特征 群落类型：加拿大早熟禾草丛（图3-3-3）。群落高度：0.6m。群落总盖度：85%。优势种组成：加拿大早熟禾、一年蓬和华蟹甲［Sinacalia tangutica（Maximowicz）B. Nordenstam］，分别有21株、120株和60株，盖度分别为35%、28%和25%。群落面积：50m²。

入侵特征 样方中有外来入侵植物2种：一年蓬和白车轴草，总株数230株，均高0.4m，总盖度40%；样方内还有外来植物1种，加拿大早熟禾，是本群落优势种，应为道路绿化引入（表3-3-3）。样方外还有外来入侵植物1种：红车轴草。

危害状况 外来入侵植物入侵本地植物群落，占据群落次优势地位，一年蓬处于群落中上层，白车轴草处于群落中下层，群落的优势植物为外来植物加拿大早熟禾，改变了本地植物群落的类型、组成和结构。

图3-3-3　监测样地SNJ03群落外貌

表3-3-3　监测样地SNJ03外来植物组成

序号	物种名	最高（m）	最低（m）	均高（m）	株（丛）数	盖度（%）
1	一年蓬	0.6	0.1	0.5	120	28
2	白车轴草	0.3	0.1	0.2	110	12
3	加拿大早熟禾	0.9	0.4	0.8	21	35

❖ **监测样地 SNJ04**

　　样地特征　样方大小：2m×2m。位置：神农架林区下谷坪土家族乡板桥河村鬼头弯。经纬度：E110.158°，N31.462°。海拔：2382m。坡向：SW66°。坡度：2°。地貌：山地。坡位：山脊。干扰类型：交通、旅游。干扰程度：中度。基岩：石灰岩。土壤类型：棕壤。周围情况：废弃观景点和停车场，道路旁林缘绿化带草丛。土地利用类型：林地。

　　群落特征　群落类型：天蓝苜蓿（*Medicago lupulina* Linnaeus）草丛（图3-3-4）。群落高度：0.2m。群落总盖度：95%。优势种组成：天蓝苜蓿、紫云英（*Astragalus sinicus* Linnaeus）和一年蓬，分别有1800株、600株和75株，盖度分别为65%、16%和15%。群落面积：60m²。

　　入侵特征　样方中有外来入侵植物2种：一年蓬和白车轴草，总

图3-3-4　监测样地SNJ04群落外貌

株数150株，均高0.2m，总盖度25%（表3-3-4）。

危害状况　外来入侵植物入侵本地植物群落，占据群落次优势地位，一年蓬处于群落上层，白车轴草处于群落中下层，改变了本地植物群落的类型、组成和结构。

表3-3-4　监测样地SNJ04外来入侵植物组成

序号	物种名	最高（m）	最低（m）	均高（m）	株（丛）数	盖度（%）
1	白车轴草	0.3	0.1	0.2	75	10
2	一年蓬	0.3	0.1	0.2	75	15

❖ **监测样地 SNJ05**

样地特征　样方大小：2m×2m。位置：神农架林区下谷坪土家族乡板桥河村太子垭。经纬度：E110.192°，N31.448°。海拔：2608m。坡向：NE71°。坡度：10°。地貌：山地。坡位：山脊。干扰类型：交通、旅游。干扰程度：强度。基岩：石灰岩。土壤类型：棕壤。周围情况：观景点停车场边，道路旁林缘草丛。土地利用类型：林地。

群落特征　群落类型：三脉紫菀［*Aster trinervius* subsp. *ageratoides*（Turczaninow）Grierson］草丛（图3-3-5）。群落高度：

图3-3-5 监测样地SNJ05群落外貌

0.5m。群落总盖度：90%。优势种组成：三脉紫菀和白苞蒿（*Artemisia lactiflora* Wallich ex Candolle），分别有120株和85株，盖度分别为35%和30%。群落面积：20m²。

入侵特征 样方中无外来入侵植物。样方外有外来入侵植物1种，白车轴草。

危害状况 监测样方内无外来入侵植物，但样方外有外来入侵植物，有被入侵的风险。

❖ **监测样地 SNJ06**

样地特征 样方大小：2m×2m。位置：神农架林区下谷坪土家族乡板桥河村板壁岩。经纬度：E110.222°，N31.458°。海拔：2624m。坡向：SE55°。坡度：10°。地貌：山地。坡位：上顶上部。干扰类型：旅游、交通。干扰程度：强度。基岩：石灰岩。土壤类型：暗棕壤。周围情况：观景点停车场边，道路旁亚高山草甸。土地利用类型：草地。

群落特征 群落类型：湖北附地菜（*Trigonotis mollis* Hemsley）草丛（图3-3-6）。群落高度：0.1m。群落总盖度：90%。优势种组

图3-3-6 监测样地SNJ06群落外貌

成：湖北附地菜、杨叶风毛菊（*Saussurea populifolia* Hemsley）和酸模（*Rumex acetosa* Linnaeus），分别有800株、160株和45株，盖度分别为40%、18%和18%。群落面积：30m²。

入侵特征 样方中无外来入侵植物。样方外有外来入侵植物1种：一年蓬。

危害状况 监测样方内无外来入侵植物，但样方外有外来入侵植物，有被入侵的风险。

❖ 监测样地 **SNJ07**

样地特征 样方大小：2m×2m。位置：神农架林区红坪镇板仓村瞭望塔。经纬度：E110.268°，N31.451°。海拔：2894m。坡向：SW28°。坡度：15°。地貌：山地，坡位：上顶上部。干扰类型：旅游、交通。干扰程度：强度。基岩：石灰岩。土壤类型：暗棕壤。周围情况：观景点停车场边，道路旁亚高山草甸。土地利用类型：草地。

群落特征 群落类型：无芒发草 ［*Deschampsia caespitosa*（Linn.）Beauv. var. *exaristata* Z. L. Wu］草丛（图3-3-7）。群落高度：0.2m。群落总盖度：90%。优势种组成：无芒发草、紫云英，分别有25株和

图3-3-7　监测样地SNJ07群落外貌

450株，盖度分别为60%和35%。群落面积：300m²。

入侵特征　样方中无外来入侵植物。样方外有外来入侵植物1种：一年蓬。

危害状况　监测样方内无外来入侵植物，但样方外有外来入侵植物，存在被入侵的风险。

❖ **监测样地 SNJ08**

样地特征　样方大小：2m×2m。位置：神农架林区红坪镇板仓村神农营。经纬度：E110.292°，N31.441°。海拔：2639m。坡向：NE25°。坡度：12°。地貌：山地。坡位：谷底。干扰类型：旅游、交通。干扰程度：强度。基岩：石灰岩。土壤类型：棕壤，周围情况：观景点停车场边，废弃旅游步道复绿的箭竹灌丛，灌木层为箭竹复绿，草本层为无芒发草复绿。土地利用类型：林地。

群落特征　群落类型：箭竹（*Fargesia spathacea* Franchet）灌丛（图3-3-8）。群落高度：2m。群落总盖度：99%。优势种组成：灌木

图3-3-8　监测样地SNJ08群落外貌

层优势种为箭竹，有90株，均高2m，盖度85%，草本层优势种为白车轴草和无芒发草，分别有85株和15株，盖度分别为28%和26%。群落面积：150m²。

入侵特征　样方中有外来入侵植物3种，包括白车轴草、一年蓬和红车轴草，总株数126株，均高0.2m，总盖度30%（表3-3-4）。

危害状况　监测样方内外来入侵植物入侵，占据草本层的优势地位，白车轴草为草本层优势种，改变了本地植物群落的物种组成和结构。

表3-3-5　监测样地SNJ08外来入侵植物组成

序号	物种名	最高（m）	最低（m）	均高（m）	株（丛）数	盖度（%）
1	白车轴草	0.3	0.1	0.2	85	28
2	红车轴草			0.3	12	1
3	一年蓬	0.2	0.05	0.1	29	1.5

❖ **监测样地 SNJ09**

样地特征 样方大小：2m×2m，位置：神农架林区木鱼镇老君山村九冲木城。经纬度：E110.539°，N31.439°。海拔：998m。坡向：NE38°。坡度：25°。地貌：山地。坡位：谷底。干扰类型：践踏、洪涝。干扰程度：中度。基岩：石灰岩。土壤类型：黄棕壤，周围情况：河谷水电站引水渠旁林缘草丛。土地利用类型：林地。

群落特征 群落类型：白车轴草草丛（图3-3-9）。群落高度：0.5m。群落总盖度：99%，优势种组成：白车轴草和蛇莓［*Duchesnea indica*（Andrews）Focke］，分别有500株和160株，盖度分别为45%和28%。群落面积：120m²。

入侵特征 样方中有外来入侵植物4种：白车轴草、一年蓬、小蓬草和阿拉伯婆婆纳，总株数571株，均高0.2m，总盖度60%（表3-3-6）。样方外还有外来入侵植物1种：野燕麦。

危害状况 监测样方内有外来入侵植物入侵，占据群落的优势地位，白车轴草为草本层优势种，改变了本地植物群落的类型、物种组成和结构。

图3-3-9 监测样地SNJ09群落外貌

表3-3-6 监测样地SNJ09外来入侵植物组成

序号	物种名	最高（m）	最低（m）	均高（m）	株（丛）数	盖度（%）
1	白车轴草	0.4	0.1	0.2	500	45
2	一年蓬	0.7	0.1	0.4	45	15
3	小蓬草			0.3	1	0.1
4	阿拉伯婆婆纳			0.2	25	0.5

❖ 监测样地 SNJ10

样地特征 样方大小：2m×2m。位置：神农架林区木鱼镇木鱼坪社区，通往酒壶坪的道路旁。经纬度：E110.386°，N31.471°。海拔：1279m。坡向：NE47°。坡度：20°。地貌：山地。坡位：中下。干扰类型：旅游、交通。干扰程度：强度。基岩：石灰岩。土壤类型：黄棕壤。周围情况：城镇社区道路旁林缘草丛。土地利用类型：城镇。

群落特征 群落类型：毛裂蜂斗菜（*Petasites tricholobus* Franchet）草丛（图3-3-10）。群落高度：0.4m。群落总盖度：60%。

图3-3-10 监测样地SNJ10群落外貌

优势种组成：毛裂蜂斗菜和白车轴草，分别有38株和35株。盖度分别为38%和10%。群落面积：约30m²。

入侵特征 样方中有外来入侵植物5种，包括白车轴草、一年蓬、直立婆婆纳、阿拉伯婆婆纳和野燕麦，总株数75株，均高0.3m，总盖度14%（表3-5-7）。

危害状况 监测样方内有外来入侵植物入侵，占据群落的次优势地位，白车轴草位于群落中下层，改变了本地植物群落的类型、物种组成和结构。

表3-3-7　监测样地SNJ10外来入侵植物组成

序号	物种名	最高（m）	最低（m）	均高（m）	株（丛）数	盖度（%）
1	一年蓬	0.8	0.1	0.5	18	4
2	白车轴草	0.3	0.1	0.2	35	10
3	直立婆婆纳			0.2	15	0.3
4	阿拉伯婆婆纳			0.1	6	0.2
5	野燕麦			0.4	1	0.2

❖ 监测样地 SNJ11

样地特征 样方大小：2m×2m。位置：神农架林区木鱼镇神农坛村神农祭坛。经纬度：E110.444°，N31.436°。海拔：1048m。坡向：NE55°。坡度：2°。地貌：山地。坡位：下部。干扰类型：旅游、交通。干扰程度：强度。基岩：石灰岩。土壤类型：黄棕壤。周围情况：旅游景点入口、停车场、道路旁林缘草丛。土地利用类型：林地。

群落特征 群落类型：白车轴草草丛（图3-3-11）。群落高度：0.4m。群落总盖度：99%。优势种组成：白车轴草，有800株，盖度为85%。群落面积：约50m²。

入侵特征 样方中有外来入侵植物3种：白车轴草、一年蓬和多花黑麦草，总株数865株，均高0.3m，总盖度95%（表3-3-8）。样方外还有外来入侵物种6种：小蓬草、野燕麦、牛膝菊、大狼杷草、香丝草和红车轴草。

危害状况 监测样方内有外来入侵植物入侵，白车轴草占据群落

图3-3-11　监测样地SNJ11群落外貌

的优势地位，位于群落中下层，改变了本地植物群落的类型、物种组成和结构。

表3-3-8　监测样地SNJ11外来入侵植物组成

序号	物种名	最高（m）	最低（m）	均高（m）	株（丛）数	盖度（%）
1	白车轴草	0.4	0.2	0.3	800	85
2	一年蓬	0.8	0.2	0.6	25	8
3	多花黑麦草	1.1	0.6	0.9	40	15

❖ 监测样地 SNJ12

样地特征　样方大小：2m×2m。位置：神农架林区木鱼镇神农坛村，彩旗管护站后林缘道路旁。经纬度：E110.429°，N31.482°。海拔：1660m。坡向：SW2°。坡度：5°。地貌：山地。坡位：中上。干扰类型：旅游、交通。干扰程度：中度。基岩：石灰岩。土壤类型：黄棕壤。周围情况：道路旁林缘草丛。土地利用类型：林地。

群落特征　群落类型：艾草丛（图3-3-12）。群落高度：0.6m。群落总盖度：99%。优势种组成：艾和白车轴草，分别有180株和160株，盖度分别为60%和45%。群落面积：约100m²。

入侵特征　样方中有外来入侵植物3种：白车轴草、一年蓬和红车轴草，总株数250株，均高0.5m，总盖度80%（表3-3-9）。

图3-3-12 监测样地SNJ12群落外貌

危害状况 监测样方内有外来入侵植物入侵，白车轴草占据群落的次优势地位，位于群落中下层，一年蓬位于群落中上层，改变了本地植物群落的类型、物种组成和结构。

表3-3-9 监测样地SNJ12外来入侵植物组成

序号	物种名	最高（m）	最低（m）	均高（m）	株（丛）数	盖度（%）
1	一年蓬	1.2	0.2	0.9	55	25
2	白车轴草	0.5	0.1	0.3	160	45
3	红车轴草	0.6	0.3	0.5	35	15

❖ 监测样地 SNJ13

样地特征 样方大小：2m×2m。位置：神农架林区宋洛乡盘龙村，老君山北坡里叉河上游阿弥陀佛垭。经纬度：E110.445°，N31.531°。海拔：2403m。坡向：SW71°。坡度：15°。地貌：山地，坡位：上部。干扰类型：旅游、交通。干扰程度：轻微。基岩：石灰岩。土壤类型：棕壤。周围情况：道路旁林缘草丛。土地利用类型：林地。

群落特征 紫云英–簇生泉卷耳［*Cerastium fontanum* subsp. *vulgare*（Hartman）Greuter & Burdet］草丛（图3-3-13）。群落高度：0.3m，群落总盖度：99%。优势种组成：紫云英、簇生泉卷耳和黄毛草莓（*Fragaria nilgerrensis* Schlechtendal ex J. Gay），分别有360株、380株和180株，盖度分别为35%、28%和26%。群落面积：约200m²。

入侵特征 样方中有外来入侵植物2种：白车轴草和直立婆婆纳，总株数40株，均高0.2m，总盖度8%（表3-3-10）。另外，样方外还有外来入侵植物1种：一年蓬。

危害状况 监测样方内有外来入侵植物入侵，还未占据群落的优势地位，白车轴草位于群落中下层，改变了本地植物群落的物种组成和结构。

图3-3-13 监测样地SNJ13群落外貌

表3-3-10 监测样地SNJ13外来入侵植物组成

序号	物种名	最高（m）	最低（m）	均高（m）	株（丛）数	盖度（%）
1	白车轴草	0.3	0.1	0.2	25	8
2	直立婆婆纳			0.2	15	0.5

❖ **监测样地 SNJ14**

样地特征 样方大小：2m×2m。位置：神农架林区红坪镇温水村酒壶坪。经纬度：E110.346°，N31.507°。海拔：1887m。坡向：SW66°。坡度：2°。地貌：山地。坡位：中上。干扰类型：旅游、交通。干扰程度：强度。基岩：石灰岩。土壤类型：黄棕壤。周围情况：神农顶旅游区景区入口停车场林缘草丛。土地利用类型：森林。

群落特征 群落类型：救荒野豌豆-黑心菊草丛（图3-3-14）。群落高度：1m。群落总盖度：99%。优势种组成：救荒野豌豆和黑心菊，分别有110株和75株，盖度分别为55%和38%。群落面积：约60m²。

入侵特征 样方中有外来入侵植物3种：一年蓬、白车轴草和剑叶金鸡菊，总株数81株，均高0.3m，总盖度20%（表3-3-11）。样方中还有外来植物1种：黑心菊，是群落的共优种。另外，样方外还有外来入侵植物1种：直立婆婆纳。

危害状况 监测样方内有外来入侵植物入侵，占据群落的次优势地位，一年蓬位于群落中上层，而且外来植物黑心菊是群落的共优种，改变了本地植物群落的类型、物种组成和结构。

图3-3-14 监测样地SNJ14群落外貌

表3-3-11 监测样地SNJ14外来植物组成

序号	物种名	最高（m）	最低（m）	均高（m）	株（丛）数	盖度（%）
1	一年蓬	0.9	0.1	0.7	60	18
2	白车轴草	0.4	0.1	0.3	15	4
3	黑心菊	0.8	0.3	0.7	75	38
4	剑叶金鸡菊	0.7	0.3	0.5	6	0.3

❖ **监测样地 SNJ15**

样地特征 样方大小：2m×2m。位置：神农架林区红坪镇板仓村观音洞。经纬度：E110.267°，N31.484°。海拔：2376m。坡向：SW22°。坡度：5°。地貌：山地。坡位：中上。干扰类型：旅游、交通。干扰程度：轻微。基岩：石灰岩。土壤类型：棕壤。周围情况：废弃伐木道路，林缘草丛。土地利用类型：森林。

群落特征 群落类型：黄毛草莓草丛（图3-3-15）。群落高度：0.3m。群落总盖度：85%。优势种组成：黄毛草莓、大火草［*Anemone tomentosa*（Maximowicz）C. P'ei］和早熟禾（*Poa annua* Linnaeus），分别有

图3-3-15 监测样地SNJ15群落外貌

95株、55株和25株，盖度分别为25%、20%和20%。群落面积：约100m²。

入侵特征 样方中有外来入侵植物2种：一年蓬和白车轴草，总株数63株，均高0.1m，总盖度8%（表3-3-12）。

危害状况 监测样方内有外来入侵植物入侵，还未占据群落的优势地位，白车轴草位于群落中下层，改变了本地植物群落的物种组成和结构。

表3-3-12 监测样地SNJ15外来入侵植物组成

序号	物种名	最高（m）	最低（m）	均高（m）	株（丛）数	盖度（%）
1	一年蓬			0.1	3	0.3
2	白车轴草	0.2	0.05	0.1	60	8

❖ 监测样地 SNJ16

样地特征 样方大小：2m×2m。位置：神农架林区红坪镇温水村大龙潭。经纬度：E110.298°，N31.494°。海拔：2207m。坡向：SW83°。坡度：20°。地貌：山地，坡位：下部。干扰类型：旅游、交通。干扰程度：强度。基岩：石灰岩。土壤类型：棕壤。周围情况：大龙潭金丝猴科研基地林缘草丛。土地利用类型：森林。

群落特征 群落类型：黄毛草莓草丛（图3-3-16）。群落高度：

图3-3-16 监测样地SNJ16群落外貌

0.2m。群落总盖度：99%。优势种组成：黄毛草莓、节节草和湖北老鹳草（*Geranium rosthornii* R. Knuth），分别有160株、120株和85株，盖度分别为30%、20%和22%。群落面积：约60m²。

入侵特征 样方中有外来入侵植物2种：红车轴草和一年蓬，总株数36株，均高0.5m，总盖度10%（表3-3-13）。

危害状况 监测样方内有外来入侵植物入侵，还未占据群落的优势地位，红车轴草和一年蓬位于群落中上层，改变了本地植物群落的物种组成和结构。

表3-3-13　监测样地SNJ16外来入侵植物组成

序号	物种名	最高（m）	最低（m）	均高（m）	株（丛）数	盖度（%）
1	红车轴草	0.6	0.3	0.5	16	8
2	一年蓬	0.7	0.1	0.5	20	3

❖ **监测样地 SNJ17**

样地特征 样方大小：2m×2m。位置：神农架林区红坪镇温水村小龙潭。经纬度：E110.301°，N31.480°。海拔：2171m。坡向：SE36°。坡度：2°。地貌：山地。坡位：下部。干扰类型：旅游、交通。干扰程度：强度。基岩：石灰岩。土壤类型：棕壤。周围情况：小龙潭金丝猴救护中心旅游步道旁灌草丛。土地利用类型：森林。

群落特征 群落类型：粉红杜鹃-一年蓬灌草丛（图3-3-17）。群落高度：3m。群落总盖度：85%。灌木层优势种组成：粉红杜鹃［*Rhododendron oreodoxa* var. *fargesii*（Franchet）D. F. Chamberlain］和巴山冷杉（*Abies fargesii* Franchet），分别有1株和8株，盖度分别为30%和25%。草本层优势种组成：一年蓬和加拿大早熟禾，分别有75株和100株，盖度分别为26%和18%。群落面积：约50m²。

入侵特征 样方中有外来入侵植物2种：一年蓬和直立婆婆纳，总株数123株，均高0.3m，总盖度30%。样方中还有外来植物1种：加拿大早熟禾，总株数45株，均高0.5m，总盖度10%（表3-3-14）。

危害状况 监测样方内有外来入侵植物入侵，占据群落草本层的优势地位，一年蓬位于群落草本层的中上层，改变了本地植物群落草本层的类型、物种组成和结构。

图3-3-17　监测样地SNJ17群落外貌

表3-3-14　监测样地SNJ17外来植物组成

序号	物种名	最高（m）	最低（m）	均高（m）	株（丛）数	盖度（%）
1	一年蓬	0.4	0.1	0.3	75	26
2	直立婆婆纳	0.3	0.1	0.2	48	5
3	加拿大早熟禾	0.8	0.3	0.5	45	10

❖ 监测样地 SNJ18

样地特征　样方大小：2m×2m。位置：神农架林区红坪镇温水村金猴岭。经纬度：E110.309°，N31.483°。海拔：2328m。坡向：SW47°。坡度：5°。地貌：山地。坡位：中部。干扰类型：旅游、交通。干扰程度：强度。基岩：石灰岩。土壤类型：棕壤。周围情况：金猴岭旅游道路旁林缘草丛。土地利用类型：森林。

群落特征　群落类型：风轮菜草丛（图3-3-18）。群落高度：0.3m。群落总盖度：50%。优势种组成：风轮菜、一年蓬和救荒野豌豆，分别有65株、36株和19株，盖度分别为16%，12%和10%。群落面积：约30m²。

入侵特征　样方中有外来入侵植物1种：一年蓬，总株数36株，

图3-3-18　监测样地SNJ18群落外貌

均高0.3m，总盖度12%。样方中还有外来植物1种：加拿大早熟禾，总株数17株，均高0.5m，总盖度8%（表3-3-15）。

　　危害状况　监测样方内有外来入侵植物入侵，占据群落的次优势地位，一年蓬位于植物群落的中上层，改变了本地植物群落的类型、物种组成和结构。

表3-3-15　监测样地SNJ18外来植物组成

序号	物种名	最高（m）	最低（m）	均高（m）	株（丛）数	盖度（%）
1	一年蓬	0.5	0.1	0.3	36	12
2	加拿大早熟禾	0.7	0.1	0.5	17	8

❖ 监测样地 SNJ19

　　样地特征　样方大小：2m×2m。位置：神农架林区九湖镇坪阡村罗家湾。经纬度：E110.114°，N31.463°。海拔：1564m。坡向：SW12°。坡度：1°。地貌：山地。坡位：下部。干扰类型：旅游、交通。干扰程度：强度。基岩：石灰岩。土壤类型：黄棕壤。周围情况：旅游道路旁水库边林缘草丛。土地利用类型：森林。

　　群落特征　群落类型：红车轴草草丛（图3-3-19）。群落高度：

图3-3-19 监测样地SNJ19群落外貌

0.5m。群落总盖度：99%。优势种组成：红车轴草，160株，盖度为60%。群落面积：约600m²。

入侵特征 样方中有外来入侵植物6种：红车轴草、白车轴草、一年蓬、野燕麦、多花黑麦草和直立婆婆纳，总株数392株，均高0.5m，总盖度95%（表3-3-16）。

危害状况 监测样方内有外来入侵植物入侵，占据群落的优势地位，红车轴草位于群落的中上层，改变了本地植物群落的类型、物种组成和结构。

表3-3-16 监测样地SNJ19外来入侵植物组成

序号	物种名	最高（m）	最低（m）	均高（m）	株（丛）数	盖度（%）
1	红车轴草	0.6	0.3	0.5	160	60
2	白车轴草	0.4	0.1	0.3	75	22
3	多花黑麦草	0.9	0.4	0.8	6	5
4	野燕麦	0.9	0.3	0.8	58	9
5	一年蓬	0.8	0.1	0.6	55	12
6	直立婆婆纳	0.3	0.1	0.2	38	0.5

❖ 监测样地 SNJ20

样地特征 样方大小：2m×2m。位置：神农架林区九湖镇坪阡村瓦屋里。经纬度：E110.054°，N31.462°。海拔：1541m。坡向：SW45°。坡度：5°。地貌：山地。坡位：下部。干扰类型：旅游、交通。干扰程度：强度。基岩：石灰岩。土壤类型：黄棕壤。周围情况：旅游道路旁绿化带，水库边林缘草丛。土地利用类型：森林。

群落特征 群落类型：白车轴草草丛。群落高度：0.2m。群落总盖度：99%。优势种组成：白车轴草、艾，分别有160株和135株，盖度分别为45%和32%。群落面积：约50m²。

入侵特征 样方中有外来入侵植物3种：白车轴草、红车轴草和一年蓬，总株数280株，均高0.3m，总盖度70%。样方内还有外来植物1种：黑心菊，总株数56株，均高0.4m，总盖度20%。另外，样方外还有外来入侵植物1种，大狼杷草（表3-3-17）。

危害状况 监测样方内有外来入侵植物入侵，占据群落的优势地位，白车轴草位于群落的中下层，改变了本地植物群落的类型、物种组成和结构。

表3-3-17 监测样地SNJ20外来植物组成

序号	物种名	最高（m）	最低（m）	均高（m）	株（丛）数	盖度（%）
1	白车轴草	0.4	0.1	0.2	160	45
2	红车轴草	0.5	0.2	0.4	65	25
3	一年蓬	0.9	0.1	0.7	55	16
4	黑心菊	0.5	0.1	0.4	56	20

❖ 监测样地 SNJ21

样地特征 样方大小：2m×2m。位置：神农架林区九湖镇九湖村猴王问天。经纬度：E109.994°，N31.495°。海拔：1740m。坡向：NE1°。坡度：1°。地貌：山地。坡位：谷底。干扰类型：旅游、交通。干扰程度：强度。基岩：石灰岩。土壤类型：黄棕壤。周围情况：弃耕地恢复湿地，旅游道路旁草地。土地利用类型：湿地。

群落特征 小酸模（*Rumex acetosella* Linnaeus）草丛（图3-3-20）。群落高度：0.2m。群落总盖度：80%。优势种组成：小酸模，有220株，盖度为40%。群落面积：约600m²。

图3-3-20 监测样地SNJ21群落外貌

入侵特征 样方中有外来入侵植物4种：豚草、白车轴草、大狼杷草和红车轴草，总株数260株，均高0.1m，总盖度18%（表3-3-18）。另外，样方外还有外来入侵植物1种，一年蓬。

危害状况 监测样方内有外来入侵植物入侵，还未占据群落的优势地位，白车轴草位于群落的中上层，豚草、大狼杷草和一年蓬处于群落中下层，改变了本地植物群落的物种组成和结构。本监测样地位于神农架国家公园大九湖湿地豚草专项治理的区域，2019年首次发现豚草入侵以来，每年在豚草开花前持续进行人工拔除，至今仍未完全清除。

表3-3-18 监测样地SNJ21外来入侵植物组成

序号	物种名	最高（m）	最低（m）	均高（m）	株（丛）数	盖度（%）
1	豚草	0.1	0.02	0.05	100	3
2	大狼杷草	0.2	0.02	0.1	100	8
3	白车轴草	0.2	0.05	0.1	55	8
4	红车轴草			0.2	5	0.3

❖ 监测样地 SNJ22

样地特征　样方大小：2m×2m。位置：神农架林区九湖镇九湖村跑马场西。经纬度：E109.993°，N31.500°。海拔：1733m。坡向：SW38°。坡度：2°。地貌：山地。坡位：谷底。干扰类型：旅游、交通。干扰程度：强度。基岩：石灰岩。土壤类型：黄棕壤。周围情况：弃耕地恢复湿地，旅游步道旁草丛。土地利用类型：湿地。

群落特征　群落类型：翼果薹草（*Carex neurocarpa* Maximowicz）草丛（图3-3-21）。群落高度：0.3m。群落总盖度：99%。优势种组成：翼果薹草，有50丛，盖度为65%。群落面积：约800m²。

入侵特征　样方中有外来入侵植物2种：白车轴草和红车轴草，总株数356株，均高0.2m，总盖度30%（表3-3-19）。另外，样方外还有外来入侵植物2种：一年蓬和大狼杷草。

危害状况　监测样方内有外来植物入侵，占据群落的次优势地位，白车轴草位于群落的中下层，改变了本地植物群落的物种组成和结构。本监测样地位于神农架国家公园大九湖湿地豚草专项治理的区域之一，2019年首次发现豚草入侵以来，每年在豚草开花前持续进行人工拔除，本次调查未发现豚草。

图3-3-21　监测样地SNJ22群落外貌

表3-3-19　监测样地SNJ22外来入侵植物组成

序号	物种名	最高（m）	最低（m）	均高（m）	株（丛）数	盖度（%）
1	红车轴草	0.4	0.2	0.3	36	6
2	白车轴草	0.3	0.1	0.2	320	25

❖ **监测样地 SNJ23**

样地特征　样方大小：2m×2m。位置：神农架林区九湖镇九湖村鹿苑前花海。经纬度：E109.991°，N31.495°。海拔：1733m。坡向：NW27°。坡度：2°。地貌：山地。坡位：谷底。干扰类型：旅游、交通。干扰程度：强度。基岩：石灰岩。土壤类型：黄棕壤。周围情况：弃耕地恢复湿地，旅游景点旁草丛。土地利用类型：湿地。

群落特征　群落类型：风轮菜草丛（图3-3-22）。群落高度：0.4m。群落总盖度：99%。优势种组成：风轮菜草、白车轴草和红车轴草，分别有360株、95株和78株，盖度分别为38%、25%和20%。群落面积：约600m²。

入侵特征　样方中有外来入侵植物5种：白车轴草、红车轴草、

图3-3-22　监测样地SNJ23群落外貌

豚草、大狼杷草和一年蓬，总株数404株，均高0.2m，总盖度50%（表3-3-20）。另外，样方外还有外来入侵植物1种：花叶滇苦菜。

危害状况 监测样方内有外来入侵植物入侵，占据群落的次优势地位，白车轴草位于群落的中下层，改变了本地植物群落的类型、物种组成和结构。本监测样地位于神农架国家公园大九湖湿地豚草专项治理的核心区域，2019年首次发现豚草入侵以来，每年在豚草开花前持续进行人工拔除，本次调查仍发现豚草180株幼苗。

表3-3-20　监测样地SNJ23外来入侵植物组成

序号	物种名	最高（m）	最低（m）	均高（m）	株（丛）数	盖度（%）
1	白车轴草	0.4	0.1	0.3	95	25
2	红车轴草	0.4	0.1	0.3	78	20
3	豚草	0.1	0.02	0.05	180	8
4	大狼杷草	0.1	0.03	0.05	50	0.5
5	一年蓬			0.3	1	0.2

❖ 监测样地 SNJ24

样地特征 样方大小：2m×2m。位置：神农架林区九湖镇九湖村小九湖。经纬度：E110.025°，N31.504°。海拔：1856m。坡向：NW27°。坡度：2°。地貌：山地。坡位：谷底。干扰类型：放牧、农耕、旅游。干扰程度：强度。基岩：石灰岩。土壤类型：黄棕壤。周围情况：弃耕地恢复湿地，农舍旁草丛。土地利用类型：湿地。

群落特征 群落类型：红车轴草草丛（图3-3-23）。群落高度：0.4m。群落总盖度：99%。优势种组成：红车轴草、艾和白车轴草，分别有88株、90株和75株，盖度分别为45%、27%和25%。群落面积：约800m²。

入侵特征 样方中有外来入侵植物3种：红车轴草、白车轴草和一年蓬，总株数221株，均高0.4m，总盖度80%（表3-3-21）。另外，样方外还有外来入侵植物2种，包括大狼杷草和阿拉伯婆婆纳，以及外来植物1种，聚合草。

危害状况 监测样方内有外来入侵植物入侵，占据群落的优势地位，红车轴草和一年蓬处于群落的中上层，白车轴草位于群落的中下层，改变了本地植物群落的类型、物种组成和结构。

图3-3-23　监测样地SNJ24群落外貌

表3-3-21　监测样地SNJ24外来入侵植物组成

序号	物种名	最高（m）	最低（m）	均高（m）	株（丛）数	盖度（%）
1	一年蓬	0.6	0.1	0.5	58	15
2	红车轴草	0.5	0.2	0.4	88	45
3	白车轴草	0.4	0.1	0.3	75	25

❖ 监测样地 SNJ25

样地特征　样方大小：2m×2m。位置：神农架林区木鱼镇木鱼村关门山马家屋场。经纬度：E110.356°，N31.425°。海拔：1607m。坡向：NE60°。坡度：5°。地貌：山地。坡位：谷底。干扰类型：旅游、交通。干扰程度：中度。基岩：石灰岩。土壤类型：黄棕壤。周围情况：废弃采伐道路旁，林缘草丛。土地利用类型：森林。

群落特征　群落类型：一年蓬草丛（图3-3-24）。群落高度：0.8m。群落总盖度：95%。优势种组成：一年蓬、艾和黄毛草莓，分别有75株、65株和85株，盖度分别为30%、25%和25%。群落面积：约30m²。

入侵特征　样方中有外来入侵植物1种：一年蓬，总株数75株，均高1m，总盖度30%。样方内还有外来植物1种：印度草木樨［*Melilotus indicus*（Linnaeus）Allioni］，有5株，均高0.9m，盖度2.5%

图3-3-24 监测样地SNJ25群落外貌

（表3-3-22）。另外，样方外还有外来入侵植物2种：白车轴草和阿拉伯婆婆纳。

危害状况 监测样方内有外来入侵植物入侵，占据群落的优势地位，一年蓬处于群落的中上层，改变了本地植物群落的类型、物种组成和结构。

表3-3-22 监测样地SNJ25外来植物组成

序号	物种名	最高（m）	最低（m）	均高（m）	株（丛）数	盖度（%）
1	一年蓬	1.4	0.1	1	75	30
2	印度草木樨	1	0.8	0.9	5	2.5

❖ **监测样地 SNJ26**

样地特征 样方大小：2m×2m。位置：神农架林区木鱼镇木鱼村关门山入口。经纬度：E110.399°，N31.454°。海拔：1196m。坡向：NE66°。坡度：20°。地貌：山地。坡位：谷底。干扰类型：旅游、交通。干扰程度：强度。基岩：石灰岩。土壤类型：黄棕壤。周围情况：旅游景点入口停车场边，道路旁林缘草丛。土地利用类型：森林。

群落特征 群落类型：艾草丛。群落高度：0.9m。群落总盖度：

99%。优势种组成：艾和红车轴草，分别有80株和45株，盖度分别为40%和25%。群落面积：约50m²。

入侵特征　样方中有外来入侵植物4种：红车轴草、白车轴草、一年蓬和牛膝菊，总株数65株，均高0.7m，总盖度27%。样方内还有外来植物1种：加拿大早熟禾，有3株，均高0.8m，盖度0.5%（表3-3-23）。

危害状况　监测样方内有外来入侵植物入侵，占据群落的次优势地位，红车轴草处于群落的中上层，改变了本地植物群落的类型、物种组成和结构。

表3-3-23　监测样地SNJ26外来植物组成

序号	物种名	最高（m）	最低（m）	均高（m）	株（丛）数	盖度（%）
1	红车轴草	0.9	0.6	0.8	45	25
2	一年蓬	1.3	0.4	0.9	5	0.5
3	白车轴草	0.4	0.2	0.3	10	1.5
4	牛膝菊			0.2	5	0.3
5	加拿大早熟禾	0.9	0.6	0.8	3	0.5

◎ 湖北巴东金丝猴国家级自然保护区

❖ 监测样地 BD01

样地特征　样方大小：2m×2m。位置：巴东县溪丘湾乡小龙村何家湾。经纬度：E110.448°，N31.256°。海拔：1323m。坡向：SW20°。坡度：40°。地貌：山地。坡位：中部。干扰类型：农耕。干扰程度：强度。基岩：石灰岩。土壤类型：黄棕壤。周围情况：村落，农户旁荒坡草地。土地利用类型：村落。

群落特征　群落类型：雀麦草丛（图3-3-25）。群落高度：1.2m。群落总盖度：99%。优势种组成：雀麦、窃衣，分别有380株和45株，盖度分别为35%和30%。群落面积：约20m²。

图3-3-25　监测样地BD01群落外貌

入侵特征 样方中有外来入侵植物4种：红车轴草、一年蓬、阿拉伯婆婆纳和白车轴草，总株数70株，均高0.5m，总盖度15%。样方内还有外来植物1种：聚合草，共18株，高0.7m，盖度15%（表3-3-24）。样方外还有外来入侵植物4种：牛膝菊、香丝草、小蓬草和苦苣菜。

危害状况 外来入侵植物入侵本地植物群落，占据群落次优势地位，改变了本地植物群落的组成和结构。

表3-3-24 监测样地BD01外来植物组成

序号	物种名	最高（m）	最低（m）	均高（m）	株（丛）数	盖度（%）
1	红车轴草	0.6	0.3	0.5	28	12
2	聚合草	0.9	0.2	0.7	18	15
3	一年蓬	0.8	0.1	0.5	12	3
4	阿拉伯婆婆纳			0.1	15	0.4
5	白车轴草			0.2	15	0.5

❖ **监测样地 BD02**

样地特征 样方大小：2m×2m。位置：巴东县溪丘湾乡小龙村沿渡溪。经纬度：E110.389°，N31.237°。海拔：739m。坡向：SW31°。坡度：3°。地貌：山地。坡位：中部。干扰类型：农耕。干扰程度：中度。基岩：石灰岩。土壤类型：黄棕壤。周围情况：退耕还林，撂荒地。土地利用类型：林地。

群落特征 群落类型：老鹳草（*Geranium wilfordii* Maximowicz）草丛（图3-3-26）。群落高度：0.5m。群落总盖度：75%。优势种组成：老鹳草、艾（*Artemisia argyi* H. Leveille & Vaniot），分别有120株和35株，盖度分别为45%和16%。群落面积：约2000m²。

入侵特征 样方中有外来入侵植物5种：垂序商陆、一年蓬、香丝草、小蓬草和鬼针草，总株数88株，均高0.8m，总盖度35%（表3-3-25）。

危害状况 外来入侵植物入侵本地植物群落，处于次优势地位，垂序商陆占据群落上层，最高达1.4m，影响下层植物的生长，改变了本地植物群落的组成和结构。

图3-3-26　监测样地BD02群落外貌

表3-3-25　监测样地BD02外来入侵植物组成

序号	物种名	最高（m）	最低（m）	均高（m）	株（丛）数	盖度（%）
1	垂序商陆	1.4	0.2	1.2	5	15
2	一年蓬	0.9	0.1	0.8	28	15
3	香丝草	0.6	0.1	0.4	25	6
4	小蓬草	0.5	0.1	0.4	5	0.5
5	鬼针草	0.15	0.05	0.1	25	1

❖ 监测样地 BD03

样地特征　样方大小：4m×1m。位置：巴东县溪丘湾乡小龙村西沟沟口（白小线16号公路牌旁）。经纬度：E110.464°，N31.211°。海拔：667m。坡向：NW85°。坡度：2°。地貌：山地。坡位：中上部。干扰类型：交通。干扰程度：强度。基岩：石灰岩。土壤类型：黄棕壤。周围情况：道路旁林缘荒草地。土地利用类型：林地。

群落特征　群落类型：香丝草草丛（图3-3-27）。群落高度：

图3-3-27　监测样地BD03群落外貌

0.9m。群落总盖度：65%。优势种组成：香丝草、天蓝苜蓿，分别有110株和160株，盖度分别为35%和30%。群落面积：约25m²。

入侵特征　样方中有外来入侵植物4种：香丝草、一年蓬、苦苣菜和小蓬草，总株数126株，均高0.3m，总盖度35%（表3-3-26）。

危害状况　外来入侵植物入侵本地植物群落，处于优势地位，香丝草占据群落上层，成为植物群落优势种，改变了本地植物群落的类型、组成和结构。

表3-3-26　监测样地BD03外来入侵植物组成

序号	物种名	最高（m）	最低（m）	均高（m）	株（丛）数	盖度（%）
1	香丝草	0.5	0.1	0.25	110	35
2	一年蓬			0.1	3	0.2
3	苦苣菜	0.5	0.2	0.4	8	0.5
4	小蓬草	0.4	0.1	0.2	5	0.5

❖ **监测样地 BD04**

样地特征　样方大小：2m×2m。位置：巴东县沿渡河镇龙池村桐木园。经纬度：E110.406°，N31.272°。海拔：1187m。坡向：SE20°。坡度：5°。地貌：山地。坡位：谷底。干扰类型：交通、农耕。干扰程度：中度。基岩：石灰岩。土壤类型：黄棕壤。周围情况：道路旁林缘撂荒地。土地利用类型：林地。

群落特征　群落类型：一年蓬草丛（图3-3-28）。群落高度：0.8m。群落总盖度：99%。优势种组成：一年蓬、艾和风轮菜［*Clinopodium chinense*（Bentham）Kuntze］，密度分别为75株、45株和90株，盖度分别为30%、20%和25%。群落面积：约200m²。

入侵特征　样方中有外来入侵植物5种：一年蓬、红车轴草、苦苣菜、香丝草和直立婆婆纳，总株数135株，均高0.8m，总盖度40%。样方内还有外来植物1种：芫荽，共3株，均高0.8m，盖度0.5%（表3-3-27）。样方外还有外来入侵植物1种，即垂序商陆，以及外来植物1种，即菊芋。

危害状况　外来入侵植物入侵本地植物群落，处于优势地位，一年蓬占据群落上层，成为植物群落优势种，改变了本地植物群落的类型、组成和结构。

图3-3-28　监测样地BD04群落外貌

表3-3-27　监测样地BD04外来植物组成

序号	物种名	最高（m）	最低（m）	均高（m）	株（丛）数	盖度（%）
1	一年蓬	1.1	0.1	0.9	75	30
2	红车轴草	0.7	0.3	0.6	26	10
3	苦苣菜			0.8	1	0.3
4	香丝草	0.4	0.1	0.2	8	0.4
5	芫荽	1.2	0.4	0.8	3	0.5
6	直立婆婆纳			0.1	25	0.3

❖ **监测样地 BD05**

　　样地特征　样方大小：2m×2m。位置：巴东县沿渡河镇龙池村李家垭。经纬度：E110.381°，N31.307°。海拔：1011m。坡向：NW85°。坡度：40°。地貌：山地。坡位：上部。干扰类型：农耕。干扰程度：强度。基岩：石灰岩。土壤类型：黄棕壤。周围情况：村落农舍、农地旁，林缘荒草地。土地利用类型：林地。

　　群落特征　群落类型：串叶松香草草丛（图3-3-29）。群落高

图3-3-29 监测样地BD05群落外貌

度：1m。群落总盖度：99%，优势种组成：串叶松香草，有55株，盖度为75%。群落面积：约20m²。

入侵特征 样方中有外来入侵植物2种：一年蓬和香丝草，总株数30株，均高0.8m，总盖度30%。样方中还有外来植物1种：串叶松香草，为群落优势种（表3-3-28）。样方外还有外来入侵植物4种：牛膝菊、小蓬草、直立婆婆纳和刺槐。

危害状况 外来入侵植物入侵本地植物群落，处于次优势地位，一年蓬处于群落中上层，外来植物串叶松香草处于群落的优势地位，改变了本地植物群落的类型、组成和结构。

表3-3-28 监测样地BD05外来植物组成

序号	物种名	最高（m）	最低（m）	均高（m）	株（丛）数	盖度（%）
1	串叶松香草	1.5	0.6	1.2	55	75
2	一年蓬	1	0.2	0.8	25	5
3	香丝草	0.9	0.4	0.6	5	0.6

◎ 湖北十八里长峡国家级自然保护区

❖ 监测样地 SBL01

样地特征 样方大小：2m×2m。位置：竹溪县向坝乡双桥村，仙池景区道路旁。经纬度：E109.748°，N31.598°。海拔：1509m。坡向：SW12°。坡度：35°。地貌：山地。坡位：中下。干扰类型：城建、交通、旅游。干扰程度：强度。基岩：石灰岩。土壤类型：黄棕壤。周围情况：路旁林缘荒草地。土地利用类型：林地。

群落特征 群落类型：柯孟披碱草［*Elymus kamoji*（Ohwi）S. L. Chen］草丛。群落高度：1m。群落总盖度：90%。优势种组成：柯孟披碱草、野菊（*Chrysanthemum indicum* Linnaeus），分别有78株和25株，盖度分别为25%和20%。群落面积：约20m²。

入侵特征 样方中有外来入侵植物3种：野燕麦、一年蓬和红车轴草，总株数83株，均高0.8m，总盖度16%（表3-3-29）。样方外还有外来入侵植物4种：白车轴草、花叶滇苦菜、刺槐和野胡萝卜。

危害状况 外来入侵植物入侵本地植物群落，但还未占据优势地位，野燕麦处于群落中上层，改变了本地植物群落的组成和结构。

表3-3-29 监测样地SBL01外来入侵植物组成

序号	物种名	最高（m）	最低（m）	均高（m）	株（丛）数	盖度（%）
1	野燕麦	1.1	0.2	0.8	55	12
2	一年蓬	1.2	0.1	0.9	20	4
3	红车轴草	0.5	0.2	0.4	8	0.5

❖ 监测样地 SBL02

样地特征 样方大小：2m×2m。位置：竹溪县向坝乡大禾田村大禾田农地蓄水池旁。经纬度：E109.760°，N31.635°。海拔：1535m。坡向：SW26°。坡度：30°。地貌：山地。坡位：谷底。干扰类型：农耕。干扰程度：强度。基岩：石灰岩。土壤类型：黄棕壤。周围情况：农地边蓄水池旁荒草地。土地利用类型：农田。

群落特征 群落类型：节节草（*Commelina diffusa* N. L. Burman）草丛（图3-3-30）。群落高度：0.5m。群落总盖度：99%。优势种组成：节节草、艾，分别有480株和360株，盖度分别为45%和40%。群落面积：约30m²。

图3-3-30　监测样地SBL02群落外貌

入侵特征　样方中有外来入侵植物种3种：一年蓬、红车轴草和白车轴草，总株数33株，均高0.7m，总盖度7%（表3-3-30）。样方外还有外来入侵植物6种，包括牛膝菊、野胡萝卜、野燕麦、阿拉伯婆婆纳、欧洲千里光和刺槐，以及外来植物种：印度草木樨。

危害状况　外来入侵植物入侵本地植物群落，但还未占据优势地位，一年蓬处于群落中上层，改变了本地植物群落的组成和结构。

表3-3-30　监测样地SBL02外来入侵植物组成

序号	物种名	最高（m）	最低（m）	均高（m）	株（丛）数	盖度（%）
1	一年蓬	1	0.2	0.8	16	3
2	红车轴草	0.7	0.2	0.6	12	4
3	白车轴草			0.2	5	0.5

❖　**监测样地 SBL03**

样地特征　样方大小：2m×2m。位置：竹溪县向坝乡大禾田村天池坝路旁刺槐人工林林缘。经纬度：E109.790°，N31.611°。海拔：

1809m。坡向：正W。坡度：5°。地貌：山地。坡位：上部。干扰类型：交通、砍伐。干扰程度：中度。基岩：石灰岩。土壤类型：黄棕壤。周围情况：道路边刺槐林缘草地。土地利用类型：林地。

群落特征 群落类型：一年蓬草丛（图3-3-31）。群落高度：0.6m。群落总盖度：99%。优势种组成：一年蓬、过路黄（*Lysimachia christiniae* Hance），分别有78株和120株，盖度都为25%。群落面积：约500m²。

入侵特征 样方中有外来入侵植物1种：一年蓬，总株数78株，均高0.8m，总盖度25%（表3-3-31）。样方外还有外来入侵植物3种：刺槐、红车轴草和阿拉伯婆婆纳。

危害状况 外来入侵植物入侵本地植物群落，占据优势地位，一年蓬处于群落上层，改变了本地植物群落的类型、组成和结构。

图3-3-31 监测样地SBL03群落外貌

表3-3-31 监测样地SBL03外来入侵植物组成

序号	物种名	最高（m）	最低（m）	均高（m）	株（丛）数	盖度（%）
1	一年蓬	1	0.1	0.8	78	25

❖ 监测样地 SBL04

样地特征　样方大小：2m×2m。位置：竹溪县向坝乡双桥村骠马店与重庆市巫溪县阴条岭国家自然保护区交界处路旁林缘。经纬度：E109.852°，N31.546°。海拔：1595m。坡向：SE40°。坡度：10°。地貌：山地。坡位：上部。干扰类型：交通。干扰程度：轻微。基岩：石灰岩。土壤类型：黄棕壤。周围情况：林缘草丛。土地利用类型：林地。

群落特征　群落类型：三脉紫菀草丛（图3-3-32）。群落高度：0.8m。群落总盖度：99%。优势种组成：三脉紫菀，有120株，盖度为45%。群落面积：约100m²。

入侵特征　样方中有外来入侵植物2种：一年蓬和苦苣菜，总株数11株，均高0.8m，总盖度2%（表3-3-22）。样方外还有外来入侵植物1种：红车轴草。

危害状况　外来入侵植物入侵本地植物群落，但未占据优势地位，一年蓬处于群落上层，改变了本地植物群落的组成和结构。

表3-3-32　监测样地SBL04外来入侵植物组成

序号	物种名	最高（m）	最低（m）	均高（m）	株（丛）数	盖度（%）
1	一年蓬	1	0.6	0.8	10	2
2	苦苣菜			0.8	1	0.2

图3-3-32　监测样地SBL04群落外貌

❖ **监测样地 SBL05**

样地特征 样方大小：2m×2m。位置：竹溪县向坝乡双桥村野麦岩农地旁草丛。经纬度：E109.926°，N31.564°。海拔：1709m。坡向：SW3°。坡度：8°。地貌：山地。坡位：中上部。干扰类型：农耕。干扰程度：强度。基岩：石灰岩。土壤类型：黄棕壤。周围情况：废弃村庄农舍边，农地旁草丛。土地利用类型：农田。

群落特征 群落类型：救荒野豌豆（*Vicia sativa* Linnaeus）草丛（图3-3-33）。群落高度：1.2m。群落总盖度：55%。优势种组成：救荒野豌豆、一年蓬，分别有120株和55株，盖度分别为25%和18%。群落面积：约30m²。

入侵特征 样方中有外来入侵植物3种：一年蓬、牛膝菊和小蓬草，总株数75株，均高0.7m，总盖度19%（表3-3-33）。样方外还有外来入侵植物3种：白车轴草、花叶滇苦菜和野燕麦。

危害状况 外来入侵植物入侵本地植物群落，占据群落次优势地位，一年蓬处于群落中上层，改变了本地植物群落的类型、组成和结构。

图3-3-33 监测样地SBL05群落外貌

表3-3-33　监测样地SBL05外来入侵植物组成

序号	物种名	最高（m）	最低（m）	均高（m）	株（丛）数	盖度（%）
1	一年蓬	1.1	0.1	0.8	55	18
2	牛膝菊			0.1	10	0.3
3	小蓬草	0.6	0.2	0.5	10	1

❖ 监测样地 SBL06

样地特征　样方大小：2m×2m。位置：竹溪县向坝乡双桥村栗子坪农地旁草丛。经纬度：E109.874°，N31.566°。海拔：1156m。坡向：SW21°。坡度：30°。地貌：山地。坡位：谷底。干扰类型：农耕。干扰程度：强度。基岩：石灰岩。土壤类型：黄棕壤。周围情况：农地旁林缘草丛。土地利用类型：农田。

群落特征　群落类型：一年蓬草丛。群落高度：0.6m。群落总盖度：99%。优势种组成：一年蓬、葎草〔*Humulus scandens*（Loureiro）Merrill〕，分别有65株和55株，盖度分别为38%和25%。群落面积：约50m²。

入侵特征　样方中有外来入侵植物3种：一年蓬、小蓬草和红车轴草，总株数103株，均高0.5m，总盖度48%。样方内还有外来植物1种：聚合草，共有7株，均高0.6m，盖度8%（表3-3-34）。样方外还有外来入侵植物4种，即牛膝菊、鬼针草、阿拉伯婆婆纳和白车轴草，以及外来植物1种，即串叶松香草。

危害状况　外来入侵植物入侵本地植物群落，占据群落优势地位，一年蓬处于群落中上层，改变了本地植物群落的类型、组成和结构。

表3-3-34　监测样地SBL06外来植物组成

序号	物种名	最高（m）	最低（m）	均高（m）	株（丛）数	盖度（%）
1	一年蓬	0.5	0.2	0.4	65	38
2	小蓬草	0.8	0.1	0.6	18	5
3	聚合草	0.9	0.4	0.6	7	8
4	红车轴草	0.6	0.2	0.5	20	6

❖ 监测样地 SBL07

样地特征　样方大小：2m×2m。位置：竹溪县向坝乡双桥村两

定点监测

河口桥。经纬度：E109.840°，N31.598°。海拔：1050m。坡向：正W。坡度：5°。地貌：山地。坡位：谷底。干扰类型：交通。干扰程度：中度。基岩：石灰岩。土壤类型：黄棕壤，周围情况：河岸边道路旁林缘草丛。土地利用类型：林地。

群落特征 群落类型：荩草［*Arthraxon hispidus*（Thunberg）Makino］草丛。群落高度：0.1m。群落总盖度：95%。优势种组成：荩草、过路黄，分别有180株和160株，盖度分别为28%和25%。群落面积：约30m²。

入侵特征 样方中有外来入侵植物3种：一年蓬、阿拉伯婆婆纳和白车轴草，总株数13株，均高0.3m，总盖度1%（表3-3-35）。样方外还有外来入侵植物3种：牛膝菊、小蓬草和红车轴草。

危害状况 外来入侵植物入侵本地植物群落，未占据群落优势地位，一年蓬处于群落中上层，改变了本地植物群落的组成和结构。

表3-3-35 监测样地SBL07外来入侵植物组成

序号	物种名	最高（m）	最低（m）	均高（m）	株（丛）数	盖度（%）
1	一年蓬	0.9	0.1	0.6	5	0.5
2	阿拉伯婆婆纳			0.2	5	0.3
3	白车轴草			0.1	3	0.3

❖ 监测样地 SBL08

样地特征 样方大小：2m×2m。位置：竹溪县向坝乡二坪村窑场坪。经纬度：E109.914°，N31.686°。海拔：666m。坡向：SW42°。坡度：40°。地貌：山地。坡位：下部。干扰类型：交通。干扰程度：中度。基岩：石灰岩。土壤类型：黄棕壤。周围情况：河岸边道路旁林缘草丛。土地利用类型：林地。

群落特征 群落类型：荩草草丛（图3-3-34）。群落高度：0.4m。群落总盖度：95%。优势种组成：荩草、红车轴草、香丝草，分别有140株、25株和22株，盖度分别为40%、16%和15%。群落面积：100m²。

入侵特征 样方中有外来入侵植物4种：红车轴草、香丝草、苦苣菜和鬼针草，总株数228株，均高0.2m，总盖度39%（表3-3-36）。样方外还有外来入侵植物4种：白车轴草、刺槐、阿拉伯婆婆纳和小蓬草。

危害状况 外来入侵植物入侵本地植物群落，占据群落次优势地

图3-3-34 监测样地SBL08群落外貌

位,红车轴草和香丝草处于群落中上层,鬼针草有180株幼苗,改变了本地植物群落的类型、组成和结构。

表3-3-36 监测样地SBL08外来入侵植物组成

序号	物种名	最高（m）	最低（m）	均高（m）	株（丛）数	盖度（%）
1	红车轴草	0.8	0.4	0.5	25	16
2	香丝草	0.9	0.2	0.6	22	15
3	苦苣菜			0.3	1	0.3
4	鬼针草	0.1	0.02	0.05	180	8

◎ 湖北堵河源国家级自然保护区

❖ 监测样地DHY01

样地特征 样方大小：2m×2m。位置：竹山县柳林乡墨池村上河。经纬度：E110.021°，N31.556°。海拔：1267m。坡向：NW44°。坡度：10°。地貌：山地。坡位：下部。干扰类型：农耕、交通。干扰程度：强度。基岩：石灰岩。土壤类型：黄棕壤，周围情况：道路边农地旁荒草地。土地利用类型：农田。

群落特征 群落类型：菊芋草丛（图3-3-35）。群落高度：1m。

图3-3-35 监测样地DHY01群落外貌

群落总盖度：99%。优势种组成：菊芋，有280株，盖度为90%。群落面积：约100m²。

入侵特征　样方中还有外来入侵植物3种：一年蓬、红车轴草和白车轴草，总株数150株，均高0.8m，总盖度45%（表3-3-37）。样方外还有外来入侵植物3种：牛膝菊、小蓬草和阿拉伯婆婆纳。

危害状况　外来植物入侵本地植物群落，改变了本地植物群落的类型、组成和结构。外来植物菊芋位于群落上层，处于群落的优势地位；其他外来入侵植物处于次优势地位，而且一年蓬也处于群落中上层。

表3-3-37　监测样地DHY01外来植物组成

序号	物种名	最高（m）	最低（m）	均高（m）	株（丛）数	盖度（%）
1	菊芋	1.1	0.1	1	280	90
2	一年蓬	1.3	0.2	1	75	22
3	红车轴草	0.7	0.3	0.6	40	18
4	白车轴草			0.4	35	5

❖ **监测样地 DHY02**

样地特征　样方大小：2m×2m。位置：竹山县柳林乡墨池村高峰沟元子。经纬度：E109.952°，N31.541°。海拔：1311m。坡向：SE29°。坡度：20°。地貌：山地。坡位：中上部。干扰类型：农耕。干扰程度：强度。基岩：石灰岩。土壤类型：黄棕壤。周围情况：农地旁荒草地。土地利用类型：农田。

群落特征　群落类型：蕺菜（*Houttuynia cordata* Thunberg）草丛（图3-3-36）。群落高度：0.5m。群落总盖度：99%。优势种组成：蕺菜，有160株，盖度为55%。群落面积：约50m²。

入侵特征　样方中有外来入侵植物3种：红车轴草、白车轴草和一年蓬，总株数140株，均高0.8m，总盖度40%（表3-3-38）。样方外还有外来入侵植物2种：小蓬草和阿拉伯婆婆纳。

危害状况　外来入侵植物入侵本地植物群落，处于次优势地位，红车轴草处于群落上层，改变了本地植物群落的组成和结构。

图3-3-36 监测样地DHY02群落外貌

表3-3-38 监测样地DHY02外来入侵植物组成

序号	物种名	最高（m）	最低（m）	均高（m）	株（丛）数	盖度（%）
1	一年蓬	1.2	0.1	0.9	25	2
2	红车轴草	0.9	0.4	0.8	65	26
3	白车轴草	0.5	0.2	0.4	50	15

❖ 监测样地 DHY03

　　样地特征　样方大小：2m×2m。位置：竹山县柳林乡墨池村元子河桥头溪。经纬度：E109.989°，N31.581°。海拔：1084m。坡向：SE20°。坡度：2°。地貌：山地。坡位：谷底。干扰类型：农耕。干扰程度：强度。基岩：石灰岩。土壤类型：黄棕壤。周围情况：农地旁林缘荒草地。土地利用类型：林地。

　　群落特征　群落类型：红车轴草草丛（图3-3-37）。群落高度：

图3-3-37 监测样地DHY03群落外貌

0.8m。群落总盖度：99%。优势种组成：红车轴草、艾，分别有160株和120株，盖度分别为60%和40%。群落面积：约30m²。

入侵特征 样方中有外来入侵植物3种：红车轴草、白车轴草和一年蓬，总株数272株，均高0.8m，总盖度85%。样方内还有外来植物1种：菊芋，高0.5m，盖度0.2%（表3-3-39）。

危害状况 外来入侵植物入侵本地植物群落，处于优势地位，红车轴草处于群落中上层，改变了本地植物群落的类型、组成和结构。

表3-3-39 监测样地DHY03外来植物组成

序号	物种名	最高（m）	最低（m）	均高（m）	株（丛）数	盖度（%）
1	一年蓬	1.2	0.1	0.9	22	2
2	红车轴草	0.9	0.4	0.8	160	60
3	白车轴草	0.5	0.2	0.4	90	25
4	菊芋			0.5	1	0.2

❖ **监测样地 DHY04**

样地特征 样方大小：2m×2m。位置：竹山县柳林乡墨池村干溪坪。经纬度：E109.942°，N31.579°。海拔：1559m。坡向：NE33°。坡度：10°。地貌：山地。坡位：谷底。干扰类型：农耕。干扰程度：强度。基岩：石灰岩。土壤类型：黄棕壤。周围情况：农地旁荒草地。土地利用类型：农田。

群落特征 群落类型：簇生泉卷耳草丛（图3-3-38）。群落高度：0.2m。群落总盖度：96%。优势种组成：簇生泉卷耳，有600株，盖度为85%。群落面积：约60m²。

入侵特征 样方中有外来入侵植物1种：白车轴草，总株数55株，均高0.2m，总盖度6%（表3-3-40）。样方外还有外来入侵植物3种：一年蓬、红车轴草和阿拉伯婆婆纳。

危害状况 外来入侵植物入侵本地植物群落，处于次优势地

图3-3-38 监测样地DHY04群落外貌

位，白车轴草处于群落中下层，改变了本地植物群落的组成和结构。

表3-3-40 监测样地DHY04外来入侵植物组成

序号	物种名	最高（m）	最低（m）	均高（m）	株（丛）数	盖度（%）
1	白车轴草	0.3	0.1	0.2	55	6

❖ **监测样地 DHY05**

样地特征 样方大小：2m×2m。位置：竹山县柳林乡民主村秦家沟。经纬度：E110.019°，N31.637°。海拔：741m。坡向：SE49°。坡度：30°。地貌：山地。坡位：下部。干扰类型：农耕、交通、城建。干扰程度：强度。基岩：石灰岩。土壤类型：黄棕壤。周围情况：村落路旁桃树林缘草丛。土地利用类型：村落。

群落特征 群落类型：荩草草丛（图3-3-39）。群落高度：0.6m。

图3-3-39 监测样地DHY05群落外貌

群落总盖度：85%。优势种组成：荩草，有70株，盖度为30%。群落面积：约20m²。

入侵特征 样方中有外来入侵植物3种：牛膝菊、香丝草和一年蓬，总株数34株，均高0.5m，总盖度5%（表3-3-41）。样方外还有外来入侵植物4种，即小蓬草、鬼针草、阿拉伯婆婆纳和垂序商陆，以及外来植物2种，即菊芋和雪莲果。

危害状况 外来入侵植物入侵本地植物群落，但还未占据优势地位，牛膝菊处于群落下层，改变了本地植物群落的组成和结构。

表3-3-41 监测样地DHY05外来入侵植物组成

序号	物种名	最高（m）	最低（m）	均高（m）	株（丛）数	盖度（%）
1	牛膝菊	0.3	0.05	0.2	28	5
2	香丝草	0.5	0.3	0.4	3	0.3
3	一年蓬	1.1	0.1	0.6	3	0.3

❖ 监测样地 DHY06

样地特征 样方大小：2m×2m。位置：竹山县官渡镇桃源村大水沟上部。经纬度：E110.074°，N31.917°。海拔：1082m。坡向：SW46°。坡度：32°。地貌：山地。坡位：上部。干扰类型：交通、砍伐、滑坡。干扰程度：强度。基岩：石灰岩。土壤类型：黄棕壤。周围情况：路旁林缘荒草坡。土地利用类型：林地。

群落特征 群落类型：蕺菜草丛（图3-3-40）。群落高度：0.4m。群落总盖度：99%。优势种组成：蕺菜，有850株，盖度为75%。群落面积：约30m²。

入侵特征 样方中有外来入侵植物3种：一年蓬、香丝草和苦苣菜，总株数26株，均高0.7m，总盖度4.5%（表3-3-42）。样方外还有外来入侵植物4种，即花叶滇苦菜、牛膝菊、野燕麦和小蓬草，以及外来植物1种，即菊芋。

危害状况 外来入侵植物入侵本地植物群落，但还未占据优势地位，一年蓬处于群落上层，改变了本地植物群落的组成和结构。

图3-3-40　监测样地DHY06群落外貌

表3-3-42　监测样地DHY06外来入侵植物组成

序号	物种名	最高（m）	最低（m）	均高（m）	株（丛）数	盖度（%）
1	一年蓬	1.2	0.2	0.8	20	4
2	香丝草	0.4	0.1	0.3	5	0.3
3	苦苣菜			0.3	1	0.2

❖ 监测样地 DHY07

样地特征　样方大小：2m×2m。位置：竹山县官渡镇百里村高草坪刘家院子南。经纬度：E110.148°，N31.882°。海拔：833m。坡向：NW61°。坡度：28°。地貌：山地。坡位：谷底。干扰类型：农耕。干扰程度：强度。基岩：石灰岩。土壤类型：黄棕壤。周围情况：药材农地。土地利用类型：农地。

群落特征　群落类型：芍药草丛（图3-3-41）。群落高度：0.4m。群落总盖度：99%。优势种组成：芍药、蕺菜，分别有20株和350株，盖度都为35%。群落面积：约500m²。

入侵特征　样方中有外来入侵植物1种：一年蓬，总株数16株，均高1m，总盖度3%（表3-3-43）。样方外还有外来入侵植物4种：小

图3-3-41　监测样地DHY07群落外貌

蓬草、阿拉伯婆婆纳、牛膝菊和香丝草。

危害状况　外来入侵植物入侵本地植物群落，但还未占据优势地位，一年蓬处于群落上层，改变了本地植物群落的组成和结构。

表3-3-43　监测样地DHY07外来入侵植物组成

序号	物种名	最高（m）	最低（m）	均高（m）	株（丛）数	盖度（%）
1	一年蓬	1.3	0.4	1	16	3

❖　**监测样地 DHY08**

样地特征　样方大小：4m×1m。位置：竹山县官渡镇百里村（原船仓村）王家厂西南道路旁。经纬度：E110.131°，N31.939°。海拔：657m。坡向：NE66°。坡度：10°。地貌：山地。坡位：谷底。干扰类型：交通。干扰程度：中度。基岩：石灰岩。土壤类型：黄棕壤。周围情况：路旁林缘荒草地。土地利用类型：林地。

群落特征　群落类型：红雾水葛［*Pouzolzia sanguinea*（Blume）Merrill］灌草丛（图3-3-42）。群落高度：0.5m。群落总盖度：85%。

图3-3-42 监测样地DHY08群落外貌

优势种组成：红雾水葛、大花还亮草，分别有120株和50株，盖度分别为35%和28%。群落面积：约50m²。

入侵特征 样方中有外来入侵植物3种：香丝草、大狼杷草和小蓬草，总株数15株，均高0.7m，总盖度1.2%（表3-3-44）。样方外还有外来入侵植物1种：垂序商陆。

危害状况 外来入侵植物入侵本地植物群落，但还未占据优势地位，香丝草和小蓬草处于群落中上层，改变了本地植物群落的组成和结构。

表3-3-44 监测样地DHY08外来入侵植物组成

序号	物种名	最高（m）	最低（m）	均高（m）	株（丛）数	盖度（%）
1	香丝草	1.1	0.2	0.8	6	0.5
2	大狼杷草			0.4	1	0.2
3	小蓬草	0.7	0.1	0.6	8	0.5

◎ 湖北五道峡国家级自然保护区

❖ 监测样地 WDX01

样地特征 样方大小：2m×2m。位置：保康县后坪镇九池村九池。经纬度：E111.151°，N31.731°。海拔：1065m。坡向：NE73°。坡度：40°。地貌：山地。坡位：上部。干扰类型：农耕。干扰程度：强度。基岩：石灰岩。土壤类型：黄棕壤。周围情况：林缘弃耕地草丛。土地利用类型：农田。

群落特征 群落类型：艾草丛（图3-3-43）。群落高度：0.9m。群落总盖度：70%。优势种组成：艾和一年蓬，分别有26株和28株，盖度分别为20%和10%。群落面积：约800m²。

入侵特征 样方中有外来入侵植物4种：一年蓬、小蓬草、牛膝菊和香丝草，总株数141株，均高0.3m，总盖度22%（表3-3-45）。另外，样方外还有外来入侵植物6种：鬼针草、阿拉伯婆婆纳、苦苣菜、野燕麦、婆婆针和大狼杷草。

危害状况 监测样方内有外来入侵植物入侵，占据群落的次优势

图3-3-43 监测样地WDX01群落外貌

地位，一年蓬处于群落的中上层，改变了本地植物群落的类型、物种组成和结构。

表3-3-45　监测样地WDX01外来入侵植物组成

序号	物种名	最高（m）	最低（m）	均高（m）	株（丛）数	盖度（%）
1	一年蓬	1.5	0.1	0.9	28	10
2	小蓬草	0.9	0.1	0.6	15	8
3	牛膝菊	0.1	0.02	0.05	90	4
4	香丝草	0.2	0.05	0.1	8	0.4

❖ **监测样地 WDX02**

样地特征　样方大小：2m×2m。位置：保康县后坪镇詹家坡村王家垭。经纬度：E111.309°，N31.709°。海拔：1606m。坡向：SE19°。坡度：28°。地貌：山地。坡位：上部。干扰类型：农耕、交通。干扰程度：强度。基岩：石灰岩。土壤类型：黄棕壤。周围情况：农户旁，路旁草丛。土地利用类型：村庄。

群落特征　群落类型：一年蓬草丛。群落高度：1m。群落总盖度：99%。优势种组成：一年蓬和艾，分别有95株和85株，盖度分别为45%和36%。群落面积：约60m²。

入侵特征　样方中有外来入侵植物5种：一年蓬、野燕麦、红车轴草、野胡萝卜和直立婆婆纳，总株数233株，均高0.8m，总盖度70%（表3-3-46）。另外，样方外还有外来入侵植物4种，包括白车轴草、阿拉伯婆婆纳、牛膝菊和万寿菊，以及外来植物1种，即大丽花。

危害状况　监测样方内有外来入侵植物入侵，占据群落的优势地位，一年蓬处于群落的中上层，改变了本地植物群落的类型、物种组成和结构。

表3-3-46　监测样地WDX02外来入侵植物组成

序号	物种名	最高（m）	最低（m）	均高（m）	株（丛）数	盖度（%）
1	一年蓬	1.3	0.1	1	95	45
2	红车轴草	0.8	0.4	0.7	25	8
3	野燕麦	1	0.4	0.8	90	18
4	直立婆婆纳	0.3	0.1	0.2	20	1.5
5	野胡萝卜	1.2	0.4	0.9	3	2

❖ **监测样地 WDX03**

样地特征 样方大小：2m × 2m。位置：保康县龙坪镇十字冲村聚龙山。经纬度：E111.342°，N31.692°。海拔：1850m。坡向：SW5°。坡度：25°。地貌：山地。坡位：山顶。干扰类型：农耕、交通。干扰程度：强度。基岩：石灰岩。土壤类型：黄棕壤。周围情况：弃耕地旁草丛。土地利用类型：森林。

群落特征 群落类型：雀麦草丛（图3-3-44）。群落高度：0.6m。群落总盖度：95%。优势种组成：雀麦、过路黄、费菜和艾，分别有160株、360株、240株和50株，盖度分别为38%、30%、34%和26%。群落面积：约50m²。

入侵特征 样方中有外来入侵植物4种：一年蓬、白车轴草、直立婆婆纳和阿拉伯婆婆纳，总株数71株，均高0.3m，总盖度2%（表3-3-47）。另外，样方外还有外来入侵植物2种：花叶滇苦菜和黑麦草。

危害状况 监测样方内有外来入侵植物入侵，还未占据群落的优势地位，一年蓬处于群落的中上层，改变了本地植物群落的物种组成和结构。

图3-3-44 监测样地WDX03群落外貌

表3-3-47 监测样地WDX03外来入侵植物组成

序号	物种名	最高（m）	最低（m）	均高（m）	株（丛）数	盖度（%）
1	一年蓬	0.9	0.1	0.4	12	0.5
2	白车轴草	0.3	0.1	0.2	9	0.6
3	直立婆婆纳			0.3	35	0.5
4	阿拉伯婆婆纳			0.1	15	0.3

❖ 监测样地 WDX04

样地特征 样方大小：2m×2m。位置：保康县龙坪镇川山村井垭。经纬度：E111.450°，N31.699°。海拔：1278m。坡向：NE75°。坡度：30°。地貌：山地。坡位：上部。干扰类型：农耕、交通。干扰程度：中度。基岩：石灰岩。土壤类型：黄棕壤。周围情况：农地边，路旁草丛。土地利用类型：农田。

群落特征 群落类型：一年蓬-艾草丛。群落高度：1.2m。群落总盖度：99%。优势种组成：一年蓬和艾，分别有280株和95株，盖度分别为50%和45%。群落面积：约30m²。

入侵特征 样方中有外来入侵植物1种：一年蓬，总株数280株，均高1.4m，总盖度50%（表3-3-48）。另外，样方外还有外来入侵植物4种，包括黑麦草、阿拉伯婆婆纳、牛膝菊和白车轴草，以及外来植物1种，即菊芋。

危害状况 监测样方内有外来入侵植物入侵，还未占据群落的优势地位，一年蓬处于群落的中上层，改变了本地植物群落的物种组成和结构。

表3-3-48 监测样地WDX04外来入侵植物组成

序号	物种名	最高（m）	最低（m）	均高（m）	株（丛）数	盖度（%）
1	一年蓬	1.6	0.1	1.4	280	50

❖ 监测样地 WDX05

样地特征 样方大小：2m×2m。位置：保康县龙坪镇大阳坡村窄屋包。经纬度：E111.363°，N31.657°。海拔：1510m。坡向：NE82°。坡度：5°。地貌：山地。坡位：上部。干扰类型：农耕、交通。干扰程度：中度。基岩：石灰岩。土壤类型：黄棕壤。周围情况：农地边林缘草丛。土地利用类型：林地。

群落特征　群落类型：毡毛马兰［*Aster shimadae*（Kitamura）Nemoto］、川续断（*Dipsacus asper* Wallich ex C. B. Clarke）草丛。群落高度：0.9m。群落总盖度：99%。优势种组成：毡毛马兰和川续断，分别有38株和15株，盖度分别为16%和12%。群落面积：约30m²。

入侵特征　样方中有外来入侵植物1种：一年蓬，总株数7株，均高0.9m，总盖度1%（表3-3-49）。另外，样方外还有外来入侵植物5种：白车轴草、香丝草、牛膝菊、阿拉伯婆婆纳和红车轴草。

危害状况　监测样方内有外来入侵植物入侵，还未占据群落的优势地位，一年蓬处于群落的中上层，改变了本地植物群落的物种组成和结构。

表3-3-49　监测样地WDX05外来入侵植物组成

序号	物种名	最高（m）	最低（m）	均高（m）	株（丛）数	盖度（%）
1	一年蓬	1.1	0.7	0.9	7	1

❖ 监测样地 WDX06

样地特征　样方大小：2m×2m。位置：保康县龙坪镇三岔村廖家湖。经纬度：E111.244°，N31.700°。海拔：1104m。坡向：NE82°。坡度：5°。地貌：山地。坡位：上部。干扰类型：农耕、交通。干扰程度：中度。基岩：石灰岩。土壤类型：黄棕壤。周围情况：农户旁农地边草丛。土地利用类型：村落。

群落特征　群落类型：窃衣［*Torilis scabra*（Thunberg）de Candolle］草丛（图3-3-45）。群落高度：0.7m。群落总盖度：99%。优势种组成：窃衣、蛇莓和苦蘵，分别有180株、180株和90株，盖度分别为45%、30%和28%。群落面积：约60m²。

入侵特征　样方中有外来入侵植物4种：苦蘵、一年蓬、红车轴草和白车轴草，总株数172株，均高0.6m，总盖度45%（表3-3-50）。另外，样方外还有外来入侵植物5种，包括小蓬草、鬼针草、牛膝菊和阿拉伯婆婆纳，以及外来植物1种，即串叶松香草。

危害状况　监测样方内有外来入侵植物入侵，占据群落的次优势地位，苦蘵处于群落的中上层，改变了本地植物群落的类型、物种组成和结构。

图3-3-45　监测样地WDX06群落外貌

表3-3-50　监测样地WDX06外来入侵植物组成

序号	物种名	最高（m）	最低（m）	均高（m）	株（丛）数	盖度（%）
1	一年蓬	1.4	0.4	1	22	8
2	红车轴草	0.8	0.2	0.6	35	8
3	白车轴草	0.4	0.2	0.3	25	6
4	苦蘵	0.8	0.2	0.6	90	28

◎ 湖北三峡万朝山省级自然保护区

❖ 监测样地 WCS01

样地特征 样方大小：2m×2m。位置：兴山县南阳镇白羊寨村锁子沟。经纬度：E110.655°，N31.314°。海拔：427m。坡向：SW20°。坡度：5°。地貌：山地。坡位：中下。干扰类型：交通、旅游。干扰程度：强度。基岩：石灰岩。土壤类型：黄棕壤。周围情况：弃耕地复绿还林，道路旁林缘草丛。土地利用类型：森林。

群落特征 群落类型：小蓬草草丛（图3-3-46）。群落高度：0.5m。群落总盖度：90%。优势种组成：小蓬草和鹅肠菜，分别有75株和220株，盖度分别为45%和35%。群落面积：约60m²。

入侵特征 样方中有外来入侵植物5种：小蓬草、白车轴草、红花酢浆草、阿拉伯婆婆纳和香丝草，总株数146株，均高0.4m，总盖度55%（表3-3-51）。另外，样方外还有外来入侵植物3种：梨果仙人掌、鬼针草和一年蓬。

危害状况 监测样方内有外来入侵植物入侵，占据群落的优势地位，小蓬草处于群落的中上层，改变了本地植物群落的类型、物种组成和结构。

图3-3-46 监测样地WCS01群落外貌

表3-3-51 监测样地WCS01外来入侵植物组成

序号	物种名	最高（m）	最低（m）	均高（m）	株（丛）数	盖度（%）
1	小蓬草	0.8	0.1	0.5	75	45
2	白车轴草			0.3	5	0.5
3	红花酢浆草	0.3	0.1	0.2	30	8
4	阿拉伯婆婆纳	0.2	0.1	0.15	20	0.5
5	香丝草	0.4	0.1	0.3	16	5

❖ 监测样地 WCS02

样地特征 样方大小：2m×2m。位置：兴山县南阳镇白羊寨村后沟。经纬度：E110.616°，N31.315°。海拔：909m。坡向：NW22°。坡度：2°。地貌：山地。坡位：中上。干扰类型：交通、旅游。干扰程度：中度。基岩：石灰岩。土壤类型：黄棕壤。周围情况：小溪边，道路旁，林缘灌草丛。土地利用类型：森林。

群落特征 群落类型：白车轴草草丛（图3-3-47）。群落高度：0.4m。群落总盖度：99%。优势种组成：白车轴草、艾、水芹 [*Oenanthe javanica*（Blume）de Candolle] 和高粱泡（*Rubus*

图3-3-47 监测样地WCS02群落外貌

lambertianus Seringe），分别有150株、70株、65株和38株，盖度分别为38%、25%、26%和18%。群落面积：约40m²。

入侵特征　样方中有外来入侵植物2种：白车轴草和阿拉伯婆婆纳，总株数156株，均高0.4m，总盖度38%（表3-3-52）。另外，样方外还有外来入侵植物6种，包括野燕麦、野胡萝卜、牛膝菊、垂序商陆、香丝草和一年蓬，以及外来植物1种，即聚合草。

危害状况　监测样方内有外来入侵植物入侵，占据群落的优势地位，白车轴草处于群落的中下层，改变了本地植物群落的类型、物种组成和结构。

表3-3-52　监测样地WCS02外来入侵植物组成

序号	物种名	最高（m）	最低（m）	均高（m）	株（丛）数	盖度（%）
1	白车轴草	0.5	0.3	0.4	150	38
2	阿拉伯婆婆纳			0.2	6	0.2

❖ 监测样地 WCS03

样地特征　样方大小：2m×2m。位置：兴山县南阳镇白羊寨村板壁屋场至长岭下方。经纬度：E110.580°，N31.292°。海拔：1095m。坡向：SE43°。坡度：5°。地貌：山地。坡位：中上。干扰类型：交通、农耕。干扰程度：中度。基岩：石灰岩。土壤类型：黄棕壤。周围情况：万朝山北坡，小溪边，道路旁，林缘灌草丛。土地利用类型：森林。

群落特征　群落类型：艾草丛（图3-3-48）。群落高度：0.6m。群落总盖度：85%。优势种组成：艾，有160株，盖度为65%。群落面积：约60m²。

入侵特征　样方中有外来入侵植物3种：红车轴草、一年蓬和阿拉伯婆婆纳，总株数71株，均高0.4m，总盖度22%（表3-3-53）。另外，样方外还有外来入侵植物3种，包括野燕麦、垂序商陆和白车轴草，以及外来植物2种，包括菊芋和聚合草。

危害状况　监测样方内有外来入侵植物入侵，占据群落的次优势地位，红车轴草和一年蓬处于群落的中上层，改变了本地植物群落的物种组成和结构。

图3-3-48　监测样地WCS03群落外貌

表3-3-53　监测样地WCS03外来入侵植物组成

序号	物种名	最高（m）	最低（m）	均高（m）	株（丛）数	盖度（%）
1	红车轴草	0.6	0.2	0.4	28	13
2	一年蓬	0.6	0.1	0.4	38	10
3	阿拉伯婆婆纳			0.1	5	0.2

❖ **监测样地 WCS04**

样地特征　样方大小：2m×2m。位置：兴山县南阳镇两河口村长槽。经纬度：E110.458°，N31.270°。海拔：1460m。坡向：NE54°。坡度：2°。地貌：山地。坡位：上部。干扰类型：交通、农耕。干扰程度：中度。基岩：石灰岩。土壤类型：黄棕壤。周围情况：道路旁退耕还林，[香椿（*Toona sinensis*（A. Jussieu）M. Roemer）和棘茎楤木（*Aralia echinocaulis* Handel-Mazzetti）] 灌草丛。土地利用类型：森林。

群落特征　群落类型：过路黄草丛（图3-3-49）。群落高度：0.6m。群落总盖度：85%。优势种组成：过路黄、艾和一年蓬，分别

图3-3-49　监测样地WCS04群落外貌

有600株、50株和62株，盖度分别为60%、28%和25%。群落面积：约100m²。

入侵特征　样方中有外来入侵植物2种：一年蓬和红车轴草，总株数78株，均高0.4m，总盖度32%（表3-3-54）。另外，样方外还有外来入侵植物4种，包括白车轴草、香丝草、万寿菊和刺槐，以及外来植物1种，即金盏菊。

危害状况　监测样方内有外来入侵植物入侵，占据群落的次优势地位，一年蓬处于群落的中上层，改变了本地植物群落的类型、物种组成和结构。

表3-3-54　监测样地WCS04外来入侵植物组成

序号	物种名	最高（m）	最低（m）	均高（m）	株（丛）数	盖度（%）
1	红车轴草	0.7	0.3	0.6	16	8
2	一年蓬	0.7	0.1	0.4	62	25

❖ **监测样地 WCS05**

样地特征　样方大小：2m×2m。位置：兴山县南阳镇两河口村两河口。经纬度：E110.507°，N31.282°。海拔：1009m。坡向：SE5°。坡度：7°。地貌：山地。坡位：谷底。干扰类型：洪涝、采砂和交通。干扰程度：强度。基岩：石灰岩。土壤类型：黄棕壤。周围情况：河岸边采沙场旁边林缘草丛（图3-3-50）。土地利用类型：森林。

群落特征 群落类型：艾草丛（图3-3-50）。群落高度：0.6m。群落总盖度：90%。优势种组成：艾和红车轴草，分别有85株和75株，盖度分别为60%和30%。群落面积：约30m²。

入侵特征 样方中有外来入侵植物5种：红车轴草、白车轴草、鬼针草、一年蓬和小蓬草，总株数148株，均高0.3m，总盖度33%（表3-3-55）。另外，样方外还有外来植物3种：高雪轮、茴藿香和金盏菊。

危害状况 监测样方内有外来入侵植物入侵，占据群落的次优势地位，一年蓬处于群落的中上层，改变了本地植物群落的类型、物种组成和结构。

图3-3-50 监测样地WCS05群落外貌

表3-3-55 监测样地WCS05外来入侵植物组成

序号	物种名	最高（m）	最低（m）	均高（m）	株（丛）数	盖度（%）
1	一年蓬	0.6	0.2	0.5	8	0.5
2	红车轴草	0.7	0.3	0.5	75	30
3	白车轴草	0.3	0.1	0.2	25	3
4	小蓬草			0.1	5	0.3
5	鬼针草			0.1	35	1

❖ 监测样地 WCS06

样地特征　样方大小：2m×2m。位置：兴山县南阳镇两河口村小黄包坪。经纬度：E110.466°，N31.277°。海拔：1624m。坡向：SE47°。坡度：8°。地貌：山地。坡位：上部。干扰类型：畜牧养殖、农耕和交通。干扰程度：强度。基岩：石灰岩。土壤类型：黄棕壤。周围情况：养殖场边弃耕地，退耕还林，林缘草丛。土地利用类型：森林。

群落特征　群落类型：亨氏薹草［Carex henryi（C. B. Clarke）L. K. Dai］草丛（图3-3-51）。群落高度：0.4m。群落总盖度：99%。优

图3-3-51 监测样地WCS06群落外貌

势种组成：亨氏薹草和白车轴草，分别有140株和160株，盖度分别为40%和28%。群落面积：约1000m²。

入侵特征 样方中有外来入侵植物4种：白车轴草、红车轴草、一年蓬和阿拉伯婆婆纳，总株数239株，均高0.3m，总盖度50%（表3-3-56）。

危害状况 监测样方内有外来入侵植物入侵，占据群落的次优势地位，白车轴草处于群落的中下层，改变了本地植物群落的类型、物种组成和结构。

表3-3-56 监测样地WCS06外来入侵植物组成

序号	物种名	最高（m）	最低（m）	均高（m）	株（丛）数	盖度（%）
1	白车轴草	0.4	0.2	0.3	160	28
2	一年蓬	0.6	0.2	0.4	28	8
3	阿拉伯婆婆纳	0.5	0.2	0.3	25	2
4	红车轴草	0.6	0.3	0.5	26	18

◎ 湖北野人谷省级自然保护区

❖ 监测样地 YRG01

样地特征 样方大小：2m×2m。位置：房县上龛乡白玉村五尺街。经纬度：E110.417°，N31.844°。海拔：993m。坡向：SW20°。坡度：5°。地貌：山地。坡位：下部。干扰类型：农耕、交通。干扰程度：中度。基岩：石灰岩。土壤类型：黄棕壤。周围情况：农户旁溪沟边草丛。土地利用类型：村落。

群落特征 群落类型：艾-三脉紫菀草丛（图3-3-52）。群落高度：1.2m。群落总盖度：99%。优势种组成：艾、三脉紫菀，分别有85株和75株，盖度分别为45%和35%。群落面积：约50m²。

入侵特征 样方中有外来入侵植物2种：一年蓬和白车轴草，总株数40株，均高0.9m，总盖度11%（表3-3-57）。另外，样方外还有外来入侵植物10种：苦苣菜、花叶滇苦菜、香丝草、小蓬草、阿拉伯婆婆纳、牛膝菊、野燕麦、垂序商陆、红车轴草和黑麦草。

危害状况 监测样方内有外来入侵植物入侵，还未占据群落的优

图3-3-52 监测样地YRG01群落外貌

势地位，一年蓬处于群落的中上层，改变了本地植物群落的物种组成和结构。

表3-3-57　监测样地YRG01外来入侵植物组成

序号	物种名	最高（m）	最低（m）	均高（m）	株（丛）数	盖度（%）
1	一年蓬	1.6	0.1	1.2	25	8
2	白车轴草	0.6	0.2	0.5	15	4

❖ **监测样地 YRG02**

样地特征　样方大小：2m×2m。位置：房县门古寺镇杨岔山村穿心店北。经纬度：E110.481°，N31.897°。海拔：910m。坡向：NE81°。坡度：5°。地貌：山地。坡位：下部。干扰类型：交通。干扰程度：中度。基岩：石灰岩。土壤类型：黄棕壤。周围情况：道路旁林缘草丛。土地利用类型：林地。

群落特征　群落类型：小蓬草草丛（图3-3-53）。群落高度：0.3m。群落总盖度：99%。优势种组成：小蓬草、艾、小果博落回［*Macleaya microcarpa*（Maximowicz）Fedde］和野菊（*Chrysanthemum indicum* Linnaeus），分别有480株、35株、9株和25株，盖度分别为

图3-3-53　监测样地YRG02群落外貌

65%、15%、12%和12%。群落面积：约60m²。

入侵特征 样方中有外来入侵植物4种：小蓬草、阿拉伯婆婆纳、一年蓬和香丝草，总株数580株，均高0.3m，总盖度75%（表3-3-58）。另外，样方外还有外来入侵植物7种：多花黑麦草、野燕麦、白车轴草、刺槐、多花黑麦草、野胡萝卜和苦苣菜。

危害状况 监测样方内有外来入侵植物入侵，占据群落的优势地位，一年蓬处于群落的中上层，改变了本地植物群落的类型、物种组成和结构。

表3-3-58 监测样地YRG02外来入侵植物组成

序号	物种名	最高（m）	最低（m）	均高（m）	株（丛）数	盖度（%）
1	小蓬草	0.7	0.05	0.3	480	65
2	一年蓬	1.6	0.1	0.8	15	4
3	香丝草	0.6	0.2	0.4	25	3
4	阿拉伯婆婆纳			0.2	60	10

❖ 监测样地 YRG03

样地特征 样方大小：2m×2m。位置：房县门古寺镇仙家坪村仙家坪。经纬度：E110.506°，N31.948°。海拔：747m。坡向：NE63°。坡度：10°。地貌：山地。坡位：下部。干扰类型：交通。干扰程度：中度。基岩：石灰岩。土壤类型：黄棕壤。周围情况：保护区入口道路旁林缘草丛。土地利用类型：林地。

群落特征 群落类型：白车轴草草丛（图3-3-54）。群落高度：0.2m。群落总盖度：99%。优势种组成：小蓬草、荩草和过路黄，分别有800株、120株和90株，盖度分别为70%、12%和11%。群落面积：约100m²。

入侵特征 样方中有外来入侵植物3种：白车轴草、一年蓬和香丝草，总株数811株，均高0.2m，总盖度70%（表3-3-59）。另外，样方外还有外来入侵植物5种，包括鬼针草、小蓬草、花叶滇苦菜、垂序商陆和苘麻，以及外来植物2种，印度草木樨和五叶地锦。

危害状况 监测样方内有外来入侵植物入侵，占据群落的优势地位，白车轴草处于群落的中下层，改变了本地植物群落的类型、物种组成和结构。

图3-3-54 监测样地YRG03群落外貌

表3-3-59 监测样地YRG03外来入侵植物组成

序号	物种名	最高（m）	最低（m）	均高（m）	株（丛）数	盖度（%）
1	白车轴草	0.3	0.1	0.2	800	70
2	一年蓬	0.6	0.1	0.4	8	0.4
3	香丝草			0.3	3	0.3

❖ **监测样地 YRG04**

样地特征 样方大小：2m×2m。位置：房县门古寺镇土城村土城。经纬度：E110.393°，N31.912°。海拔：970m。坡向：NW24°。坡度：2°。地貌：山地。坡位：下部。干扰类型：交通。干扰程度：中度。基岩：石灰岩。土壤类型：黄棕壤。周围情况：村庄旁，废弃采伐道路，林缘草丛。土地利用类型：林地。

群落特征 群落类型：三脉紫菀-艾草丛（图3-3-55）。群落高度：1m。群落总盖度：99%。优势种组成：三脉紫菀、艾，分别有140株和85株，盖度分别为45%和30%。群落面积：约80m²。

入侵特征 样方中有外来入侵植物1种：一年蓬，总株数6株，均

图3-3-55 监测样地YRG04群落外貌

高0.9m，总盖度2%（表3-3-60）。

危害状况 监测样方内有外来入侵植物入侵，未占据群落的优势地位，一年蓬处于群落的中上层，改变了本地植物群落的物种组成和结构。

表3-3-60 监测样地YRG04外来入侵植物组成

序号	物种名	最高（m）	最低（m）	均高（m）	株（丛）数	盖度（%）
1	一年蓬	1.1	0.1	0.9	6	2

❖ **监测样地 YRG05**

样地特征 样方大小：2m×2m。位置：房县桥上乡杜家川村横峪河。经纬度：E110.754°，N31.888°。海拔：1099m。坡向：SW9°。坡度：20°。地貌：山地。坡位：中下。干扰类型：交通、农耕。干扰程度：中度。基岩：石灰岩。土壤类型：黄棕壤。周围情况：村庄旁，道路边草丛。土地利用类型：村落。

群落特征 群落类型：尖裂假还阳参［*Crepidiastrum sonchifolium*（Maximowicz）Pak & Kawano］-艾草丛（图3-3-56）。群落高度：0.3m。

图3-3-56　监测样地YRG05群落外貌

群落总盖度：75%。优势种组成：尖裂假还阳参、艾，分别有95株和70株，盖度分别为29%和27%。群落面积：约150m²。

入侵特征　样方中有外来入侵植物6种：白车轴草、花叶滇苦菜、一年蓬、阿拉伯婆婆纳、牛膝菊和香丝草，总株数110株，均高0.3m，总盖度18%（表3-3-61）。

危害状况　监测样方内有外来入侵植物入侵，还未占据群落的优势地位，花叶滇苦菜、一年蓬处于群落的中上层，白车轴草处于群落中下层，改变了本地植物群落的物种组成和结构。

表3-3-61　监测样地YRG05外来入侵植物组成

序号	物种名	最高（m）	最低（m）	均高（m）	株（丛）数	盖度（%）
1	白车轴草	0.4	0.1	0.3	35	8
2	花叶滇苦菜	0.9	0.2	0.6	10	5
3	一年蓬	0.9	0.1	0.5	26	5
4	阿拉伯婆婆纳			0.1	20	0.4
5	牛膝菊			0.1	15	0.5
6	香丝草	0.4	0.2	0.3	4	0.3

❖ **监测样地 YRG06**

样地特征 样方大小：2m×2m。位置：房县桥上乡三座庵村神野山庄附近。经纬度：E110.558°，N31.880°。海拔：1054m。坡向：SE1°。坡度：5°。地貌：山地。坡位：下部。干扰类型：农耕、交通。干扰程度：强度。基岩：石灰岩。土壤类型：黄棕壤。周围情况：村庄附近、道路边农地旁草丛。土地利用类型：村落。

群落特征 群落类型：过路黄、赤胫散（*Polygonum runcinatum* var. *sinense* Hemsley）草丛（图3-3-57）。群落高度：0.2m。群落总盖度：80%。优势种组成：过路黄、赤胫散，分别有55株和89株，盖度分别为14%和12%。群落面积：约40m²。

入侵特征 样方中有外来入侵植物5种：一年蓬、牛膝菊、小蓬草、花叶滇苦菜和多花黑麦草，总株数137株，均高0.5m，总盖度18%（表3-3-62）。另外，样方外还有外来入侵植物2种：大麻和鬼针草。

图3-3-57 监测样地YRG06群落外貌

危害状况   监测样方内有外来入侵植物入侵，还未占据群落的优势地位，一年蓬处于群落的中上层，牛膝菊处于群落中下层，改变了本地植物群落的物种组成和结构。

表3-3-62   监测样地YRG06外来入侵植物组成

序号	物种名	最高（m）	最低（m）	均高（m）	株（丛）数	盖度（%）
1	一年蓬	0.9	0.1	0.8	28	8
2	花叶滇苦菜	0.7	0.4	0.5	4	0.5
3	多花黑麦草	0.9	0.4	0.8	25	0.5
4	牛膝菊	0.4	0.1	0.2	65	5
5	小蓬草	0.5	0.2	0.4	15	5

SHENNONGJIA

政策措施

01. 法律法规

　　防范生物入侵亟须制定专门的法律法规，以加强政策制度保障。为应对严峻的外来生物入侵形势，许多国际公约条款和国际组织文件都涉及外来物种的危害防控管理，许多国家和组织已颁布实施了50多种关于外来生物入侵的国际公约和指南。《生物多样性公约》（CBD）是其中最重要的国际公约，第8（h）条明确要求开展外来入侵物种的预防和控制，从第四次缔约方大会开始专门制订了一系列有关外来入侵物种防控管理的决议和行动方案。其中，第六次缔约方大会发布了《关于对生态系统、生境或物种构成威胁的外来物种的预防、引进和减轻其影响问题的指导原则》；第十二次缔约方大会发布了《制定和实施措施解决引进外来物种作为宠物、水族箱和温箱物种、活饵和活食所产生的相关风险的指南》；2016年召开的第十三次缔约方大会将"外来入侵物种：解决与贸易相关的风险；使用生物控制剂的经验；决策支助工具（SBSTTA XX/7）"列入议题；2021年召开的第15次缔约方大会通过的《昆明宣言》，明确指出外来入侵物种是生物多样性丧失的主要直接驱动因素之一，需要采取包括控制外来入侵物种在内的组合措施来遏制和扭转生物多样性丧失。

　　美国、日本等相继颁布《国家入侵物种法》《外来入侵物种法》等，这些公约和国家法律涵盖海洋环境保护、湿地、动植物物种保护、全球传染病防治、气候变化、国际贸易与运输等各个领域。

◎ 法律

　　中华人民共和国法律由全国人民代表大会及其常务委员会制定并审议通过，国家主席代表中华人民共和国发布施行。中国涉及外来入侵物种的法律主要有《中华人民共和国生物安全法》和《中华人民共和国进出境动植物检疫法》，相关的法律有《中华人民共和国动物防疫法》《中华人民共和国国境卫生检疫法》《中华人民共和国环境保护法》《中华人民共和森林法》《中华人民共和国种子法》《中华人民共和国行政许可法》等。

（1）《中华人民共和国生物安全法》

《中华人民共和国生物安全法》（以下简称《生物安全法》）于2020年10月17日第十三届全国人民代表大会常务委员会第二十二次会议通过，自2021年4月15日起施行。《生物安全法》由总则，生物安全风险防控体制，防控重大新发突发传染病、动植物疫情，生物技术研究、开发与应用安全，病原微生物实验室生物安全，人类遗传资源与生物资源安全，防范生物恐怖与生物武器威胁，生物安全能力建设，法律责任和附则构成，共10章88条。第一章"总则"第二条明确规定："防控重大新发突发传染病、动植物疫情""防范外来物种入侵与保护生物多样性""适用本法"。第二章"生物安全风险防控体制"第十八条明确规定："国家建立生物安全名录和清单制度""国务院及其有关部门根据生物安全工作需要"对"外来入侵物种""制定、公布名录或者清单，并动态调整"。第六章"人类遗传资源与生物资源安全"第六十条明确规定：（1）"国家加强对外来物种入侵的防范和应对，保护生物多样性。国务院农业农村主管部门会同国务院其他有关部门制定外来入侵物种名录和管理办法。"（2）"国务院有关部门根据职责分工，加强对外来入侵物种的调查、监测、预警、控制、评估、清除以及生态修复等工作。"（3）"任何单位和个人未经批准，不得擅自引进、释放或者丢弃外来物种。"第九章"法律责任"第八十一条明确规定：（1）"违反本法规定，未经批准，擅自引进外来物种的，由县级以上人民政府有关部门根据职责分工，没收引进的外来物种，并处五万元以上二十五万元以下的罚款。"（2）"违反本法规定，未经批准，擅自释放或者丢弃外来物种的，由县级以上人民政府有关部门根据职责分工，责令限期捕回、找回释放或者丢弃的外来物种，处一万元以上五万元以下的罚款。"第八十二条明确规定："违反本法规定，构成犯罪的，依法追究刑事责任；造成人身、财产或者其他损害的，依法承担民事责任。"第八十三条明确规定："违反本法规定的生物安全违法行为，本法未规定法律责任，其他有关法律、行政法规有规定的，依照其规定。"第八十四条明确规定："境外组织或者个人通过运输、邮寄、携带危险生物因子入境或者以其他方式危害中国生物安全的，依法追究法律责任，并可以采取其他必要措施。"

《中华人民共和国刑法修正案（十一）》（2020年12月26日第十三届全国人民代表大会常务委员会第二十四次会议通过），第四十三条规定：在刑法第三百四十四条后增加一条，作为第三百四十四条之一："违反国家规定，非法引进、释放或者丢弃外来入侵物种，情节严重的，处三年以下有期徒刑或者拘役，并处或者单处罚金。"

《最高人民法院最高人民检察院关于执行<中华人民共和国刑法>确定罪名的补充规定（七）》（2021年2月22日最高人民法院审判委员会第1832次会议、2021年2月26日最高人民检察院第十三届检察委员会第六十三次会议通过）规定了非法引进、释放、丢弃外来入侵物种罪罪名。

（2）《中华人民共和国进出境动植物检疫法》

《中华人民共和国进出境动植物检疫法》（以下简称《进出境动植物检疫法》）于1991年10月30日第七届全国人民代表大会常务委员会第二十二次会议通过（根据2009年8月27日第十一届全国人民代表大会常务委员会第十次会议《关于修改部分法律的决定》修正）通过，自1992年4月1日起施行。《进出境动植物检疫法》由总则，进境检疫，出境检疫，过境检疫，携带、邮寄物检疫，运输工具检疫，法律责任和附则构成，共8章50条。《进出境动植物检疫法》的立法目的是"防止动物传染病、寄生虫病和植物危险性病、虫、杂草以及其他有害生物（以下简称病虫害）传入、传出国境，保护农、林、牧、渔业生产和人体健康，促进对外经济贸易的发展"，因此，进出境检疫通俗地称为外检，由"动植物检疫机关（以下简称国家动植物检疫机关），统一管理全国进出境动植物检疫工作。""进出境的动植物、动植物产品和其他检疫物，装载动植物、动植物产品和其他检疫物的装载容器、包装物，以及来自动植物疫区的运输工具，依照本法规定实施检疫。""国家动植物检疫机关在对外开放的口岸和进出境动植物检疫业务集中的地点设立的口岸动植物检疫机关，依照本法规定实施进出境动植物检疫。贸易性动物产品出境的检疫机关，由国务院根据情况规定。国务院农业行政主管部门主管全国进出境动植物检疫工作。"根据检疫具有主权性的原则，中国规定了严禁以下4种检疫物进境："（一）动植物病原体（包括菌种、毒种等）、害虫及其他有害生物；（二）动植物疫情流行的国家和地区的有关动植物、动植物产品和其他检疫物；（三）动物尸体；（四）土壤。"

（3）《中华人民共和国动物防疫法》

《中华人民共和国动物防疫法》于2021年1月22日第十三届全国人民代表大会常务委员会第二十五次会议修订通过（1997年7月3日第八届全国人民代表大会常务委员会第二十六次会议通过；2007年8月30日第十届全国人民代表大会常务委员会第二十九次会议第一次修订，根据2013年6月29日第十二届全国人民代表大会常务委员会第三次会议《关于修改〈中华人民共和国文物保护法〉等十二部法律的决定》第一次修正；根据2015年4月24日第十二届全国人民代表大会常务委员会第十四次会议《关于修改〈中华人民共和国电力法〉等六部法律的决定》第二次修正），自2021年5月1日起施行。《中华人民共和国动物防疫法》由总则，动物疫病的预防，动物疫情的报告、通报和公布，动物疫病的控制，动物和动物产品的检疫，病死动物和病害动物产品的无害化处理，动物诊疗，兽医管理，监督管理，保障措施，法律责任和附则构成，共12章113条。总则第二条规定"进出境动物、动物产品的检疫，适用《中华人民共和国进出境动植物检疫法》。"第五章明确规定："动物卫生监督机构依照本法和国务院农业农村主管部门的规定对动物、动物产品实施检疫。动物卫生监督机构的官方兽医具体实施动物、动物产品检疫。"

（4）《中华人民共和国环境保护法》

《中华人民共和国环境保护法》于2014年4月24日第十二届全国人民代表大会常务委员会第八次会议修订通过（1989年12月26日第七届全国人民代表大会常务委员会第十一次会议通过），自2015年4月24日起施行。《中华人民共和国环境保护法》由总则，监督管理，保护和改善环境，防治污染和其他公害，信息公开和公众参与，法律责任和附则构成，共7章70条。《中华人民共和国环境保护法》的立法目的是"保护和改善环境，防治污染和其他公害，保障公众健康，推进生态文明建设，促进经济社会可持续发展"。外来入侵物种是危害生态环境和生物多样性的公害之一，第三章第三十条规定"引进外来物种"，"应当采取措施，防止对生物多样性的破坏。"

（5）《中华人民共和国森林法》

《中华人民共和国森林法》于2019年12月28日第十三届全国人民

代表大会常务委员会第十五次会议修订通过（1984年9月20日第六届全国人民代表大会常务委员会第七次会议通过；根据1998年4月29日第九届全国人民代表大会常务委员会第二次会议《关于修改〈中华人民共和国森林法〉的决定》第一次修正；根据2009年8月27日第十一届全国人民代表大会常务委员会第十次会议《关于修改部分法律的决定》第二次修正），自2020年7月1日起施行。《中华人民共和国森林法》由总则，森林权属，发展规划，森林保护，造林绿化，经营管理，监督检查，法律责任和附则构成，共9章84条。《中华人民共和国森林法》明确了各级政府和林业经营者对森林保护负有的责任，第四章第三十五条规定："县级以上人民政府林业主管部门负责本行政区域的林业有害生物的监测、检疫和防治。""省级以上人民政府林业主管部门负责确定林业植物及其产品的检疫性有害生物，划定疫区和保护区。""重大林业有害生物灾害防治实行地方人民政府负责制。发生暴发性、危险性等重大林业有害生物灾害时，当地人民政府应当及时组织除治。""林业经营者在政府支持引导下，对其经营管理范围内的林业有害生物进行防治。"

（6）《中华人民共和国种子法》

《中华人民共和国种子法》于2021年12月24日第十三届全国人民代表大会常务委员会第三十二次会议第三次修正通过（2000年7月8日第九届全国人民代表大会常务委员会第十六次会议通过；根据2004年8月28日第十届全国人民代表大会常务委员会第十一次会议《关于修改〈中华人民共和国种子法〉的决定》第一次修正；根据2013年6月29日第十二届全国人民代表大会常务委员会第三次会议《关于修改〈中华人民共和国文物保护法〉等十二部法律的决定》第二次修正；2015年11月4日第十二届全国人民代表大会常务委员会第十七次会议修订），自2016年1月1日起施行。《中华人民共和国种子法》由总则，种质资源保护，品种选育、审定与登记，新品种保护，种子生产经营，种子监督管理，种子进出口和对外合作，扶持措施，法律责任和附则构成，共10章92条。《中华人民共和国种子法》"所称种子，是指农作物和林木的种植材料或者繁殖材料，包括籽粒、果实、根、茎、苗、芽、叶、花等。""国务院农业农村、林业草原主管部门分别主管全国农作物种子和林木种子工作；县级以上地方人民政府农业农村、林业草原主管部门分别主管本行政区域内农作物种子和林木种子工作。"第六章第四十八条规定："带有国家规定的检疫性有害生物的"种子为"劣种子"，"禁止生产经营假、劣种子。农业农村、林业草原主管部门和有关部门依法打击生产经营假、劣种子的违法行为，保护农民合法权益，维护公平竞争的市场秩序。"第五十三条规定："从事品种选育和种子生产经营以及管理的单位和个人应当遵守有关植物检疫法律、行政法规的规定，防止植物危险性病、虫、杂草及其他有害生物的传播和蔓延。""禁止任何单位和个人在种子生产基地从事检疫性有害生物接种试验。"第七章第五十六条规定："进口种子和出口种子必须实施检疫，防止植物危险性病、虫、杂草及其他有害生物传入境内和传出境外，具体检疫工作按照有关植物进出境检疫法律、行政法规的规定执行。"第五十九条规定："从境外引进农作物或者林木试验用种，应当隔离栽培，收获物也不得作为种子销售。"

（7）《中华人民共和国湿地保护法》

《中华人民共和国湿地保护法》于2021年12月24日第十三届全国人民代表大会常务委员会第三十二次会议通过，自2022年6月1日起施行。《中华人民共和国湿地保护法》由总则，湿地资源管理，湿地保护与利用，湿地修复，监督检查，法律责任和附则构成，共7章65条。本法所称湿地，是指具有显著生态功能的自然或者人工的、常年或者季节性积水地带、水域，包括低潮时水深不超过六米的海域，但是水田以及用于养殖的人工的水域和滩涂除外。国家对湿地实行分级管理及名录制度。江河、湖泊、海域等的湿地保护、利用及相关管理活动还应当适用《中华人民共和国水法》《中华人民共和国防洪法》《中华人民共和国水污染防治法》《中华人民共和国海洋环境保护法》《中华人民共和国长江保护法》《中华人民共和国渔业法》《中华人民共和国海域使用管理法》等有关法律的规定。第二十九条规定，县级以上人民政府有关部门应当按照职责分工，开展湿地有害生物监测工作，及时采取有效措施预防、控制、消除有害生物对湿地生态系统的危害。第三十条规定，县级以上人民政府应当加强对国家重点保护野生动植物集中分布湿地的保护。禁止向湿地引进和放生外来物种，确需引进的应当进行科学评估，并依法取得批准。第五十五条规定，违反本法规定，向湿地引进或者放生外来物种的，依照《中华人民共和国生物安全法》等有关法律法规的规定处理、处罚。

（8）《中华人民共和国行政许可法》

《中华人民共和国行政许可法》于2003年8月27日第十届全国人民代表大会常务委员会第四次会议通过，根据2019年4月23日第十三届全国人民代表大会常务委员会第十次会议《关于修改〈中华人民共和国建筑法〉等八部法律的决定》修正，自2004年7月1日起施行。《中华人民共和国行政许可法》由总则，行政许可的设定，行政许可的实施机关，行政许可的实施程序，行政许可的费用，监督检查，法律责任和附则构成，共8章83条。《中华人民共和国行政许可法》的立法目的是"为了规范行政许可的设定和实施，保护公民、法人和其他组织的合法权益，维护公共利益和社会秩序，保障和监督行政机关有效实施行政管理"。《中华人民共和国行政许可法》所称的"行政许可""是指行政机关根据公民、法人或者其他组织的申请，经依法审查，准予其从事特定活动的行为。"从境外进口动植物及其产品属于"直接涉及国家安全、公共安全、经济宏观调控、生态环境保护以及直接关系人身健康、生命财产等特定活动"，根据《行政许可法》应设定行政许可。设定和实施行政许可，应对依照法定的权限、范围、条件和程序进行。第三章第二十八条规定："对直接关系公共安全、人身健康、生命财产安全的设备、设施、产品、物品的检验、检测、检疫，除法律、行政法规规定由行政机关实施的外，应当逐步由符合法定条件的专业技术组织实施。专业技术组织及其有关人员对所实施的检验、检测、检疫结论承担法律责任。"

◎ 行政法规

行政法规是指中华人民共和国中央人民政府（国务院）为领导和管理国家各项行政工作，根据宪法和法律，并且按照《行政法规制定程序条例》的规定而制定的政治、经济、教育、科技、文化、外事等各类法规的总称；是指国务院根据宪法和法律，按照法定程序制定的有关行使行政权力，履行行政职责的规范性文件的总称。行政法规的制定主体是国务院，行政法规根据宪法和法律的授权制定、行政法规必须经过法定程序制定、行政法规具有法的效力。行政法规一般以条例、办法、实施细则、规定等形式组成。发布行政法规需要国务院总理签署国务院令。行政法规的效力仅次于宪法和法律，高于部门规章和地方性法规。中国涉及外来入侵物种的行政法规主要有《植物检疫条例》和《中华人民共和国进出境动植物检疫法实施条例》，相关的行政法规有《中华人民共和国森林法实施条例》《森林病虫害防治条例》等。

（1）《植物检疫条例》

《植物检疫条例》于1983年1月3日国务院发布，根据1992年5月13日《国务院关于修改〈植物检疫条例〉的决定》第一次修订，根据2017年10月7日《国务院关于修改部分行政法规的决定》第二次修订，自发布之日起施行。《植物检疫条例》共24条。《植物检疫条例》的目的是"防止危害植物的危险性病、虫、杂草传播蔓延，保护农业、林业生产安全"。与外检疫项对应，《植物检疫条例》规定的事项属于国内事项，也称内检，由"国务院农业主管部门、林业主管部门主管全国的植物检疫工作，各省、自治区、直辖市农业主管部门、林业主管部门主管本地区的植物检疫工作"。第七条规定：调运植物和植物产品，"（一）列入应施检疫的植物、植物产品名单的，运出发生疫情的县级行政区域之前，必须经过检疫；""（二）凡种子、苗木和其他繁殖材料，不论是否列入应施检疫的植物、植物产品名单和运往何地，在调运之前，都必须经过检疫。"第十二条规定："从国外引进种子、苗木，引进单位应当向所在地的省、自治区、直辖市植物检疫机构提出申请，办理检疫审批手续。但是，国务院有关部门所属的在京单位从国外引进种子、苗木，应当向国务院农业主管部门、林业主管部门所属的植物检疫机构提出申请，办理检疫审批手续。具体办法由国务院农业主管部门、林业主管部门制定。""从国外引进、可能潜伏有危险性病、虫的种子、苗木和其他繁殖材料，必须隔离试种，植物检疫机构应进行调查、观察和检疫，证明确实不带危险性病、虫的，方可分散种植。"但是根据《中华人民共和国种子法》，从境外引进林木试验用种，隔离后的收获物不得作为种子销售。

（2）《中华人民共和国进出境动植物检疫法实施条例》

《中华人民共和国进出境动植物检疫法实施条例》于1996年12月

2日中华人民共和国国务院令第206号发布，自1997年1月1日起施行。《中华人民共和国进出境动植物检疫法实施条例》在《中华人民共和国进出境动植物检疫法》的基础上增加了检疫审批和检疫监督章节，共10章68条。在检疫审批章节规定，"输入动物、动物产品和进出境动植物检疫法第五条第一款所列禁止进境物的检疫审批，由国家动植物检疫局或者其授权的口岸动植物检疫机关负责。""输入植物种子、种苗及其他繁殖材料的检疫审批，由植物检疫条例规定的机关负责。"检疫监督章节规定，"进出境动物和植物种子、种苗及其他繁殖材料，需要隔离饲养、隔离种植的，在隔离期间，应当接受口岸动植物检疫机关的检疫监督。"综合《植物检疫条例》，引进植物繁殖材料隔离期间同时接受农业、林业植物检疫机构和口岸植物检疫机构的监督。

（3）《中华人民共和国森林法实施条例》

《中华人民共和国森林法实施条例》于2000年1月29日中华人民共和国国务院令第278号发布，根据2011年1月8日《国务院关于废止和修改部分行政法规的决定》第一次修订，根据2016年2月6日《国务院关于修改部分行政法规的决定》第二次修订，根据2018年3月19日《国务院关于修改和废止部分行政法规的决定》第三次修订，自发布之日起施行。《中华人民共和国森林法实施条例》第二十条规定，"国务院林业主管部门负责确定全国林木种苗检疫对象。""省、自治区、直辖市人民政府林业主管部门根据本地区的需要，可以确定本省、自治区、直辖市的林木种苗补充检疫对象，报国务院林业主管部门备案。"

（4）《森林病虫害防治条例》

《森林病虫害防治条例》于1989年11月17日国务院第50次常务会议通过，1989年12月18日中华人民共和国国务院令第46号发布，自发布之日起施行。《森林病虫害防治条例》共5章30条。《森林病虫害防治条例》第二条规定，森林病虫害防治，是指对森林、林木、林木种苗及木材、竹材的病害和虫害的预防和除治。第三条规定，森林病虫害防治实行"预防为主，综合治理"的方针。第四条规定，森林病虫害防治实行"谁经营、谁防治"的责任制度。地方各级人民政府应当制定措施和制度，加强对森林病虫害防治工作的领导。第八条规定，禁止使用带有危险性病虫害的林木种苗进行育苗或者造林。第八条规定，各级人民政府林业主管部门应当有计划地组织建立无检疫对象的林木种苗基地。各级森林病虫害防治机构应当依法对林木种苗和木材、竹材进行产地和调运检疫；发现新传入的危险性病虫害，应当及时采取严密封锁、扑灭措施，不得将危险性病虫害传出。各口岸动植物检疫机构，应当按照国家有关进出境动植物检疫的法律规定，加强进境林木种苗和木材、竹材的检疫工作，防止境外森林病虫害传入。第十六条规定，县级以上地方人民政府或者其林业主管部门应当制定除治森林病虫害的实施计划，并组织好交界地区的联防联治，对除治情况定期检查。

（5）《中华人民共和国进境植物检疫性有害生物名录》

根据《国际植物保护公约》要求，国家官方植物保护机构是缔约方履行《国际植物保护公约》的唯一机构，中华人民共和国农业农村部（以下简称农业农村部）作为《国际植物保护公约》履约机构，于2007年5月25日发布了862号公告，公布了《中华人民共和国进境植物检疫性有害生物名录》（以下简称《进境植物检疫性有害生物名录》），共包含植物检疫性有害生物435种（属），并根据需要不断更新、增补。截至2021年4月16日，《进境植物检疫性有害生物名录》共包含植物检疫性有害生物446种（属），其中包括昆虫148种（属）、真菌127种、原核生物58种、病毒及类病毒42种、杂草（植物）42种、线虫20种、软体动物9种。

◎ 地方性法规

地方性法规，是指法定的地方国家权力机关依照法定的权限，在不同宪法、法律和行政法规相抵触的前提下，制定和颁布的在本行政区域范围内实施的规范性文件。

湖北省位于中国中部，省内公路、航运交通发达，是中国的交通枢纽；自然条件得天独厚，已成为外来生物入侵的高发区（喻大昭，2011）。湖北省涉及外来入侵物种的地方性法规主要有《湖北省林业有害生物防治条例》，相关的地方性法规有《湖北省动物防疫条例》《湖北省实验动物管理条例》等。

（1）《湖北省林业有害生物防治条例》

《湖北省林业有害生物防治条例》于2016年12月1日湖北省第十二届人民代表大会常务委员会第二十五次会议通过，自2017年2月1日起施行。《湖北省林业有害生物防治条例》根据《中华人民共和国森林法》《森林病虫害防治条例》《植物检疫条例》等有关法律、行政法规，结合本省实际制定，共7章48条。第十三条规定，自然（文化）遗产保护区、自然保护区、森林公园、湿地公园、风景名胜区以及古树名木等需要特别保护的区域或者林木，由县级以上人民政府划定公布为林业有害生物重点预防区，并督促有关单位制定防治预案。林业有害生物重点预防区的经营管理者应当建立管护制度，采取防护措施，防止外来林业有害生物入侵。第二十条规定，从国外引进林木种子、苗木，引进单位应当按照国家规定进行林业有害生物引种风险性评估，并向省林业有害生物防治检疫机构申请办理检疫审批手续；对可能潜伏有危险性林业有害生物的林木种子、苗木，应当隔离试种，经试种确认不带危险性林业有害生物的，方可种植。出入境检验检疫、边防、海关等部门应当加强境外重大植物疫情输入风险管理，并与林业有害生物防治检疫机构建立信息沟通机制，共同做好防范外来有害生物入侵工作；林业有害生物防治检疫机构应当做好引种后的检疫监管工作。第四十三条规定，从国外引进林木种子、苗木未按照规定隔离试种即种植的，由林业有害生物防治检疫机构责令限期改正，没收违法所得；逾期不改正的，予以封存、销毁，并处2万元以上10万元以下罚款；造成外来危险性有害生物入侵的，处10万元以上30万元以下罚款。

（2）《湖北省动物防疫条例》

《湖北省动物防疫条例》于2011年8月3日湖北省第十一届人民代表大会常务委员会第二十五次会议通过，根据2014年9月25日湖北省第十二届人民代表大会常务委员会第十一次会议《关于集中修改、废止部分省本级地方性法规的决定》第一次修正，根据2016年12月1日湖北省第十二届人民代表大会常务委员会第二十五次会议《关于集中修改、废止部分省本级地方性法规的决定》第二次修正，根据2017年11月29日湖北省第十二届人民代表大会常务委员会第三十一次会议《关于集中修改、废止部分省本级地方性法规的决定》第三次修正，

2021年11月26日湖北省第十三届人民代表大会常务委员会第二十七次会议修订。本条例根据《中华人民共和国动物防疫法》等法律、行政法规，结合湖北省实际制定。本条例第二条规定，进出境动物、动物产品的检疫以及实验动物防疫，其他法律法规有规定的，从其规定。

（3）《湖北省实验动物管理条例》

《湖北省实验动物管理条例》于2005年7月29日湖北省第十届人民代表大会常务委员会第十六次会议通过，根据2017年11月29日湖北省第十二届人民代表大会常务委员会第三十一次会议《关于集中修改、废止部分省本级地方性法规的决定》第一次修正，根据2022年5月26日湖北省第十三届人民代表大会常务委员会第三十一次会议《关于集中修改涉及公共卫生体系建设省本级地方性法规的决定》第二次修正，自2005年10月1日起施行。本条例所称实验动物，是指经人工饲育，对其携带的微生物实行控制，遗传背景明确或者来源清楚的用于科学研究、教学、生产和检定以及其他科学实验的动物。本条例第二十一条规定，因培育实验动物新品种而需要捕捉野生动物时，应当按照国家法律法规的规定，申办捕猎证，在当地进行免疫隔离，并取得动物检疫部门出具的证明。野生动物运抵实验动物处所，需经再次检疫，方可进入实验动物饲育室。

◎ 国务院各部门规章

国务院部门规章包括中华人民共和国农业农村部、自然资源部、国家林业和草原局、生态环境部、海关总署、国家市场监督管理总局等与植物检疫和外来有害生物相关的部委（局）的部长（署长、局长）的令、规定、通知和决定、办法等。部门规章可由单个部门，也可由几个部门联合制定。与外来入侵物种相关的部门规章介绍如下。

（1）《外来入侵物种管理办法》

为切实加强外来入侵物种管理，农业农村部会同自然资源部、生态环境部、海关总署，系统梳理国内外相关立法情况，深入开展专家研讨和实地调研，广泛听取有关部门、行业专家和社会公众意见，研究制定了《外来入侵物种管理办法》，于2022年4月22日经农业农村部第四次常务会议审议通过，并经自然资源部、生态环境部、海关总署同意，于2022年6月17日公布，自2022年8月1日起施行（中华人民共和国农业农村部、自然资源部、生态环境部、海关总署令2022年第四号）。本办法根据《中华人民共和国生物安全法》制定，目的是防范和应对外来入侵物种危害，保障农林牧渔业可持续发展，保护生物多样性。本办法包括总则、源头预防、监测与预警、治理与修复和负责，共5章26条。本办法所称外来物种，是指在中华人民共和国境内无天然分布，经自然或人为途径传入的物种，包括该物种所有可能存活和繁殖的部分。本办法所称外来入侵物种，是指传入定殖并对生态系统、生境、物种带来威胁或者危害，影响中国生态环境，损害农林牧渔业可持续发展和生物多样性的外来物种。外来入侵物种管理是维护国家生物安全的重要举措，应当坚持风险预防、源头管控、综合治理、协同配合、公众参与的原则。农业农村部会同国务院有关部门建立外来入侵物种防控部际协调机制，研究部署全国外来入侵物种防控工作，统筹协调解决重大问题。省级人民政府农业农村主管部门会同有关部门建立外来入侵物种防控协调机制，组织开展本行政区域外来入侵物种防控工作。海关完善境外风险预警和应急处理机制，强化入境货物、运输工具、寄递物、旅客行李、跨境电商、边民互市等渠道外来入侵物种的口岸检疫监管。

（2）《植物检疫条例实施细则（林业部分）》

1994年7月26日，林业部（根据国务院机构改革方案，1998年更名为国家林业局，隶属于国务院；2018年更名为国家林业和草原局，隶属于自然资源部）发布《植物检疫条例实施细则（林业部分）》，2011年1月25日，国家林业局对其进行了修订，修订后的实施细则共35条。林业植物检疫以县级行政区为基本管理单元，国务院林业主管部门主管全国的森林植物检疫（以下简称森检）工作。县级以上地方林业主管部门主管本地区的森检工作。应施检疫的森林植物及其产品包括：林木种子、苗木和其他繁殖材料；乔木、灌木、竹类、花卉和其他森林植物；木材、竹材、药材、果品、盆景和其他林产品。地方各级森检机构应当每隔三至五年进行一次森检对象普查。省级林业主管部门所属的森检机构编制森检对象分布至县的资料，报林业部备查；县级林业主管部门所属的森检机构编制森检对象分布至乡的资料，报上一级森检机构备查。危险性森林病、虫疫情数据由林业部指定的单位编制印发。属于森检对象，国外新传入或者国内突发危险性森林病、虫的特大疫情由林业部发布；其他疫情由林业部授权的单位公布。森检机构对新发现的森检对象和其他危险性森林病、虫，应当及时查清情况，立即报告当地人民政府和所在省、自治区、直辖市林业主管部门，采取措施，彻底消灭，并由省、自治区、直辖市林业主管部门向林业部报告。生产、经营应实施检疫的森林植物及其产品的单位和个人，应当在生产和经营之前向当地森检机构备案，并在生产期间或者调运之前向当地森检机构申请产地检疫。对检疫合格的，由森检机构发给《产地检疫合格证》；对检疫不合格的，由森检机构发给《检疫处理通知单》。产地检疫的技术要求按照《国内森林植物检疫技术规程》的规定执行。禁止使用带有危险性森林病、虫的林木种子、苗木和其他繁殖材料育苗或者造林。应施检疫的森林植物及其产品运出发生疫情的县级行政区域之前以及调运林木种子、苗木和其他繁殖材料必须经过检疫，取得《植物检疫证书》。从国外引进林木种子、苗木和其他繁殖材料，引进单位或者个人应当向所在地的省、自治区、直辖市森检机构提出申请，填写《引进林木种子、苗木和其他繁殖材料检疫审批单》，办理引进检疫审批手续；国务院有关部门所属的在京单位从国外引进林木种子、苗木和其他繁殖材料时，应当向林业部森检管理机构或者其指定的森检单位申请办理检疫审批手续。引进后需要分散到省、自治区、直辖市种植的，应当在申请办理引种检疫审批手续前征得分散种植地所在省、自治区、直辖市林检机构的同意。引进单位或者个人应当在有关的合同或者协议中订明审批的检疫要求。森检机构应当自受理引进申请后二十日内作出决定。从国外引进的林木种子、苗木和其他繁殖材料，有关单位或者个人应当按照审批机关确认的地点和措施进行种植。对可能潜伏有危险性森林病、虫的，一年生植物必须隔离试种一个生长周期，多年生植物至少隔离试种二年以上。经省、自治区、直辖市森检机构检疫，证明确实不带危险性森林病、虫的，方可分散种植。对森检对象的研究，不得在该森检对象的非疫情发生区进行。因教学、科研需要在非疫情发生区进行时，应当经省、自治区、直辖市林业主管部门批准，并采取严密措施防止扩散。

（3）《中国主要外来林业有害生物名单》

2019年12月12日，国家林业和草原局发布《全国林业有害生物普查情况公告》（2019年第20号），在中国发生的外来林业有害生物有45种，2006年以来新发现13种。

2006年以来发现的外来林业有害生物（13种）：枣实蝇*Carpomyia vesuviana*、七角星蜡蚧*Ceroplastes stellifer*、刺槐突瓣细蛾*Chrysaster ostensackenella*、悬铃木方翅网蝽*Corythucha ciliata*、小圆胸小蠹*Euwallacea fornicatus*、热带拂粉蚧*Ferrisia malvastra*、桉树枝瘿姬小蜂*Leptocybe invasa*、椰子织蛾*Opisina arenosella*、木瓜秀粉蚧*Paracoccus marginatus*、双钩巢粉虱*Paraleyrodes pseudonaranjae*、扶桑绵粉蚧*Phenacoccus solenopsis*、松树蜂*Sirex noctilio*、日本鞘瘿蚊*Thecodiplosis japonensis*。

2006年以前发现的外来林业有害生物（32种）：落叶松葡萄座腔菌（落叶松枯梢病）*Botryosphaeria laricina*、椰心叶甲*Brontispa longissima*、松材线虫*Bursaphelenchus xylophilus*、曲纹紫灰蝶*Chilades pandava*、茶藨生柱锈菌（五针松疱锈病）*Cronartium ribicola*、苹果蠹蛾*Cydia pomonella*、红脂大小蠹*Dendroctonus valens*、水葫芦*Eichhornia crassipes*、苹果绵蚜*Eriosoma lanigerum*、紫茎泽兰*Eupatorium adenophorum*、飞机草*Eupatorium odoratum*、西花蓟马*Frankliniella occidentalis*、松突圆蚧*Hemiberlesia pitysophila*、双钩异翅长蠹*Heterobostrychus aequalis*、美国白蛾*Hyphantria cunea*、松针座盘孢菌（松针褐斑病）*Lecanosticta acicola*、美洲斑潜蝇*Liriomyza sativae*、日本松干蚧*Matsucoccus matsumurae*、薇甘菊*Mikania micrantha*、刺槐叶瘿蚊*Obolodiplosis robiniae*、水椰八角铁甲*Octodonta nipae*、蔗扁蛾*Opogona sacchari*、湿地松粉蚧*Oracella acuta*、杨树花叶病毒*Poplar mosaic Virus*、刺桐姬小蜂*Quadrastichus erythrinae*、褐纹甘蔗象*Rhabdoscelus lineaticollis*、锈色棕榈象*Rhynchophorus ferrugineus*、红火蚁*Solenopsis invicta*、加拿大一枝黄花*Solidago canadensis*、大米草*Spartina anglica*、茶藨子透翅蛾*Synanthedon tipuliformis*、温室粉虱*Trialeurodes vaporariorum*。

（4）《植物检疫条例实施细则（农业部分）》

1995年2月25日中华人民共和国农业部令第五号发布《植物检疫条例实施细则（农业部分）》；根据1997年12月25日农业部令第39号发布的《中华人民共和国农业部令第39号》第一次修正；根据2004年

7月1日农业部令第38号发布，自2004年7月1日起施行的《农业部关于修订农业行政许可规章和规范性文件的决定》第二次修正；根据2007年11月8日农业部令第六号公布的《农业部现行规章清理结果》第三次修正。

《植物检疫条例实施细则（农业部分）》是农业农村部根据《植物检疫条例》第二十三条的规定制定的细则，适用于国内农业植物检疫，不包括林业和进出境植物检疫，共8章30条。农业部主管全国农业植物检疫工作，其执行机构是所属的植物检疫机构；各省、自治区、直辖市农业主管部门主管本地区的农业植物检疫工作；县级以上地方各级农业主管部门所属的植物检疫机构负责执行本地区的植物检疫任务。各级植物检疫机构的职责范围如下：农业部所属植物检疫机构，负责国外引进种子、苗木和其他繁殖材料（国家禁止进境的除外）的检疫审批；省级植物检疫机构，负责签发植物检疫证书，承办授权范围内的国外引种检疫审批和省间调运应施检疫的植物、植物产品的检疫手续，监督检查引种单位进行消毒处理和隔离试种；地（市）、县级植物检疫机构，负责在种子、苗木和其他繁殖材料的繁育基地执行产地检疫。按照规定承办应施检疫的植物、植物产品的调运检疫手续。对调入的应施检疫的植物、植物产品，必要时进行复检。监督和指导引种单位进行消毒处理和隔离试种。全国植物检疫对象、国外新传入和国内突发性的危险性病、虫、杂草的疫情，由农业部发布；各省、自治区、直辖市补充的植物检疫对象的疫情，由各省、自治区、直辖市农业主管部门发布，并报农业部备案。

从国外引进种子、苗木和其他繁殖材料（国家禁止进境的除外），实行农业部和省、自治区、直辖市农业主管部门两级审批。种苗的引进单位或者代理进口单位应当在对外签订贸易合同、协议三十日前向种苗种植地的省、自治区、直辖市植物检疫机构提出申请，办理国外引种检疫审批手续。引种数量较大的，由种苗种植地的省、自治区、直辖市植物检疫机构审核并签署意见后，报农业部农业司或其授权单位审批。国务院有关部门所属的在京单位、驻京部队单位、外国驻京机构等引种，应当在对外签订贸易合同、协议三十日前向农业部农业司或其授权单位提出申请，办理国外引种检疫审批手续。国外引种检疫审批管理办法由农业部另行制定。从国外引进种子、苗木等繁殖材料，必须符合下列检疫要求：（一）引进种子、苗木和其他繁殖材料的单位或者代理单位必须在对外贸易合同或者协议中订明中国法定的检疫要求，并订明输出国家或者地区政府植物检疫机关出具检疫证书，证明符合中国的检疫要求。（二）引进单位在申请引种前，应当安排好试种计划。引进后，必须在指定的地点集中进行隔离试种，隔离试种的时间，一年生作物不得少于一个生育周期，多年生作物不得少于二年。在隔离试种期内，经当地植物检疫机关检疫，证明确实不带检疫对象的，方可分散种植。如发现检疫对象或者其他危险性病、虫、杂草，应认真按植物检疫机构的意见处理。各省、自治区、直辖市农业主管部门应根据需要逐步建立植物检疫隔离试种场（圃）。

（5）《全国农业植物检疫性有害生物名单》与《全国农业植物检疫性有害生物分布行政区名录》

2006年3月2日农业部令第617号发布全国农业植物检疫性有害生物名单，共43种（属）。

其中，昆虫17种：菜豆象*Acanthoscelides obtectus*（Say），柑橘小实蝇*Bactrocera dorsalis*（Hendel），柑橘大实蝇*Bactrocera minax*（Enderlein），蜜柑大实蝇*Bactrocera tsuneonis*（Miyake），三叶斑潜蝇*Liriomyza trifolii*（Burgess），椰心叶甲*Brontispa longissima* Gestro，四纹豆象*Callosobruchus maculates*（Fabricius），苹果蠹蛾*Cydia pomonella*（Linnaeus），葡萄根瘤蚜*Daktulosphaira vitifoliae* Fitch，苹果绵蚜*Eriosoma lanigerum*（Hausmann），美国白蛾*Hyphantria cunea*（Drury），马铃薯甲虫*Leptinotarsa decemlineata*（Say），稻水象甲*Lissorhoptrus oryzophilus* Kuschel，蔗扁蛾*Opogona sacchari* Bojer，红火蚁*Solenopsis invicta* Buren，芒果果肉象甲*Sternochetus frigidus*（Fabricius），芒果果实象甲*Sternochetus olivieri*（Faust）。

线虫3种：菊花滑刃线虫*Aphelenchoides ritzemabosi*（Schwartz）Steiner & Buhrer，腐烂茎线虫*Ditylenchus destructor* Thorne，香蕉穿孔线虫*Radopholus similes*（Cobb）Thorne。

细菌7种：瓜类果斑病菌*Acidovorax avenae* subsp. *citrulli*（Schaad et a.）Willems et al，柑橘黄龙病菌*Candidatus liberobacter asiaticum* Jagoueix et al，番茄溃疡病菌*Clavibacter michiganensis* subsp. *michiganensis*（Smith）Davis et al，十字花科黑斑病菌*Pseudomonas* *syringae* pv. *maculicola*（McCulloch）Young et al，番茄细菌性叶斑病菌*Pseudomonas syringae* pv. *tomato*（Okabe）Young, Dye & Wilkie，柑橘溃疡病菌*Xanthomonas axonopodis* pv. *citri*（Hasse）Vauterin et al，水稻细菌性条斑病菌*Xanthomonas oryzae* pv. *oryzicola*（Fang et al.）Swings et al。

真菌8种：黄瓜黑星病菌*Cladosporium cucumerinum* Ellis & Arthur，香蕉镰刀菌枯萎病菌4号小种*Fusarium oxysporum* f. sp. *cubense*（Smith）Snyder & Hansen Race 4，玉米霜霉病菌*Peronosclerospora* spp.，大豆疫霉病菌*Phytophthora sojae* Kaufmann & Gerdemann，马铃薯癌肿病菌*Synchytrium endobioticum*（Schilb.）Percival，苹果黑星病菌*Venturia inaequalis*（Cooke）Winter，苜蓿黄萎病菌*Verticillium albo-atrum* Reinke & Berthold，棉花黄萎病菌*Verticillium dahliae* Kleb.。

病毒3种：李属坏死环斑病毒*Prunus* necrotic ringspot ilarvirus，烟草环斑病毒*Tobacco* ringspot nepovirus，番茄斑萎病毒*Tomato* spotted wilt tospovirus。

杂草5种（属）：豚草属*Ambrosia* spp.，菟丝子属*Cuscuta* spp.，毒麦*Lolium temulentum* L.，列当属*Orobanche* spp.，假高粱*Sorghum halepense*（L.）Pers.。根据《植物检疫条例实施细则（农业部分）》《农业植物疫情报告与发布管理办法》有关规定，依据全国农业植物检疫性有害生物监测调查结果，农业农村部每年汇编修订《全国农业植物检疫性有害生物分布行政区名录》。最新发布时间为2022年7月1日，包含农业植物检疫性有害生物31个种（属）的分布行政区。

（6）《国家重点管理外来入侵物种名录（第一批）》

2013年2月1日，为加强外来入侵生物管理，防范外来有害生物传播危害，保障中国生态安全、农业生产和人体健康，中华人民共和国农业农村部制定并发布了《国家重点管理外来入侵物种名录（第一批）》，要求各有关部门要依据职能分工，加强外来入侵物种监测和防治。

国家重点管理外来入侵物种名录（第一批）共52种。

其中，植物21种：节节麦*Aegilops tauschii* Coss.，紫茎泽兰*Ageratina adenophora*（Spreng.）King & H. Rob.（= *Eupatorium* *adenophorum* Spreng.），水花生（空心莲子草）*Alternanthera philoxeroides*（Mart.）Griseb.，长芒苋*Amaranthus palmeri* Watson，刺苋*Amaranthus spinosus* L.，豚草*Ambrosia artemisiifolia* L.，三裂叶豚草*Ambrosia trifida* L.，少花蒺藜草*Cenchrus pauciflorus* Bentham，飞机草*Chromolaena odorata*（L.）R.M. King & H. Rob.（= *Eupatorium odoratum* L.），水葫芦（凤眼莲）*Eichhornia crassipes*（Martius）Solms-Laubach，黄顶菊*Flaveria bidentis*（L.）Kuntze，马缨丹*Lantana camara* L.，毒麦*Lolium temulentum* L.，薇甘菊*Mikania micrantha* Kunth ex H.K.B.，银胶菊*Parthenium hysterophorus* L.，大藻*Pistia stratiotes* L.，假臭草*Praxelis clematidea*（Griseb.）R. M. King et H. Rob.（= *Eupatorium catarium* Veldkamp），刺萼龙葵*Solanum rostratum* Dunal，加拿大一枝黄花*Solidago canadensis* L.，假高粱*Sorghum halepense*（L.）Persoon，互花米草*Spartina alterniflora* Loiseleur。

软体动物2种：非洲大蜗牛*Achatina fulica*（Bowdich），福寿螺*Pomacea canaliculata*（Lamarck）。

鱼类1种：纳氏锯脂鲤（食人鲳）*Pygocentrus nattereri* Kner。

两栖爬行类2种：牛蛙*Rana catesbeiana* Shaw，巴西龟*Trachemys scripta elegans*（Wied-Neuwied）。

昆虫21种：螺旋粉虱*Aleurodicus dispersus* Russell，橘小实蝇*Bactrocera*（*Bactrocera*）*dorsalis*（Hendel），瓜实蝇*Bactrocera*（*Zeugodacus*）*cucurbitae*（Coquillett），烟粉虱*Bemisia tabaci* Gennadius，椰心叶甲*Brontispa longissima*（Gestro），枣实蝇*Carpomya vesuviana* Costa，悬铃木方翅网蝽*Corythucha ciliata* Say，苹果蠹蛾*Cydia pomonella*（L.），红脂大小蠹*Dendroctonus valens* LeConte，西花蓟马*Frankliniella occidentalis* Pergande，松突圆蚧*Hemiberlesia pitysophila* Takagi，美国白蛾*Hyphantria cunea*（Drury），马铃薯甲虫*Leptinotarsa decemlineata*（Say），桉树枝瘿姬小蜂 *Leptocybe invasa* Fisher & LaSalle，美洲斑潜蝇*Liriomyza sativae* Blanchard，三叶草斑潜蝇*Liriomyza trifolii*（Burgess），稻水象甲*Lissorhoptrus oryzophilus* Kuschel，扶桑绵粉蚧*Phenacoccus solenopsis* Tinsley，刺桐姬小蜂*Quadrastichus erythrinae* Kim，红棕象甲*Rhynchophorus ferrugineus* Olivier，红火蚁*Solenopsis invicta* Buren。

线虫2种：松材线虫*Bursaphelenchus xylophilus*（Steiner & Bührer）Nickle，香蕉穿孔线虫*Radopholus similis*（Cobb）Thorne。

病菌3种：尖镰孢古巴专化型4号小种*Fusarium oxysporum* f. sp. *cubense* Schlechtend（Smith）Snyder & Hansen Race 4，大豆疫霉病菌*Phytophthora sojae* Kaufmann & Gerdemann，番茄细菌性溃疡病菌*Clavibacter michiganensis* subsp. *michiganensis*（Smith）Davis et al.。

（7）《自然生态系统外来入侵物种名单》

中华人民共和国生态环境部会同中国科学院先后发布了4批（2003年1月10日、2010年1月7日、2014年8月15日、2016年12月12日）"自然生态系统外来入侵物种名单"，共71种外来入侵物种，包括40种植物和31种动物（表4-1-1）。

表4-1-1 中国自然生态系统外来入侵物种名单

序号	批次	批次序号	类群	物种	学名
1	1	1	植物	紫茎泽兰	*Eupatorium adenophorum* Spreng.
2	1	2	植物	薇甘菊	*Mikania micrantha* H. B. K.
3	1	3	植物	空心莲子草	*Alternanthera philoxeroides* (Mart.) Griseb
4	1	4	植物	豚草	*Ambrosia artemisiifolia* L.
5	1	5	植物	毒麦	*Lolium temulentum* L.
6	1	6	植物	互花米草	*Spartina alterniflora* Loisel.
7	1	7	植物	飞机草	*Eupatorium odoratum* L.
8	1	8	植物	凤眼莲	*Eichhornia crassipes*(Mart.)Solms
9	1	9	植物	假高粱	*Sorghum halepense* (L.) Pers.
10	1	10	动物	蔗扁蛾	*Opogona sacchari*(Bojer)
11	1	11	动物	湿地松粉蚧	*Oracella acuta*(Lobdell)
12	1	12	动物	强大小蠹	*Dendroctonus valens* LeConte
13	1	13	动物	美国白蛾	*Hyphantria cunea*(Drury)
14	1	14	动物	非洲大蜗牛	*Achating fulica* (Ferussac)
15	1	15	动物	福寿螺	*Pomacea canaliculata* Spix
16	1	16	动物	牛蛙	*Rana catesbeiana* Shaw
17	2	1	植物	马缨丹	*Lantana camara* L.
18	2	2	植物	三裂叶豚草	*Ambrosia trifida* L.

政策措施

序号	批次	批次序号	类群	物种	学名
19	2	3	植物	大藻	*Pistia stratiotes* L.
20	2	4	植物	加拿大一枝黄花	*Solidago canadensis* L.
21	2	5	植物	蒺藜草	*Cenchrus echinatus* L.
22	2	6	植物	银胶菊	*Parthenium hysterophorus* L.
23	2	7	植物	黄顶菊	*Flaveria bidentis* (L.) Kuntze
24	2	8	植物	土荆芥	*Chenopodium ambrosioides* L.
25	2	9	植物	刺苋	*Amaranthus spinosus* L.
26	2	10	植物	落葵薯	*Anredera cordifolia* (Tenore) Steenis
27	2	11	动物	桉树枝瘿姬小蜂	*Leptocybe invasa* Fisher et La Salle
28	2	12	动物	稻水象甲	*Lissorhoptrus oryzophilus* Kuschel
29	2	13	动物	红火蚁	*Solenopsis invicta* Buren
30	2	14	动物	克氏原螯虾	*Procambarus clarkia* (Girard)
31	2	15	动物	苹果蠹蛾	*Cydia pomonella* (L.)
32	2	16	动物	三叶草斑潜蝇	*Liriomyza trifolii* (Burgess)
33	2	17	动物	松材线虫	*Bursaphelenchus xylophilus* (Steiner et Buhrer) Nickle
34	2	18	动物	松突圆蚧	*Hemiberlesia pitysophila* Takagi
35	2	19	动物	椰心叶甲	*Brontispa longissima* (Gestro)
36	3	1	植物	反枝苋	*Amaranthus retroflexus* L.
37	3	2	植物	钻形紫菀	*Aster subulatus* Michx.
38	3	3	植物	三叶鬼针草	*Bidens pilosa* L.
39	3	4	植物	小蓬草	*Conyza canadensis* (L.) Cronquist
40	3	5	植物	苏门白酒草	*Conyza bonariensis* var. *leiotheca* (S. F. Blake) Cuatrec.
41	3	6	植物	一年蓬	*Erigeron annuus* Pers.
42	3	7	植物	假臭草	*Praxelis clematidea* (Grisebach.) King et Robinson
43	3	8	植物	刺苍耳	*Xanthium spinosum* L.
44	3	9	植物	圆叶牵牛	*Ipomoea purpurea* (L.) Roth

序号	批次	批次序号	类群	物种	学名
45	3	10	植物	长刺蒺藜草	*Cenchrus pauciflorus* Benth.
46	3	11	动物	巴西龟	*Trachemyss cripta elegans* (Wied.)
47	3	12	动物	豹纹脂身鲇	*Pterygoplichthys pardalis* (Castelnau)
48	3	13	动物	红腹锯鲑脂鲤	*Pygocentrus nattereri* Kner 1858
49	3	14	动物	尼罗罗非鱼	*Oreochromis niloticus* (L.)
50	3	15	动物	红棕象甲	*Rhynchophorus ferrugineus* (Oliver)
51	3	16	动物	悬铃木方翅网蝽	*Corythucha ciliata* Say
52	3	17	动物	扶桑绵粉蚧	*Phenacoccus solenopsis* Tinsley
53	3	18	动物	刺桐姬小蜂	*Quadrastichus erythrinae* Kim
54	4	1	植物	长芒苋	*Amaranthus palmeri* S.Watson
55	4	2	植物	垂序商陆	*Phytolacca americana* L.
56	4	3	植物	光荚含羞草	*Mimosa bimucronata* (DC.) Kuntze
57	4	4	植物	五爪金龙	*Ipomoea cairica* (L.) Sweet
58	4	5	植物	喀西茄	*Solanum aculeatissimum* Jacquin
59	4	6	植物	黄花刺茄	*Solanum rostratum* Dunal
60	4	7	植物	刺果瓜	*Sicyos angulatus* L.
61	4	8	植物	藿香蓟	*Ageratum conyzoides* L.
62	4	9	植物	大狼杷草	*Bidens frondosa* L.
63	4	10	植物	野燕麦	*Avena fatua* L.
64	4	11	植物	水盾草	*Cabomba caroliniana* Gray
65	4	12	动物	食蚊鱼	*Gambusia affinis* (Baird et Girard)
66	4	13	动物	美洲大蠊	*Periplaneta americana* (L.)
67	4	14	动物	德国小蠊	*Blattella germanica* (L.)
68	4	15	动物	无花果蜡蚧	*Ceroplastes rusci* (L.)
69	4	16	动物	枣实蝇	*Carpomya vesuviana* Costa
70	4	17	动物	椰子木蛾	*Opisina arenosella* Walker
71	4	18	动物	松树蜂	*Sirex noctilio* Fabricius

289

政策措施

◎ 技术标准

根据《中华人民共和国标准化法》，中国的技术标准体系包括国家标准、行业标准、地方标准和企业标准，从标准性质上可分为强制性标准和推荐性标准。国家标准的技术要求在全国范围内适用，用"国标"汉语拼音的首字母缩写GB表示。对没有国家标准，但需要在某个行业范围内统一要求的技术规范，可以制定行业标准，林业行业标准用"林业"的首字母缩写LY表示，地方标准用"地标"的首字母缩写DB表示。强制性国家标准用GB表示，推荐性国家标准用GB/T表示。2005年全国植物检疫标准化技术委员会成立，同年，成立了林业、农业和进出口植物检疫分技术委员会，负责国家和行业植物检疫标准的制修订。生态环境部、农业农村部、国家林业和草原局相继制定多部外来入侵物种相关的导则及技术标准，多数为推荐性标准。

例如：《外来草本植物普查技术规程（NY/T 1861-2010）》《外来昆虫引入风险评估技术规范（NYT1850-2010）》《外来入侵植物防控技术（SN/T 2961-2011）》《外来物种环境风险评估技术导则（HJ 624—2011）》《外来树种对自然生态系统入侵风险评价技术规程（LY/T 1960-2011）》《紫茎泽兰防控规程（LY/T 2027-2012）》《薇甘菊防治技术规程（LY/T 2422-2015）》《外来入侵植物监测技术规程少花蒺藜草（NYT 2689-2015）》《松材线虫病检疫技术规程（GB/T 23476-2009）》等。

02. 保障措施

《中华人民共和国生物安全法》于2020年10月17日通过，自2021年4月15日起施行，标志着防范外来物种入侵已正式被纳入国家法律保护体系。

2021年1月20日，农业农村部、自然资源部、生态环境部、海关总署、国家林业和草原局发布了《关于印发进一步加强外来物种入侵防控工作方案的通知》，强化制度建设、引种管理、监测预警、防控灭除、科技支撑、责任落实，不断健全防控体系，进一步提升外来物种入侵综合防控能力。到2025年，基本摸清外来入侵物种状况，法律法规和政策体系基本健全，联防联控、群防群治的工作格局基本形成，重大危害入侵物种扩散趋势和入侵风险得到有效遏制。到2035年，外来物种入侵防控体制机制更加健全，重大危害入侵物种扩散趋势得到全面遏制，外来物种入侵风险得到全面管控。

2021年12月28日，国家林业和草原局召开电视电话会议，部署全国森林、草原、湿地生态系统外来入侵物种普查工作。湖北省林业局2022年1月27日，发布"关于印发《湖北省森林、草原、湿地生态系统外来入侵物种普查技术规程》的通知"，有序推进湖北省外来入侵物种普查工作。

根据《中华人民共和国生物安全法》，农业农村部、自然资源部、生态环境部和海关总署制定的《外来入侵物种管理办法》（以下简称《办法》）自2022年8月1日起施行。

加强外来入侵物种管理，总体上坚持风险预防、源头管控、综合治理、协同配合、公众参与，突出重点领域和关键环节，建立健全管理制度，强化联防联控、群防群治，全面提升外来入侵物种管理水平。

◎ 加强全链条管理，健全责任机制

一是加强全链条监管。依照《外来入侵物种管理办法》对外来入侵物种源头预防、监测预警、治理修复等方面作出规定，从各个环节进一步加强外来入侵物种防控，构建全链条防控体系。

二是明确职责分工。湖北省人民政府农业农村主管部门会同有关部门建立外来入侵物种防控协调机制，组织开展本行政区域外来入侵物种防控工作。

大神农架地区各县（神农架林区、巴东县、兴山县、竹溪县、竹山县、房县和保康县）人民政府依法对本行政区域外来入侵物种防治负责，提供必要的资金支撑和保障，组织、协调、督促有关部门依法履行外来入侵物种防控管理职责。

大神农架地区以上各县①农业农村主管部门负责农田生态系统、

渔业水域等区域外来入侵物种的监督管理；②林业草原主管部门负责森林、草原、湿地生态系统和自然保护地等区域外来入侵物种的监督管理；③生态环境主管部门负责外来入侵物种对生物多样性影响的监督管理；④交通、城镇、市场等相关县级主管部门负责高速公路沿线、城镇绿化带、花卉苗木交易市场等区域的外来入侵物种监督管理。

大神农架地区以上各县人民政府有关部门应当组织制订本行政区域相关领域外来入侵物种突发事件应急预案。

各级政府和相关部门，需制定外来入侵物种的管理办法细则，列出清单，明文规定控制的内容、权利和责任，建立举报制度，对随意传播行为进行惩罚，对积极控制入侵种的个人或团体予以奖励，从而全面实现入侵物种的依法管理。

加强部门协调，提高防控效率。外来入侵植物的控制任务十分艰巨，不是个人或某个单位能够独立完成的，对外来入侵植物的控制已成为了一个社会性的问题，涉及的部门有环保、农林、科研、旅游、交通等多个部门，需要落实责任，协调配合。

◎ 加强源头预防

通过规范引种、强化口岸防控、加强境内检疫进行源头预防。

（1）严格审批制度，规范引种管理。根据《生物安全法》《进出境动植物检疫法》及相关法规条例，依据审批权限办理进口审批与检疫审批，规范从境外引进农作物和林草种子苗木、水产苗种等外来物种或品种。首次引种，引进单位应当进行风险分析，并向审批部门提交风险评估报告。对可能潜伏有危险性林木有害生物的林木种子、苗木应当隔离试种，经试种确认不带危险性林业有害生物的，方可种植。为了观赏价值或其他目的的引进物种并不是正确保护生态环境的做法。

（2）加强口岸防控。加强海关口岸防控，对非法引进、携带、寄递、走私外来物种等违法行为进行打击，对发现的外来入侵物种依法进行处置。

（3）加强境内检疫。植物检疫是防止危险性病、虫、杂草传播蔓延的有效手段。县级以上农业农村、林业草原主管部门加强境内跨区域调运农作物和林草种子苗木、植物产品、水产苗种等检疫监管，防止外来入侵物种扩散传播。

◎ 外来入侵物种监测预警

（1）调查监测。建立外来入侵物种普查和监测制度，每十年组织开展一次全区普查，构建全区外来入侵物种监测网络，开展常态化监测。在农田、渔业水域、森林、草原、湿地、主要入境口岸等区域，加快实施外来入侵物种普查，摸清大神农架地区外来入侵物种的种类数量、分布范围、危害程度等情况。而且，有效防控入侵物种入侵，必须依靠科学。要组织科研、教学和生产部门的专家对外来入侵种进行调查监测，对其进行分类学研究，准确鉴定，列出当地外来入侵种名录及尚未成为外来入侵种的外来种名录；掌握每个外来种的出现地及其入侵阶段；明确外来入侵种的分布、生境及其种群消长动态；对外来种和外来入侵种都做出风险评估。

（2）发布预警预报。湖北省农业农村、林业草原等主管部门和海关应当加强监测信息共享，分析研判外来入侵物种发生、扩散趋势，及时发布预警预报，指导开展防控。

（3）规范信息发布。在调查、监测和预警研判的基础上，按职责权限规范发布本行政区域外来入侵物种情况。全国外来入物种总体情况由农业农村部商有关部门统一发布。相关领域外来入侵物种发生情况由国务院有关部门按职责权限发布。省级农业农村主管部门商有关部门统一发布本行政区域外来入侵物种情况。

◎ 实施治理修复

按照上级部门制订的外来入侵物种防控策略措施，结合大神农架地区的实际情况，制订防控治理方案，落实防控措施，有力推进外来入侵物种治理修复。对外来入侵植物的治理，根据实际情况，在生长关键时期（苗期、开花期或结实期等），采取人工拔除、机械铲除、喷施绿色药剂、释放生物天敌等措施。对外来入侵病虫害的治理，应当采取选用抗病虫品种、种苗预处理、物理清除、化学灭除、生物防治等措施，有效阻止病虫害扩散蔓延。对外来入侵水生动物的治理，应采取针对性捕捞等措施，防止其进一步扩散危害。因地制宜采取种植乡土植物、放流本地种等生物控制措施，对外来入侵物种发生区域进行生态系统恢复。针对大神农架地区外来入侵物种的种类、空间分布等特点，分类别、分物种制定防控指南，明确防控关键时期、重点区域和主要措施，加强对治理工作的政策支持和技术指导，采取综合措施，有效治理外来入侵物种。

◎ 宣传落实，引导公众参与

（1）做好外来入侵物种相关法律法规的宣传解读。采取线上线下相结合方式，组织对农业农村、林业、生态环保等各级管理人员和检疫人员开展培训，做好法律法规相关条款的解读，提高依法监督管理能力。

（2）加强宣传教育与科学普及，鼓励引导公众依法参与防控工作，任何单位和个人未经批准，不得擅自引进、释放或者丢弃外来物种。①制作发放通俗易懂的科普宣传材料，提升公众防控意识。②要进一步加强对生物入侵危害性的宣传教育，通过广播、电视、报纸、网络等新闻媒介广泛宣传盲目引进外来有害生物的危害性，提高全民防范意识，减少旅游、贸易、运输等人类活动有意、无意引进外来物种，鼓励人们积极参与外来入侵种的防除活动。③宣传植物检疫工作的重大意义，为植物检疫工作和外来有害生物防治工作顺利开展奠定良好的基础。④向旅游者提供有关信息和行动建议，防止旅游带来新的入侵种。

SHENNONGJIA

参考文献

陈旗涛, 李智, 邹松, 等. 湖北省外来入侵植物的现状及防治对策[J]. 湖北植保, 2014, 5: 49–52.

丁建清, 王韧. 外来种对中国生物多样性的影响[M]. 见:《中国生物多样性国情研究报告》编写组. 中国生物多样性国情研究报告. 北京: 中国环境科学出版社, 1998.

方精云, 王襄平, 沈泽昊, 等. 植物群落清查的主要内容、方法和技术规范[J]. 生物多样性, 2009, 17(6): 533–548.

高雷, 李博. 入侵植物凤眼莲研究现状及其存在的问题[J]. 植物生态学报, 2004, 28: 735–752.

何家庆. 中国外来植物[M]. 上海: 上海科技出版社, 2012.

金效华, 林秦文, 赵宏. 中国外来入侵植物志（第四卷）[M]. 上海: 上海交通大学出版社, 2020.

类延宝, 肖海峰, 冯玉龙. 外来植物入侵对生物多样性的影响及本地生物的进化响应[J]. 生物多样性, 2010, 18 (6): 622–630.

李振宇, 解焱. 中国外来入侵种[M]. 北京: 中国林业出版社, 2002.

刘全儒, 张勇, 齐淑艳. 中国外来入侵植物志（第三卷）[M]. 上海: 上海交通大学出版社, 2020.

刘胜祥, 秦伟. 湖北省外来入侵植物的初步研究[J]. 华中师范大学学报(自然科学版), 2018, 38: 223–227.

马金双, 李惠茹. 中国入侵植物名录[M]. 北京: 高等教育出版社, 2018.

万方浩, 刘全儒, 谢明. 生物入侵: 中国外来入侵植物图鉴[M]. 北京: 科学出版社, 2012.

王瑞江, 王国发, 曾宪锋. 中国外来入侵植物志（第二卷）[M]. 上海: 上海交通大学出版社, 2020.

谢宗强, 陈志刚, 樊大勇, 等. 生物入侵的危害与防治对策[J]. 应用生态学报, 2003, 14: 1795–1798.

谢宗强, 申国珍, 周友兵, 等. 神农架世界自然遗产地的全球突出普遍价值及其保护[J]. 生物多样性, 2017, 25: 490–497.

徐海根, 强胜. 中国外来入侵生物[M]. 北京: 科学出版社, 2018.

徐海根, 强胜. 中国外来入侵物种编目[M]. 北京: 中国环境科学出版社, 2004.

闫小玲, 寿海洋, 马金双. 中国外来入侵植物研究现状及存在的问题[J]. 植物分类与资源学报, 2012, 34: 287–313.

闫小玲, 严靖, 王樟华, 等. 中国外来入侵植物志（第一卷）[M]. 上海: 上海交通大学出版社, 2020.

严靖, 唐赛春, 李惠茹, 等. 中国外来入侵植物志（第五卷）[M]. 上海: 上海交通大学出版社, 2020.

严靖, 闫小玲, 马金双. 中国外来入侵植物彩色图鉴[M]. 上海: 上海科学技术出版社, 2016.

于胜祥, 陈瑞辉. 中国口岸外来入侵植物彩色图鉴[M]. 郑州: 河南科学技术出版社, 2020.

俞红, 王红玲, 喻大昭, 等. 湖北省外来物种入侵问题研究[J]. 长江流域资源与环境, 2011, 20: 1131–1138.

喻大昭. 湖北省外来入侵生物及其与社会经济活动的关系[J]. 生物安全学报, 2011, 20(1): 56–63.

曾珂, 朱玉琼, 刘家熙. 豚草属植物研究进展[J]. 草业学报, 2010, 19: 212–219.

神农架外来入侵植物识别和监测防控手册

中国科学院植物研究所. 国家植物标本资源库[DB/OL]. http://www.cvh.ac.cn, 2022-10-28.

中国科学院植物研究所. 中国外来入侵物种信息系统[DB/OL]. http://www.iplant.cn/ias/, 2022-10-28.

中国科学院植物研究所. 中国植物图像库[DB/OL/. http://ppbc.iplant.cn/, 2008.

中国科学院中国植物志编辑委员会. 中国植物志: 第二至八十卷[M]. 北京：科学出版社, 1959-2004. http:// www.iplant.cn/frps.

中国农业科学院农业环境与可持续发展研究所, 中国农业大学. NY/T 1861-2010, 外来草本植物普查技术规程[S].

中国农业科学院农业环境与可持续发展研究所, 中国农业大学. NY/T 1862-2010, 外来入侵植物监测技术规程加拿大一枝黄花[S].

中华人民共和国国家质量监督检验检疫总局, 中国国家标准化管理委员会. GB/T 17296-2009, 中国土壤分类与代码[S].

中华人民共和国国家质量监督检验检疫总局、中国国家标准化管理委员会. GB/T 21010-2017, 土地利用现状分类[S].

中华人民共和国环境保护部, 中国科学院. 中国第三批外来入侵物种名单[Z]. 2014-8-15.

中华人民共和国环境保护部, 中国科学院. 中国第四批外来入侵物种名单[Z]. 2016-12-20.

中华人民共和国环境保护部. 中国第二批外来入侵植物名单[Z]. 2010-1-7.

中华人民共和国环境保护总局. 中国第一批外来入侵物种名单[Z]. 2003-1-10.

CHENG H, WU B, YU Y, et al. The allelopathy of horseweed with different invasion degrees in three provinces along the Yangtze River in China[J]. Physiol Mol Biol Plants, 2021, 27(3): 483-495.

Flora of China Editorial Committee. Flora of China[M]. Beijing and St. Louis: Science Press and Missouri Botanical Garden Press, 1994-2013. www.iplant.cn/foc.

LOWE S, BROWNE M, BOUDJELAS S, et al. 100 of the World's worst invasive alien species: a selection from the Global Invasive Species Database [DB/OL]. http://iucngisd.org/gisd/100_worst.php., 2004-6-10.

WANG C, WEI M, WANG S, et al. *Erigeron annuus* (L.) Pers. and *Solidago canadensis* L. antagonistically affect community stability and community invasibility under the co-invasion condition[J]. Science of the Total Environment, 2020, 716: 137128.

SHENNONGJIA

附录　法律法规

一、《中华人民共和国生物安全法》

中华人民共和国生物安全法

（2020年10月17日第十三届全国人民代表大会常务委员会第二十二次会议通过）

目录

第一章　总则

第一条　为了维护国家安全，防范和应对生物安全风险，保障人民生命健康，保护生物资源和生态环境，促进生物技术健康发展，推动构建人类命运共同体，实现人与自然和谐共生，制定本法。

第二条　本法所称生物安全，是指国家有效防范和应对危险生物因子及相关因素威胁，生物技术能够稳定健康发展，人民生命健康和生态系统相对处于没有危险和不受威胁的状态，生物领域具备维护国家安全和持续发展的能力。

从事下列活动，适用本法：

（一）防控重大新发突发传染病、动植物疫情；

（二）生物技术研究、开发与应用；

（三）病原微生物实验室生物安全管理；

（四）人类遗传资源与生物资源安全管理；

（五）防范外来物种入侵与保护生物多样性；

（六）应对微生物耐药；

（七）防范生物恐怖袭击与防御生物武器威胁；

（八）其他与生物安全相关的活动。

第三条　生物安全是国家安全的重要组成部分。维护生物安全应当贯彻总体国家安全观，统筹发展和安全，坚持以人为本、风险预防、分类管理、协同配合的原则。

第四条　坚持中国共产党对国家生物安全工作的领导，建立健全国家生物安全领导体制，加强国家生物安全风险防控和治理体系建设，提高国家生物安全治理能力。

第五条　国家鼓励生物科技创新，加强生物安全基础设施和生物科技人才队伍建设，支持生物产业发展，以创新驱动提升生物科技水平，增强生物安全保障能力。

第六条　国家加强生物安全领域的国际合作，履行中华人民共和国缔结或者参加的国际条约规定的义务，支持参与生物科技交流合作与生物安全事件国际救援，积极参与生物安全国际规则的研究与制定，推动完善全球生物安全治理。

第七条　各级人民政府及其有关部门应当加强生物安全法律法规和生物安全知识宣传普及工作，引导基层群众性自治组织、社会组织开展生物安全法律法规和生物安全知识宣传，促进全社会生物安全意识的提升。

相关科研院校、医疗机构以及其他企业事业单位应当将生物安全法律法规和生物安全知识纳入教育培训内容，加强学生、从业人员生物安全意识和伦理意识的培养。

新闻媒体应当开展生物安全法律法规和生物安全知识公益宣传，对生物安全违法行为进行舆论监督，增强公众维护生物安全的社会责任意识。

第八条　任何单位和个人不得危害生物安全。

任何单位和个人有权举报危害生物安全的行为；接到举报的部门应当及时依法处理。

第九条　对在生物安全工作中做出突出贡献的单位和个人，县级以上人民政府及其有关部门按照国家规定予以表彰和奖励。

第二章　生物安全风险防控体制

第十条　中央国家安全领导机构负责国家生物安全工作的决策和议事协调，研究制定、指导实施国家生物安全战略和有关重大方针政策，统筹协调国家生物安全的重大事项和重要工作，建立国家生物安全工作协调机制。

省、自治区、直辖市建立生物安全工作协调机制，组织协调、督促推进本行政区域内生物安全相关工作。

第十一条　国家生物安全工作协调机制由国务院卫生健康、农业农村、科学技术、外交等主管部门和有关军事机关组成，分析研判国家生物安全形势，组织协调、督促推进国家生物安全相关工作。国家生物安全工作协调机制设立办公室，负责协调机制的日常工作。

国家生物安全工作协调机制成员单位和国务院其他有关部门根据职责分工，负责生物安全相关工作。

第十二条　国家生物安全工作协调机制设立专家委员会，为国家生物安全战略研究、政策制定及实施提供决策咨询。

国务院有关部门组织建立相关领域、行业的生物安全技术咨询专家委员会，为生物安全工作提供咨询、评估、论证等技术支撑。

第十三条　地方各级人民政府对本行政区域内生物安全工作负责。

县级以上地方人民政府有关部门根据职责分工，负责生物安全相关工作。

基层群众性自治组织应当协助地方人民政府以及有关部门做好生物安全风险防控、应急处置和宣传教育等工作。

有关单位和个人应当配合做好生物安全风险防控和应急处置等工作。

第十四条 国家建立生物安全风险监测预警制度。国家生物安全工作协调机制组织建立国家生物安全风险监测预警体系，提高生物安全风险识别和分析能力。

第十五条 国家建立生物安全风险调查评估制度。国家生物安全工作协调机制应当根据风险监测的数据、资料等信息，定期组织开展生物安全风险调查评估。

有下列情形之一的，有关部门应当及时开展生物安全风险调查评估，依法采取必要的风险防控措施：

（一）通过风险监测或者接到举报发现可能存在生物安全风险；

（二）为确定监督管理的重点领域、重点项目，制定、调整生物安全相关名录或者清单；

（三）发生重大新发突发传染病、动植物疫情等危害生物安全的事件；

（四）需要调查评估的其他情形。

第十六条 国家建立生物安全信息共享制度。国家生物安全工作协调机制组织建立统一的国家生物安全信息平台，有关部门应当将生物安全数据、资料等信息汇交国家生物安全信息平台，实现信息共享。

第十七条 国家建立生物安全信息发布制度。国家生物安全总体情况、重大生物安全风险警示信息、重大生物安全事件及其调查处理信息等重大生物安全信息，由国家生物安全工作协调机制成员单位根据职责分工发布；其他生物安全信息由国务院有关部门和县级以上地方人民政府及其有关部门根据职责权限发布。

任何单位和个人不得编造、散布虚假的生物安全信息。

第十八条 国家建立生物安全名录和清单制度。国务院及其有关部门根据生物安全工作需要，对涉及生物安全的材料、设备、技术、活动、重要生物资源数据、传染病、动植物疫病、外来入侵物种等制定、公布名录或者清单，并动态调整。

第十九条 国家建立生物安全标准制度。国务院标准化主管部门和国务院其他有关部门根据职责分工，制定和完善生物安全领域相关标准。

国家生物安全工作协调机制组织有关部门加强不同领域生物安全标准的协调和衔接，建立和完善生物安全标准体系。

第二十条 国家建立生物安全审查制度。对影响或者可能影响国家安全的生物领域重大事项和活动，由国务院有关部门进行生物安全审查，有效防范和化解生物安全风险。

第二十一条 国家建立统一领导、协同联动、有序高效的生物安全应急制度。

国务院有关部门应当组织制定相关领域、行业生物安全事件应急预案，根据应急预案和统一部署开展应急演练、应急处置、应急救援和事后恢复等工作。

县级以上地方人民政府及其有关部门应当制定并组织、指导和督促相关企业事业单位制定生物安全事件应急预案，加强应急准备、人员培训和应急演练，开展生物安全事件应急处置、应急救援和事后恢复等工作。

中国人民解放军、中国人民武装警察部队按照中央军事委员会的命令，依法参加生物安全事件应急处置和应急救援工作。

第二十二条 国家建立生物安全事件调查溯源制度。发生重大新发突发传染病、动植物疫情和不明原因的生物安全事件，国家生物安全工作协调机制应当组织开展调查溯源，确定事件性质，全面评估事件影响，提出意见建议。

第二十三条 国家建立首次进境或者暂停后恢复进境的动植物、动植物产品、高风险生物因子国家准入制度。

进出境的人员、运输工具、集装箱、货物、物品、包装物和国际航行船舶压舱水排放等应当符合中国生物安全管理要求。

海关对发现的进出境和过境生物安全风险，应当依法处置。经评估为生物安全高风险的人员、运输工具、货物、物品等，应当从指定的国境口岸进境，并采取严格的风险防控措施。

第二十四条 国家建立境外重大生物安全事件应对制度。境外发生重大生物安全事件的，海关依法采取生物安全紧急防控措施，加强证件核验，提高查验比例，暂停相关人员、运输工具、货物、物品等进境。必要时经国务院同意，可以采取暂时关闭有关口岸、封锁有关国境等措施。

第二十五条 县级以上人民政府有关部门应当依法开展生物安全监督检查工作，被检查单位和个人应当配合，如实说明情况，提供资料，不得拒绝、阻挠。

涉及专业技术要求较高、执法业务难度较大的监督检查工作，应当有生物安全专业技术人员参加。

第二十六条 县级以上人民政府有关部门实施生物安全监督检查，可以依法采取下列措施：

（一）进入被检查单位、地点或者涉嫌实施生物安全违法行为的场所进行现场监测、勘查、检查或者核查；

（二）向有关单位和个人了解情况；

（三）查阅、复制有关文件、资料、档案、记录、凭证等；

（四）查封涉嫌实施生物安全违法行为的场所、设施；

（五）扣押涉嫌实施生物安全违法行为的工具、设备以及相关物品；

（六）法律法规规定的其他措施。

有关单位和个人的生物安全违法信息应当依法纳入全国信用信息共享平台。

第三章　防控重大新发突发传染病、动植物疫情

第二十七条 国务院卫生健康、农业农村、林业草原、海关、生态环境主管部门应当建立新发突发传染病、动植物疫情、进出境检疫、生物技术环境安全监测网络，组织监测站点布局、建设，完善监测信息报告系统，开展主动监测和病原检测，并纳入国家生物安全风险监测预警体系。

第二十八条 疾病预防控制机构、动物疫病预防控制机构、植物病虫害预防控制

机构（以下统称专业机构）应当对传染病、动植物疫病和列入监测范围的不明原因疾病开展主动监测，收集、分析、报告监测信息，预测新发突发传染病、动植物疫病的发生、流行趋势。

国务院有关部门、县级以上地方人民政府及其有关部门应当根据预测和职责权限及时发布预警，并采取相应的防控措施。

第二十九条　任何单位和个人发现传染病、动植物疫病的，应当及时向医疗机构、有关专业机构或者部门报告。

医疗机构、专业机构及其工作人员发现传染病、动植物疫病或者不明原因的聚集性疾病的，应当及时报告，并采取保护性措施。

依法应当报告的，任何单位和个人不得瞒报、谎报、缓报、漏报，不得授意他人瞒报、谎报、缓报，不得阻碍他人报告。

第三十条　国家建立重大新发突发传染病、动植物疫情联防联控机制。

发生重大新发突发传染病、动植物疫情，应当依照有关法律法规和应急预案的规定及时采取控制措施；国务院卫生健康、农业农村、林业草原主管部门应当立即组织疫情会商研判，将会商研判结论向中央国家安全领导机构和国务院报告，并通报国家生物安全工作协调机制其他成员单位和国务院其他有关部门。

发生重大新发突发传染病、动植物疫情，地方各级人民政府统一履行本行政区域内疫情防控职责，加强组织领导，开展群防群控、医疗救治，动员和鼓励社会力量依法有序参与疫情防控工作。

第三十一条　国家加强国境、口岸传染病和动植物疫情联合防控能力建设，建立传染病、动植物疫情防控国际合作网络，尽早发现、控制重大新发突发传染病、动植物疫情。

第三十二条　国家保护野生动物，加强动物防疫，防止动物源性传染病传播。

第三十三条　国家加强对抗生素药物等抗微生物药物使用和残留的管理，支持应对微生物耐药的基础研究和科技攻关。

县级以上人民政府卫生健康主管部门应当加强对医疗机构合理用药的指导和监督，采取措施防止抗微生物药物的不合理使用。县级以上人民政府农业农村、林业草原主管部门应当加强对农业生产中合理用药的指导和监督，采取措施防止抗微生物药物的不合理使用，降低在农业生产环境中的残留。

国务院卫生健康、农业农村、林业草原、生态环境等主管部门和药品监督管理部门应当根据职责分工，评估抗微生物药物残留对人体健康、环境的危害，建立抗微生物药物污染物指标评价体系。

第四章　生物技术研究、开发与应用安全

第三十四条　国家加强对生物技术研究、开发与应用活动的安全管理，禁止从事危及公众健康、损害生物资源、破坏生态系统和生物多样性等危害生物安全的生物技术研究、开发与应用活动。

从事生物技术研究、开发与应用活动，应当符合伦理原则。

第三十五条 从事生物技术研究、开发与应用活动的单位应当对本单位生物技术研究、开发与应用的安全负责，采取生物安全风险防控措施，制定生物安全培训、跟踪检查、定期报告等工作制度，强化过程管理。

第三十六条 国家对生物技术研究、开发活动实行分类管理。根据对公众健康、工业农业、生态环境等造成危害的风险程度，将生物技术研究、开发活动分为高风险、中风险、低风险三类。

生物技术研究、开发活动风险分类标准及名录由国务院科学技术、卫生健康、农业农村等主管部门根据职责分工，会同国务院其他有关部门制定、调整并公布。

第三十七条 从事生物技术研究、开发活动，应当遵守国家生物技术研究开发安全管理规范。

从事生物技术研究、开发活动，应当进行风险类别判断，密切关注风险变化，及时采取应对措施。

第三十八条 从事高风险、中风险生物技术研究、开发活动，应当由在中国境内依法成立的法人组织进行，并依法取得批准或者进行备案。

从事高风险、中风险生物技术研究、开发活动，应当进行风险评估，制定风险防控计划和生物安全事件应急预案，降低研究、开发活动实施的风险。

第三十九条 国家对涉及生物安全的重要设备和特殊生物因子实行追溯管理。购买或者引进列入管控清单的重要设备和特殊生物因子，应当进行登记，确保可追溯，并报国务院有关部门备案。

个人不得购买或者持有列入管控清单的重要设备和特殊生物因子。

第四十条 从事生物医学新技术临床研究，应当通过伦理审查，并在具备相应条件的医疗机构内进行；进行人体临床研究操作的，应当由符合相应条件的卫生专业技术人员执行。

第四十一条 国务院有关部门依法对生物技术应用活动进行跟踪评估，发现存在生物安全风险的，应当及时采取有效补救和管控措施。

第五章 病原微生物实验室生物安全

第四十二条 国家加强对病原微生物实验室生物安全的管理，制定统一的实验室生物安全标准。病原微生物实验室应当符合生物安全国家标准和要求。

从事病原微生物实验活动，应当严格遵守有关国家标准和实验室技术规范、操作规程，采取安全防范措施。

第四十三条 国家根据病原微生物的传染性、感染后对人和动物的个体或者群体的危害程度，对病原微生物实行分类管理。

从事高致病性或者疑似高致病性病原微生物样本采集、保藏、运输活动，应当具备相应条件，符合生物安全管理规范。具体办法由国务院卫生健康、农业农村主管部门制定。

第四十四条　设立病原微生物实验室，应当依法取得批准或者进行备案。

个人不得设立病原微生物实验室或者从事病原微生物实验活动。

第四十五条　国家根据对病原微生物的生物安全防护水平，对病原微生物实验室实行分等级管理。

从事病原微生物实验活动应当在相应等级的实验室进行。低等级病原微生物实验室不得从事国家病原微生物目录规定应当在高等级病原微生物实验室进行的病原微生物实验活动。

第四十六条　高等级病原微生物实验室从事高致病性或者疑似高致病性病原微生物实验活动，应当经省级以上人民政府卫生健康或者农业农村主管部门批准，并将实验活动情况向批准部门报告。

对中国尚未发现或者已经宣布消灭的病原微生物，未经批准不得从事相关实验活动。

第四十七条　病原微生物实验室应当采取措施，加强对实验动物的管理，防止实验动物逃逸，对使用后的实验动物按照国家规定进行无害化处理，实现实验动物可追溯。禁止将使用后的实验动物流入市场。

病原微生物实验室应当加强对实验活动废弃物的管理，依法对废水、废气以及其他废弃物进行处置，采取措施防止污染。

第四十八条　病原微生物实验室的设立单位负责实验室的生物安全管理，制定科学、严格的管理制度，定期对有关生物安全规定的落实情况进行检查，对实验室设施、设备、材料等进行检查、维护和更新，确保其符合国家标准。

病原微生物实验室设立单位的法定代表人和实验室负责人对实验室的生物安全负责。

第四十九条　病原微生物实验室的设立单位应当建立和完善安全保卫制度，采取安全保卫措施，保障实验室及其病原微生物的安全。

国家加强对高等级病原微生物实验室的安全保卫。高等级病原微生物实验室应当接受公安机关等部门有关实验室安全保卫工作的监督指导，严防高致病性病原微生物泄漏、丢失和被盗、被抢。

国家建立高等级病原微生物实验室人员进入审核制度。进入高等级病原微生物实验室的人员应当经实验室负责人批准。对可能影响实验室生物安全的，不予批准；对批准进入的，应当采取安全保障措施。

第五十条　病原微生物实验室的设立单位应当制定生物安全事件应急预案，定期组织开展人员培训和应急演练。发生高致病性病原微生物泄漏、丢失和被盗、被抢或者其他生物安全风险的，应当按照应急预案的规定及时采取控制措施，并按照国家规定报告。

第五十一条　病原微生物实验室所在地省级人民政府及其卫生健康主管部门应当加强实验室所在地感染性疾病医疗资源配置，提高感染性疾病医疗救治能力。

第五十二条　企业对涉及病原微生物操作的生产车间的生物安全管理，依照有关病原微生物实验室的规定和其他生物安全管理规范进行。

涉及生物毒素、植物有害生物及其他生物因子操作的生物安全实验室的建设和管理，参照有关病原微生物实验室的规定执行。

第六章 人类遗传资源与生物资源安全

第五十三条 国家加强对中国人类遗传资源和生物资源采集、保藏、利用、对外提供等活动的管理和监督，保障人类遗传资源和生物资源安全。

国家对中国人类遗传资源和生物资源享有主权。

第五十四条 国家开展人类遗传资源和生物资源调查。

国务院科学技术主管部门组织开展中国人类遗传资源调查，制定重要遗传家系和特定地区人类遗传资源申报登记办法。

国务院科学技术、自然资源、生态环境、卫生健康、农业农村、林业草原、中医药主管部门根据职责分工，组织开展生物资源调查，制定重要生物资源申报登记办法。

第五十五条 采集、保藏、利用、对外提供中国人类遗传资源，应当符合伦理原则，不得危害公众健康、国家安全和社会公共利益。

第五十六条 从事下列活动，应当经国务院科学技术主管部门批准：

（一）采集中国重要遗传家系、特定地区人类遗传资源或者采集国务院科学技术主管部门规定的种类、数量的人类遗传资源；

（二）保藏中国人类遗传资源；

（三）利用中国人类遗传资源开展国际科学研究合作；

（四）将中国人类遗传资源材料运送、邮寄、携带出境。

前款规定不包括以临床诊疗、采供血服务、查处违法犯罪、兴奋剂检测和殡葬等为目的采集、保藏人类遗传资源及开展的相关活动。

为了取得相关药品和医疗器械在中国上市许可，在临床试验机构利用中国人类遗传资源开展国际合作临床试验、不涉及人类遗传资源出境的，不需要批准；但是，在开展临床试验前应当将拟使用的人类遗传资源种类、数量及用途向国务院科学技术主管部门备案。

境外组织、个人及其设立或者实际控制的机构不得在中国境内采集、保藏中国人类遗传资源，不得向境外提供中国人类遗传资源。

第五十七条 将中国人类遗传资源信息向境外组织、个人及其设立或者实际控制的机构提供或者开放使用的，应当向国务院科学技术主管部门事先报告并提交信息备份。

第五十八条 采集、保藏、利用、运输出境中国珍贵、濒危、特有物种及其可用于再生或者繁殖传代的个体、器官、组织、细胞、基因等遗传资源，应当遵守有关法律法规。

境外组织、个人及其设立或者实际控制的机构获取和利用中国生物资源，应当依法取得批准。

第五十九条 利用中国生物资源开展国际科学研究合作，应当依法取得批准。

利用中国人类遗传资源和生物资源开展国际科学研究合作，应当保证中方单位及其研究人员全过程、实质性地参与研究，依法分享相关权益。

第六十条 国家加强对外来物种入侵的防范和应对，保护生物多样性。国务院农业农村主管部门会同国务院其他有关部门制定外来入侵物种名录和管理办法。

国务院有关部门根据职责分工，加强对外来入侵物种的调查、监测、预警、控制、评估、清除以及生态修复等工作。

任何单位和个人未经批准，不得擅自引进、释放或者丢弃外来物种。

第七章　防范生物恐怖与生物武器威胁

第六十一条 国家采取一切必要措施防范生物恐怖与生物武器威胁。

禁止开发、制造或者以其他方式获取、储存、持有和使用生物武器。

禁止以任何方式唆使、资助、协助他人开发、制造或者以其他方式获取生物武器。

第六十二条 国务院有关部门制定、修改、公布可被用于生物恐怖活动、制造生物武器的生物体、生物毒素、设备或者技术清单，加强监管，防止其被用于制造生物武器或者恐怖目的。

第六十三条 国务院有关部门和有关军事机关根据职责分工，加强对可被用于生物恐怖活动、制造生物武器的生物体、生物毒素、设备或者技术进出境、进出口、获取、制造、转移和投放等活动的监测、调查，采取必要的防范和处置措施。

第六十四条 国务院有关部门、省级人民政府及其有关部门负责组织遭受生物恐怖袭击、生物武器攻击后的人员救治与安置、环境消毒、生态修复、安全监测和社会秩序恢复等工作。

国务院有关部门、省级人民政府及其有关部门应当有效引导社会舆论科学、准确报道生物恐怖袭击和生物武器攻击事件，及时发布疏散、转移和紧急避难等信息，对应急处置与恢复过程中遭受污染的区域和人员进行长期环境监测和健康监测。

第六十五条 国家组织开展对中国境内战争遗留生物武器及其危害结果、潜在影响的调查。

国家组织建设存放和处理战争遗留生物武器设施，保障对战争遗留生物武器的安全处置。

第八章　生物安全能力建设

第六十六条 国家制定生物安全事业发展规划，加强生物安全能力建设，提高应对生物安全事件的能力和水平。

县级以上人民政府应当支持生物安全事业发展，按照事权划分，将支持下列生物安全事业发展的相关支出列入政府预算：

（一）监测网络的构建和运行；

（二）应急处置和防控物资的储备；

（三）关键基础设施的建设和运行；

（四）关键技术和产品的研究、开发；

（五）人类遗传资源和生物资源的调查、保藏；

（六）法律法规规定的其他重要生物安全事业。

第六十七条 国家采取措施支持生物安全科技研究，加强生物安全风险防御与管控技术研究，整合优势力量和资源，建立多学科、多部门协同创新的联合攻关机制，推动生物安全核心关键技术和重大防御产品的成果产出与转化应用，提高生物安全的科技保障能力。

第六十八条 国家统筹布局全国生物安全基础设施建设。国务院有关部门根据职责分工，加快建设生物信息、人类遗传资源保藏、菌（毒）种保藏、动植物遗传资源保藏、高等级病原微生物实验室等方面的生物安全国家战略资源平台，建立共享利用机制，为生物安全科技创新提供战略保障和支撑。

第六十九条 国务院有关部门根据职责分工，加强生物基础科学研究人才和生物领域专业技术人才培养，推动生物基础科学学科建设和科学研究。

国家生物安全基础设施重要岗位的从业人员应当具备符合要求的资格，相关信息应当向国务院有关部门备案，并接受岗位培训。

第七十条 国家加强重大新发突发传染病、动植物疫情等生物安全风险防控的物资储备。

国家加强生物安全应急药品、装备等物资的研究、开发和技术储备。国务院有关部门根据职责分工，落实生物安全应急药品、装备等物资研究、开发和技术储备的相关措施。

国务院有关部门和县级以上地方人民政府及其有关部门应当保障生物安全事件应急处置所需的医疗救护设备、救治药品、医疗器械等物资的生产、供应和调配；交通运输主管部门应当及时组织协调运输经营单位优先运送。

第七十一条 国家对从事高致病性病原微生物实验活动、生物安全事件现场处置等高风险生物安全工作的人员，提供有效的防护措施和医疗保障。

第九章 法律责任

第七十二条 违反本法规定，履行生物安全管理职责的工作人员在生物安全工作中滥用职权、玩忽职守、徇私舞弊或者有其他违法行为的，依法给予处分。

第七十三条 违反本法规定，医疗机构、专业机构或者其工作人员瞒报、谎报、缓报、漏报，授意他人瞒报、谎报、缓报，或者阻碍他人报告传染病、动植物疫病或者不明原因的聚集性疾病的，由县级以上人民政府有关部门责令改正，给予警告；对法定代表人、主要负责人、直接负责的主管人员和其他直接责任人员，依法给予处分，并可以依法暂停一定期限的执业活动直至吊销相关执业证书。

违反本法规定，编造、散布虚假的生物安全信息，构成违反治安管理行为的，由公安机关依法给予治安管理处罚。

第七十四条 违反本法规定，从事国家禁止的生物技术研究、开发与应用活动的，由县级以上人民政府卫生健康、科学技术、农业农村主管部门根据职责分工，责令停止违法行为，没收违法所得、技术资料和用于违法行为的工具、设备、原材料等物品，处一百万元以上一千万元以下的罚款，违法所得在一百万元以上的，处违法所得十倍以上二十倍以下的罚款，并可以依法禁止一定期限内从事相应的生物技术研究、开发与应用活动，吊销相关许可证件；对法定代表人、主要负责人、直接负责的主管人员和其他直接责任人员，依法给予处分，处十万元以上二十万元以下的罚款，十年直至终身禁止从事相应的生物技术研究、开发与应用活动，依法吊销相关执业证书。

第七十五条　违反本法规定，从事生物技术研究、开发活动未遵守国家生物技术研究开发安全管理规范的，由县级以上人民政府有关部门根据职责分工，责令改正，给予警告，可以并处二万元以上二十万元以下的罚款；拒不改正或者造成严重后果的，责令停止研究、开发活动，并处二十万元以上二百万元以下的罚款。

第七十六条　违反本法规定，从事病原微生物实验活动未在相应等级的实验室进行，或者高等级病原微生物实验室未经批准从事高致病性、疑似高致病性病原微生物实验活动的，由县级以上地方人民政府卫生健康、农业农村主管部门根据职责分工，责令停止违法行为，监督其将用于实验活动的病原微生物销毁或者送交保藏机构，给予警告；造成传染病传播、流行或者其他严重后果的，对法定代表人、主要负责人、直接负责的主管人员和其他直接责任人员依法给予撤职、开除处分。

第七十七条　违反本法规定，将使用后的实验动物流入市场的，由县级以上人民政府科学技术主管部门责令改正，没收违法所得，并处二十万元以上一百万元以下的罚款，违法所得在二十万元以上的，并处违法所得五倍以上十倍以下的罚款；情节严重的，由发证部门吊销相关许可证件。

第七十八条　违反本法规定，有下列行为之一的，由县级以上人民政府有关部门根据职责分工，责令改正，没收违法所得，给予警告，可以并处十万元以上一百万元以下的罚款：

（一）购买或者引进列入管控清单的重要设备、特殊生物因子未进行登记，或者未报国务院有关部门备案；

（二）个人购买或者持有列入管控清单的重要设备或者特殊生物因子；

（三）个人设立病原微生物实验室或者从事病原微生物实验活动；

（四）未经实验室负责人批准进入高等级病原微生物实验室。

第七十九条　违反本法规定，未经批准，采集、保藏中国人类遗传资源或者利用中国人类遗传资源开展国际科学研究合作的，由国务院科学技术主管部门责令停止违法行为，没收违法所得和违法采集、保藏的人类遗传资源，并处五十万元以上五百万元以下的罚款，违法所得在一百万元以上的，并处违法所得五倍以上十倍以下的罚款；情节严重的，对法定代表人、主要负责人、直接负责的主管人员和其他直接责任人员，依法给予处分，五年内禁止从事相应活动。

第八十条　违反本法规定，境外组织、个人及其设立或者实际控制的机构在中国境内采集、保藏中国人类遗传资源，或者向境外提供中国人类遗传资源的，由国务院科学技术主管部门责令停止违法行为，没收违法所得和违法采集、保藏的人类遗传资源，并处一百万元以上一千万元以下的罚款；违法所得在一百万元以上的，并处违法所得十倍以上二十倍以下的罚款。

第八十一条 违反本法规定，未经批准，擅自引进外来物种的，由县级以上人民政府有关部门根据职责分工，没收引进的外来物种，并处五万元以上二十五万元以下的罚款。

违反本法规定，未经批准，擅自释放或者丢弃外来物种的，由县级以上人民政府有关部门根据职责分工，责令限期捕回、找回释放或者丢弃的外来物种，处一万元以上五万元以下的罚款。

第八十二条 违反本法规定，构成犯罪的，依法追究刑事责任；造成人身、财产或者其他损害的，依法承担民事责任。

第八十三条 违反本法规定的生物安全违法行为，本法未规定法律责任，其他有关法律、行政法规有规定的，依照其规定。

第八十四条 境外组织或者个人通过运输、邮寄、携带危险生物因子入境或者以其他方式危害中国生物安全的，依法追究法律责任，并可以采取其他必要措施。

第十章 附则

第八十五条 本法下列术语的含义：

（一）生物因子，是指动物、植物、微生物、生物毒素及其他生物活性物质。

（二）重大新发突发传染病，是指中国境内首次出现或者已经宣布消灭再次发生，或者突然发生，造成或者可能造成公众健康和生命安全严重损害，引起社会恐慌，影响社会稳定的传染病。

（三）重大新发突发动物疫情，是指中国境内首次发生或者已经宣布消灭的动物疫病再次发生，或者发病率、死亡率较高的潜伏动物疫病突然发生并迅速传播，给养殖业生产安全造成严重威胁、危害，以及可能对公众健康和生命安全造成危害的情形。

（四）重大新发突发植物疫情，是指中国境内首次发生或者已经宣布消灭的严重危害植物的真菌、细菌、病毒、昆虫、线虫、杂草、害鼠、软体动物等再次引发病虫害，或者本地有害生物突然大范围发生并迅速传播，对农作物、林木等植物造成严重危害的情形。

（五）生物技术研究、开发与应用，是指通过科学和工程原理认识、改造、合成、利用生物而从事的科学研究、技术开发与应用等活动。

（六）病原微生物，是指可以侵犯人、动物引起感染甚至传染病的微生物，包括病毒、细菌、真菌、立克次体、寄生虫等。

（七）植物有害生物，是指能够对农作物、林木等植物造成危害的真菌、细菌、病毒、昆虫、线虫、杂草、害鼠、软体动物等生物。

（八）人类遗传资源，包括人类遗传资源材料和人类遗传资源信息。人类遗传资源材料是指含有人体基因组、基因等遗传物质的器官、组织、细胞等遗传材料。人类遗传资源信息是指利用人类遗传资源材料产生的数据等信息资料。

（九）微生物耐药，是指微生物对抗微生物药物产生抗性，导致抗微生物药物不能有效控制微生物的感染。

（十）生物武器，是指类型和数量不属于预防、保护或者其他和平用途所正当需要的、任何来源或者任何方法产生的微生物剂、其他生物剂以及生物毒素；也包括为将上述生物剂、生物毒素使用于敌对目的或者武装冲突而设计的武器、设备或者运载工具。

（十一）生物恐怖，是指故意使用致病性微生物、生物毒素等实施袭击，损害人类或者动植物健康，引起社会恐慌，企图达到特定政治目的的行为。

第八十六条 生物安全信息属于国家秘密的，应当依照《中华人民共和国保守国家秘密法》和国家其他有关保密规定实施保密管理。

第八十七条 中国人民解放军、中国人民武装警察部队的生物安全活动，由中央军事委员会依照本法规定的原则另行规定。

第八十八条 本法自2021年4月15日起施行。

二、《中华人民共和国进出境动植物检疫法》

中华人民共和国进出境动植物检疫法

（1991年10月30日第七届全国人民代表大会常务委员会第二十二次会议通过根据2009年8月27日第十一届全国人民代表大会常务委员会第十次会议《关于修改部分法律的决定》修正）

目录

第一章　总则

第一条　为防止动物传染病、寄生虫病和植物危险性病、虫、杂草以及其他有害生物（以下简称病虫害）传入、传出境，保护农、林、牧、渔业生产和人体健康，促进对外经济贸易的发展，制定本法。

第二条　进出境的动植物、动植物产品和其他检疫物，装载动植物、动植物产品和其他检疫物的装载容器、包装物，以及来自动植物疫区的运输工具，依照本法规定实施检疫。

第三条　国务院设立动植物检疫机关（以下简称国家动植物检疫机关），统一管理全国进出境动植物检疫工作。国家动植物检疫机关在对外开放的口岸和进出境动植物检疫业务集中的地点设立的口岸动植物检疫机关，依照本法规定实施进出境动植物检疫。

贸易性动物产品出境的检疫机关，由国务院根据情况规定。

国务院农业行政主管部门主管全国进出境动植物检疫工作。

第四条　口岸动植物检疫机关在实施检疫时可以行使下列职权：

（一）依照本法规定登船、登车、登机实施检疫；

（二）进入港口、机场、车站、邮局以及检疫物的存放、加工、养殖、种植场所实施检疫，并依照规定采样；

（三）根据检疫需要，进入有关生产、仓库等场所，进行疫情监测、调查和检疫监督管理；

（四）查阅、复制、摘录与检疫物有关的运行日志、货运单、合同、发票及其他单证。

第五条 国家禁止下列各物进境：

（一）动植物病原体（包括菌种、毒种等）、害虫及其他有害生物；

（二）动植物疫情流行的国家和地区的有关动植物、动植物产品和其他检疫物；

（三）动物尸体；

（四）土壤。

口岸动植物检疫机关发现有前款规定的禁止进境物的，作退回或者销毁处理。

因科学研究等特殊需要引进本条第一款规定的禁止进境物的，必须事先提出申请，经国家动植物检疫机关批准。

本条第一款第二项规定的禁止进境物的名录，由国务院农业行政主管部门制定并公布。

第六条 国外发生重大动植物疫情并可能传入中国时，国务院应当采取紧急预防措施，必要时可以下令禁止来自动植物疫区的运输工具进境或者封锁有关口岸；受动植物疫情威胁地区的地方人民政府和有关口岸动植物检疫机关，应当立即采取紧急措施，同时向上级人民政府和国家动植物检疫机关报告。

邮电、运输部门对重大动植物疫情报告和送检材料应当优先传送。

第七条 国家动植物检疫机关和口岸动植物检疫机关对进出境动植物、动植物产品的生产、加工、存放过程，实行检疫监督制度。

第八条 口岸动植物检疫机关在港口、机场、车站、邮局执行检疫任务时，海关、交通、民航、铁路、邮电等有关部门应当配合。

第九条 动植物检疫机关检疫人员必须忠于职守，秉公执法。

动植物检疫机关检疫人员依法执行公务，任何单位和个人不得阻挠。

第二章 进境检疫

第十条 输入动物、动物产品、植物种子、种苗及其他繁殖材料的，必须事先提出申请，办理检疫审批手续。

第十一条 通过贸易、科技合作、交换、赠送、援助等方式输入动植物、动植物产品和其他检疫物的，应当在合同或者协议中订明中国法定的检疫要求，并订明必须附有输出国家或者地区政府动植物检疫机关出具的检疫证书。

第十二条 货主或者其代理人应当在动植物、动植物产品和其他检疫物进境前或者进境时持输出国家或者地区的检疫证书、贸易合同等单证，向进境口岸动植物检疫机关报检。

第十三条 装载动物的运输工具抵达口岸时，口岸动植物检疫机关应当采取现场预防措施，对上下运输工具或者接近动物的人员、装载动物的运输工具和被污染的场地作防疫消毒处理。

第十四条　输入动植物、动植物产品和其他检疫物，应当在进境口岸实施检疫。未经口岸动植物检疫机关同意，不得卸离运输工具。

输入动植物，需隔离检疫的，在口岸动植物检疫机关指定的隔离场所检疫。

因口岸条件限制等原因，可以由国家动植物检疫机关决定将动植物、动植物产品和其他检疫物运往指定地点检疫。在运输、装卸过程中，货主或者其代理人应当采取防疫措施。指定的存放、加工和隔离饲养或者隔离种植的场所，应当符合动植物检疫和防疫的规定。

第十五条　输入动植物、动植物产品和其他检疫物，经检疫合格的，准予进境；海关凭口岸动植物检疫机关签发的检疫单证或者在报关单上加盖的印章验放。

输入动植物、动植物产品和其他检疫物，需调离海关监管区检疫的，海关凭口岸动植物检疫机关签发的《检疫调离通知单》验放。

第十六条　输入动物，经检疫不合格的，由口岸动植物检疫机关签发《检疫处理通知单》，通知货主或者其代理人作如下处理：

（一）检出一类传染病、寄生虫病的动物，连同其同群动物全群退回或者全群扑杀并销毁尸体；

（二）检出二类传染病、寄生虫病的动物，退回或者扑杀，同群其他动物在隔离场或者其他指定地点隔离观察。

输入动物产品和其他检疫物经检疫不合格的，由口岸动植物检疫机关签发《检疫处理通知单》，通知货主或者其代理人作除害、退回或者销毁处理。经除害处理合格的，准予进境。

第十七条　输入植物、植物产品和其他检疫物，经检疫发现有植物危险性病、虫、杂草的，由口岸动植物检疫机关签发《检疫处理通知单》，通知货主或者其代理人作除害、退回或者销毁处理。经除害处理合格的，准予进境。

第十八条　本法第十六条第一款第一项、第二项所称一类、二类动物传染病、寄生虫病的名录和本法第十七条所称植物危险性病、虫、杂草的名录，由国务院农业行政主管部门制定并公布。

第十九条　输入动植物、动植物产品和其他检疫物，经检疫发现有本法第十八条规定的名录之外，对农、林、牧、渔业有严重危害的其他病虫害的，由口岸动植物检疫机关依照国务院农业行政主管部门的规定，通知货主或者其代理人作除害、退回或者销毁处理。经除害处理合格的，准予进境。

第三章　出境检疫

第二十条　货主或者其代理人在动植物、动植物产品和其他检疫物出境前，向口岸动植物检疫机关报检。

出境前需经隔离检疫的动物，在口岸动植物检疫机关指定的隔离场所检疫。

第二十一条　输出动植物、动植物产品和其他检疫物，由口岸动植物检疫机关实施检疫，经检疫合格或者经除害处理合格的，准予出境；海关凭口岸动植物检疫机关签发的检疫证书或者在报关单上加盖的印章验放。检疫不合格又无有效方法作除害处理的，不准出境。

第二十二条　经检疫合格的动植物、动植物产品和其他检疫物，有下列情形之一的，货主或者其代理人应当重新报检：

（一）更改输入国家或者地区，更改后的输入国家或者地区又有不同检疫要求的；

（二）改换包装或者原未拼装后来拼装的；

（三）超过检疫规定有效期限的。

第四章　过境检疫

第二十三条　要求运输动物过境的，必须事先商得中国国家动植物检疫机关同意，并按照指定的口岸和路线过境。

装载过境动物的运输工具、装载容器、饲料和铺垫材料，必须符合中国动植物检疫的规定。

第二十四条　运输动物、动植物产品和其他检疫物过境的，由承运人或者押运人持货运单和输出国家或者地区政府动植物检疫机关出具的检疫证书，在进境时向口岸动植物检疫机关报检，出境口岸不再检疫。

第二十五条　过境的动物经检疫合格的，准予过境；发现有本法第十八条规定的名录所列的动物传染病、寄生虫病的，全群动物不准过境。

过境动物的饲料受病虫害污染的，作除害、不准过境或者销毁处理。

过境的动物的尸体、排泄物、铺垫材料及其他废弃物，必须按照动植物检疫机关的规定处理，不得擅自抛弃。

第二十六条　对过境植物、动植物产品和其他检疫物，口岸动植物检疫机关检查运输工具或者包装，经检疫合格的，准予过境；发现有本法第十八条规定的名录所列的病虫害的，作除害处理或者不准过境。

第二十七条　动植物、动植物产品和其他检疫物过境期间，未经动植物检疫机关批准，不得开拆包装或者卸离运输工具。

第五章　携带、邮寄物检疫

第二十八条　携带、邮寄植物种子、种苗及其他繁殖材料进境的，必须事先提出申请，办理检疫审批手续。

第二十九条　禁止携带、邮寄进境的动植物、动植物产品和其他检疫物的名录，由国务院农业行政主管部门制定并公布。

携带、邮寄前款规定的名录所列的动植物、动植物产品和其他检疫物进境的，作退回或者销毁处理。

第三十条　携带本法第二十九条规定的名录以外的动植物、动植物产品和其他检疫物进境的，在进境时向海关申报并接受口岸动植物检疫机关检疫。

携带动物进境的，必须持有输出国家或者地区的检疫证书等证件。

第三十一条　邮寄本法第二十九条规定的名录以外的动植物、动植物产品和其他检疫物进境的，由口岸动植物检疫机关在国际邮件互换局实施检疫，必要时可以取回口岸动植物检疫机关检疫；未经检疫不得运递。

第三十二条　邮寄进境的动植物、动植物产品和其他检疫物，经检疫或者除害处理合格后放行；经检疫不合格又无有效方法作除害处理的，作退回或者销毁处理，并签发《检疫处理通知单》。

第三十三条　携带、邮寄出境的动植物、动植物产品和其他检疫物，物主有检疫要求的，由口岸动植物检疫机关实施检疫。

第六章　运输工具检疫

第三十四条　来自动植物疫区的船舶、飞机、火车抵达口岸时，由口岸动植物检疫机关实施检疫。发现有本法第十八条规定的名录所列的病虫害的，作不准带离运输工具、除害、封存或者销毁处理。

第三十五条　进境的车辆，由口岸动植物检疫机关作防疫消毒处理。

第三十六条　进出境运输工具上的泔水、动植物性废弃物，依照口岸动植物检疫机关的规定处理，不得擅自抛弃。

第三十七条　装载出境的动物、动植物产品和其他检疫物的运输工具，应当符合动植物检疫和防疫的规定。

第三十八条　进境供拆船用的废旧船舶，由口岸动植物检疫机关实施检疫，发现有本法第十八条规定的名录所列的病虫害的，作除害处理。

第七章　法律责任

第三十九条　违反本法规定，有下列行为之一的，由口岸动植物检疫机关处以罚款：

（一）未报检或者未依法办理检疫审批手续的；

（二）未经口岸动植物检疫机关许可擅自将进境动植物、动植物产品或者其他检疫物卸离运输工具或者运递的；

（三）擅自调离或者处理在口岸动植物检疫机关指定的隔离场所中隔离检疫的动植物的。

第四十条　报检的动植物、动植物产品或者其他检疫物与实际不符的，由口岸动植物检疫机关处以罚款；已取得检疫单证的，予以吊销。

第四十一条　违反本法规定，擅自开拆过境动植物、动植物产品或者其他检疫物的包装的，擅自将过境动植物、动植物产品或者其他检疫物卸离运输工具的，擅自抛弃过境动物的尸体、排泄物、铺垫材料或者其他废弃物的，由动植物检疫机关处以罚款。

第四十二条　违反本法规定，引起重大动植物疫情的，依照刑法有关规定追究刑事责任。

第四十三条　伪造、变造检疫单证、印章、标志、封识，依照刑法有关规定追究刑事责任。

第四十四条　当事人对动植物检疫机关的处罚决定不服的，可以在接到处罚通知之日起十五日内向作出处罚决定的机关的上一级机关申请复议；当事人也可以在接到处罚通知之日起十五日内直接向人民法院起诉。

复议机关应当在接到复议申请之日起六十日内作出复议决定。当事人对复议决定不服的，可以在接到复议决定之日起十五日内向人民法院起诉。复议机关逾期不作出复议决定的，当事人可以在复议期满之日起十五日内向人民法院起诉。

当事人逾期不申请复议也不向人民法院起诉、又不履行处罚决定的，作出处罚决定的机关可以申请人民法院强制执行。

第四十五条　动植物检疫机关检疫人员滥用职权，徇私舞弊，伪造检疫结果，或者玩忽职守，延误检疫出证，构成犯罪的，依法追究刑事责任；不构成犯罪的，给予行政处分。

第八章　附则

第四十六条　本法下列用语的含义是：

（一）"动物"是指饲养、野生的活动物，如畜、禽、兽、蛇、龟、鱼、虾、蟹、贝、蚕、蜂等；

（二）"动物产品"是指来源于动物未经加工或者虽经加工但仍有可能传播疫病的产品，如生皮张、毛类、肉类、脏器、油脂、动物水产品、奶制品、蛋类、血液、精液、胚胎、骨、蹄、角等；

（三）"植物"是指栽培植物、野生植物及其种子、种苗及其他繁殖材料等；

（四）"植物产品"是指来源于植物未经加工或者虽经加工但仍有可能传播病虫害的产品，如粮食、豆、棉花、油、麻、烟草、籽仁、干果、鲜果、蔬菜、生药材、木材、饲料等；

（五）"其他检疫物"是指动物疫苗、血清、诊断液、动植物性废弃物等。

第四十七条　中华人民共和国缔结或者参加的有关动植物检疫的国际条约与本法有不同规定的，适用该国际条约的规定。但是，中华人民共和国声明保留的条款除外。

第四十八条　口岸动植物检疫机关实施检疫依照规定收费。收费办法由国务院农业行政主管部门会同国务院物价等有关主管部门制定。

第四十九条　国务院根据本法制定实施条例。

第五十条　本法自1992年4月1日起施行。1982年6月4日国务院发布的《中华人民共和国进出口动植物检疫条例》同时废止。

三、《植物检疫条例》

植物检疫条例

（1983年1月3日国务院发布根据1992年5月13日《国务院关于修改〈植物检疫条例〉的决定》第一次修订根据2017年10月7日《国务院关于修改部分行政法规的决定》第二次修订）

第一条 为了防止危害植物的危险性病、虫、杂草传播蔓延，保护农业、林业生产安全，制定本条例。

第二条 国务院农业主管部门、林业主管部门主管全国的植物检疫工作，各省、自治区、直辖市农业主管部门、林业主管部门主管本地区的植物检疫工作。

第三条 县级以上地方各级农业主管部门、林业主管部门所属的植物检疫机构，负责执行国家的植物检疫任务。

植物检疫人员进入车站、机场、港口、仓库以及其他有关场所执行植物检疫任务，应穿着检疫制服和佩带检疫标志。

第四条 凡局部地区发生的危险性大、能随植物及其产品传播的病、虫、杂草，应定为植物检疫对象。农业、林业植物检疫对象和应施检疫的植物、植物产品名单，由国务院农业主管部门、林业主管部门制定。各省、自治区、直辖市农业主管部门、林业主管部门可以根据本地区的需要，制定本省、自治区、直辖市的补充名单，并报国务院农业主管部门、林业主管部门备案。

第五条 局部地区发生植物检疫对象的，应划为疫区，采取封锁、消灭措施，防止植物检疫对象传出；发生地区已比较普遍的，则应将未发生地区划为保护区，防止植物检疫对象传入。

疫区应根据植物检疫对象的传播情况、当地的地理环境、交通状况以及采取封锁、消灭措施的需要来划定，其范围应严格控制。

在发生疫情的地区，植物检疫机构可以派人参加当地的道路联合检查站或者木材检查站；发生特大疫情时，经省、自治区、直辖市人民政府批准，可以设立植物检疫检查站，开展植物检疫工作。

第六条 疫区和保护区的划定，由省、自治区、直辖市农业主管部门、林业主管部门提出，报省、自治区、直辖市人民政府批准，并报国务院农业主管部门、林业主管部门备案。

疫区和保护区的范围涉及两省、自治区、直辖市以上的，由有关省、自治区、直辖市农业主管部门、林业主管部门共同提出，报国务院农业主管部门、林业主管部门批准后划定。

疫区、保护区的改变和撤销的程序，与划定时同。

第七条 调运植物和植物产品，属于下列情况的，必须经过检疫：

（一）列入应施检疫的植物、植物产品名单的，运出发生疫情的县级行政区域之前，必须经过检疫；

（二）凡种子、苗木和其他繁殖材料，不论是否列入应施检疫的植物、植物产品名单和运往何地，在调运之前，都必须经过检疫。

第八条 按照本条例第七条的规定必须检疫的植物和植物产品，经检疫未发现植物检疫对象的，发给植物检疫证书。发现有植物检疫对象，但能彻底消毒处理的，托运人应按植物检疫机构的要求，在指定地点作消毒处理，经检查合格后发给植物检疫证书；无法消毒处理的，应停止调运。

植物检疫证书的格式由国务院农业主管部门、林业主管部门制定。

对可能被植物检疫对象污染的包装材料、运载工具、场地、仓库等，也应实施检疫。如已被污染，托运人应按植物检疫机构的要求处理。

因实施检疫需要的车船停留、货物搬运、开拆、取样、储存、消毒处理等费用，由托运人负责。

第九条 按照本条例第七条的规定必须检疫的植物和植物产品，交通运输部门和邮政部门一律凭植物检疫证书承运或收寄。植物检疫证书应随货运寄。具体办法由国务院农业主管部门、林业主管部门会同铁道、交通、民航、邮政部门制定。

第十条 省、自治区、直辖市间调运本条例第七条规定必须经过检疫的植物和植物产品的，调入单位必须事先征得所在地的省、自治区、直辖市植物检疫机构同意，并向调出单位提出检疫要求；调出单位必须根据该检疫要求向所在地的省、自治区、直辖市植物检疫机构申请检疫。对调入的植物和植物产品，调入单位所在地的省、自治区、直辖市的植物检疫机构应当查验检疫证书，必要时可以复检。

省、自治区、直辖市内调运植物和植物产品的检疫办法，由省、自治区、直辖市人民政府规定。

第十一条 种子、苗木和其他繁殖材料的繁育单位，必须有计划地建立无植物检疫对象的种苗繁育基地、母树林基地。试验、推广的种子、苗木和其他繁殖材料，不得带有植物检疫对象。植物检疫机构应实施产地检疫。

第十二条 从国外引进种子、苗木，引进单位应当向所在地的省、自治区、直辖市植物检疫机构提出申请，办理检疫审批手续。但是，国务院有关部门所属的在京单位从国外引进种子、苗木，应当向国务院农业主管部门、林业主管部门所属的植物检疫机构提出申请，办理检疫审批手续。具体办法由国务院农业主管部门、林业主管部门制定。

从国外引进、可能潜伏有危险性病、虫的种子、苗木和其他繁殖材料，必须隔离试种，植物检疫机构应进行调查、观察和检疫，证明确实不带危险性病、虫的，方可分散种植。

第十三条 农林院校和试验研究单位对植物检疫对象的研究，不得在检疫对象的非疫区进行。因教学、科研确需在非疫区进行时，应当遵守国务院农业主管部门、林业主管部门的规定。

第十四条 植物检疫机构对于新发现的检疫对象和其他危险性病、虫、杂草，必须及时查清情况，立即报告省、自治区、直辖市农业主管部门、林业主管部门，采取措施，彻底消灭，并报告国务院农业主管部门、林业主管部门。

第十五条 疫情由国务院农业主管部门、林业主管部门发布。

第十六条 按照本条例第五条第一款和第十四条的规定，进行疫情调查和采取消灭措施所需的紧急防治费和补助费，由省、自治区、直辖市在每年的植物保护费、森林保护费或者国营农场生产费中安排。特大疫情的防治费，国家酌情给予补助。

第十七条 在植物检疫工作中作出显著成绩的单位和个人，由人民政府给予奖励。

第十八条 有下列行为之一的，植物检疫机构应当责令纠正，可以处以罚款；造成损失的，应当负责赔偿；构成犯罪的，由司法机关依法追究刑事责任：

（一）未依照本条例规定办理植物检疫证书或者在报检过程中弄虚作假的；

（二）伪造、涂改、买卖、转让植物检疫单证、印章、标志、封识的；

（三）未依照本条例规定调运、隔离试种或者生产施检疫的植物、植物产品的；

（四）违反本条例规定，擅自开拆植物、植物产品包装，调换植物、植物产品，或者擅自改变植物、植物产品的规定用途的；

（五）违反本条例规定，引起疫情扩散的。

有前款第（一）、（二）、（三）、（四）项所列情形之一，尚不构成犯罪的，植物检疫机构可以没收非法所得。

对违反本条例规定调运的植物和植物产品，植物检疫机构有权予以封存、没收、销毁或者责令改变用途。销毁所需费用由责任人承担。

第十九条 植物检疫人员在植物检疫工作中，交通运输部门和邮政部门有关工作人员在植物、植物产品的运输、邮寄工作中，徇私舞弊、玩忽职守的，由其所在单位或者上级主管机关给予行政处分；构成犯罪的，由司法机关依法追究刑事责任。

第二十条 当事人对植物检疫机构的行政处罚决定不服的，可以自接到处罚决定通知书之日起十五日内，向作出行政处罚决定的植物检疫机构的上级机构申请复议；对复议决定不服的，可以自接到复议决定书之日起十五日内向人民法院提起诉讼。当事人逾期不申请复议或者不起诉又不履行行政处罚决定的，植物检疫机构可以申请人民法院强制执行或者依法强制执行。

第二十一条 植物检疫机构执行检疫任务可以收取检疫费，具体办法由国务院农业主管部门、林业主管部门制定。

第二十二条 进出口植物的检疫，按照《中华人民共和国进出境动植物检疫法》的规定执行。

第二十三条 本条例的实施细则由国务院农业主管部门、林业主管部门制定。各省、自治区、直辖市可根据本条例及其实施细则，结合当地具体情况，制定实施办法。

第二十四条 本条例自发布之日起施行。国务院批准，农业部一九五七年十二月四日发布的《国内植物检疫试行办法》同时废止。

四、《中华人民共和国进出境动植物检疫法实施条例》

中华人民共和国进出境动植物
检疫法实施条例

（1996年12月2日中华人民共和国国务院令第206号发布
自1997年1月1日起施行）

第一章　总则

第一条　根据《中华人民共和国进出境动植物检疫法》（以下简称进出境动植物检疫法）的规定，制定本条例。

第二条　下列各物，依照进出境动植物检疫法和本条例的规定实施检疫：

（一）进境、出境、过境的动植物、动植物产品和其他检疫物；

（二）装载动植物、动植物产品和其他检疫物的装载容器、包装物、铺垫材料；

（三）来自动植物疫区的运输工具；

（四）进境拆解的废旧船舶；

（五）有关法律、行政法规、国际条约规定或者贸易合同约定应当实施进出境动植物检疫的其他货物、物品。

第三条　国务院农业行政主管部门主管全国进出境动植物检疫工作。

中华人民共和国动植物检疫局（以下简称国家动植物检疫局）统一管理全国进出境动植物检疫工作，收集国内外重大动植物疫情，负责国际间进出境动植物检疫的合作与交流。

国家动植物检疫局在对外开放的口岸和进出境动植物检疫业务集中的地点设立的口岸动植物检疫机关，依照进出境动植物检疫法和本条例的规定，实施进出境动植物检疫。

第四条　国（境）外发生重大动植物疫情并可能传入中国时，根据情况采取下列紧急预防措施：

（一）国务院可以对相关边境区域采取控制措施，必要时下令禁止来自动植物疫区的运输工具进境或者封锁有关口岸；

（二）国务院农业行政主管部门可以公布禁止从动植物**疫情**流行的国家和地区进境的动植物、动植物产品和其他检疫物的名录；

（三）有关口岸动植物检疫机关可以对可能受病虫害污染的本条例第二条所列进境各物采取紧急检疫处理措施；

（四）受动植物疫情威胁地区的地方人民政府可以立即组织有关部门制定并实施应急方案，同时向上级人民政府和国家动植物检疫局报告。

邮电、运输部门对重大动植物疫情报告和送检材料应当优先传送。

第五条　享有外交、领事特权与豁免的外国机构和人员公用或者自用的动植物、动植物产品和其他检疫物进境，应当依照进出境动植物检疫法和本条例的规定实施检疫；口岸动植物检疫机关查验时，应当遵守有关法律的规定。

第六条 海关依法配合口岸动植物检疫机关，对进出境动植物、动植物产品和其他检疫物实行监管。具体办法由国务院农业行政主管部门会同海关总署制定。

第七条 进出境动植物检疫法所称动植物疫区和动植物疫情流行的国家与地区的名录，由国务院农业行政主管部门确定并公布。

第八条 对贯彻执行进出境动植物检疫法和本条例做出显著成绩的单位和个人，给予奖励。

第二章 检疫审批

第九条 输入动物、动物产品和进出境动植物检疫法第五条第一款所列禁止进境物的检疫审批，由国家动植物检疫局或者其授权的口岸动植物检疫机关负责。

输入植物种子、种苗及其他繁殖材料的检疫审批，由植物检疫条例规定的机关负责。

第十条 符合下列条件的，方可办理进境检疫审批手续：

（一）输出国家或者地区无重大动植物疫情；

（二）符合中国有关动植物检疫法律、法规、规章的规定；

（三）符合中国与输出国家或者地区签订的有关双边检疫协定（含检疫协议、备忘录等，下同）。

第十一条 检疫审批手续应当在贸易合同或者协议签订前办妥。

第十二条 携带、邮寄植物种子、种苗及其他繁殖材料进境的，必须事先提出申请，办理检疫审批手续；因特殊情况无法事先办理的，携带人或者邮寄人应当在口岸补办检疫审批手续，经审批机关同意并经检疫合格后方准进境。

第十三条 要求运输动物过境的，货主或者其代理人必须事先向国家动植物检疫局提出书面申请，提交输出国家或者地区政府动植物检疫机关出具的疫情证明、输入国家或者地区政府动植物检疫机关出具的准许该动物进境的证件，并说明拟过境的路线，国家动植物检疫局审查同意后，签发《动物过境许可证》。

第十四条 因科学研究等特殊需要，引进进出境动植物检疫法第五条第一款所列禁止进境物的，办理禁止进境物特许检疫审批手续时，货主、物主或者其代理人必须提交书面申请，说明其数量、用途、引进方式、进境后的防疫措施，并附具有关口岸动植物检疫机关签署的意见。

第十五条 办理进境检疫审批手续后，有下列情况之一的，货主、物主或者其代理人应当重新申请办理检疫审批手续：

（一）变更进境物的品种或者数量的；

（二）变更输出国家或者地区的；

（三）变更进境口岸的；

（四）超过检疫审批有效期的。

第三章　进境检疫

第十六条　进出境动植物检疫法第十一条所称中国法定的检疫要求，是指中国的法律、行政法规和国务院农业行政主管部门规定的动植物检疫要求。

第十七条　国家对向中国输出动植物产品的国外生产、加工、存放单位，实行注册登记制度。具体办法由国务院农业行政主管部门制定。

第十八条　输入动植物、动植物产品和其他检疫物的，货主或者其代理人应当在进境前或者进境时向进境口岸动植物检疫机关报检。属于调离海关监管区检疫的，运达指定地点时，货主或者其代理人应当通知有关口岸动植物检疫机关。属于转关货物的，货主或者其代理人应当在进境时向进境口岸动植物检疫机关申报；到达指运地时，应当向指运地口岸动植物检疫机关报检。

输入种畜禽及其精液、胚胎的，应当在进境前30日报检；输入其他动物的，应当在进境前15日报检；输入植物种子、种苗及其他繁殖材料的，应当在进境前7日报检。

动植物性包装物、铺垫材料进境时，货主或者其代理人应当及时向口岸动植物检疫机关申报；动植物检疫机关可以根据具体情况对申报物实施检疫。

前款所称动植物性包装物、铺垫材料，是指直接用作包装物、铺垫材料的动物产品和植物、植物产品。

第十九条　向口岸动植物检疫机关报检时，应当填写报检单，并提交输出国家或者地区政府动植物检疫机关出具的检疫证书、产地证书和贸易合同、信用证、发票等单证；依法应当办理检疫审批手续的，还应当提交检疫审批单。无输出国家或者地区政府动植物检疫机关出具的有效检疫证书，或者未依法办理检疫审批手续的，口岸动植物检疫机关可以根据具体情况，作退回或者销毁处理。

第二十条　输入的动植物、动植物产品和其他检疫物运达口岸时，检疫人员可以到运输工具上和货物现场实施检疫，核对货、证是否相符，并可以按照规定采取样品。承运人、货主或者其代理人应当向检疫人员提供装载清单和有关资料。

第二十一条　装载动物的运输工具抵达口岸时，上下运输工具或者接近动物的人员，应当接受口岸动植物检疫机关实施的防疫消毒，并执行其采取的其他现场预防措施。

第二十二条　检疫人员应当按照下列规定实施现场检疫：

（一）动物：检查有无疫病的临床症状。发现疑似感染传染病或者已死亡的动物时，在货主或者押运人的配合下查明情况，立即处理。动物的铺垫材料、剩余饲料和排泄物等，由货主或者其代理人在检疫人员的监督下，作除害处理。

（二）动物产品：检查有无腐败变质现象，容器、包装是否完好。符合要求的，允许卸离运输工具。发现散包、容器破裂的，由货主或者其代理人负责整理完好，方可卸离运输工具。根据情况，对运输工具的有关部位及装载动物产品的容器、外表包装、铺垫材料、被污染场地等进行消毒处理。需要实施实验室检疫的，按照规定采取样品。对易滋生植物害虫或者混藏杂草种子的动物产品，同时实施植物检疫。

（三）植物、植物产品：检查货物和包装物有无病虫害，并按照规定采取样品。发现病虫害并有扩散可能时，及时对该批货物、运输工具和装卸现场采取必要的防疫措施。对来自动物传染病疫区或者易带动物传染病和寄生虫病病原体并用作动物饲料的植物产品，同时实施动物检疫。

（四）动植物性包装物、铺垫材料：检查是否携带病虫害、混藏杂草种子、沾带土壤，并按照规定采取样品。

（五）其他检疫物：检查包装是否完好及是否被病虫害污染。发现破损或者被病虫害污染时，作除害处理。

第二十三条 对船舶、火车装运的大宗动植物产品，应当就地分层检查；限于港口、车站的存放条件，不能就地检查的，经口岸动植物检疫机关同意，也可以边卸载边疏运，将动植物产品运往指定的地点存放。在卸货过程中经检疫发现疫情时，应当立即停止卸货，由货主或者其代理人按照口岸动植物检疫机关的要求，对已卸和未卸货物作除害处理，并采取防止疫情扩散的措施；对被病虫害污染的装卸工具和场地，也应当作除害处理。

第二十四条 输入种用大中家畜的，应当在国家动植物检疫局设立的动物隔离检疫场所隔离检疫45日；输入其他动物的，应当在口岸动植物检疫机关指定的动物隔离检疫场所隔离检疫30日。动物隔离检疫场所管理办法，由国务院农业行政主管部门制定。

第二十五条 进境的同一批动植物产品分港卸货时，口岸动植物检疫机关只对本港卸下的货物进行检疫，先期卸货港的口岸动植物检疫机关应当将检疫及处理情况及时通知其他分卸港的口岸动植物检疫机关；需要对外出证的，由卸毕港的口岸动植物检疫机关汇总后统一出具检疫证书。

在分卸港实施检疫中发现疫情并必须进行船上熏蒸、消毒时，由该分卸港的口岸动植物检疫机关统一出具检疫证书，并及时通知其他分卸港的口岸动植物检疫机关。

第二十六条 对输入的动植物、动植物产品和其他检疫物，按照中国的国家标准、行业标准以及国家动植物检疫局的有关规定实施检疫。

第二十七条 输入动植物、动植物产品和其他检疫物，经检疫合格的，由口岸动植物检疫机关在报关单上加盖印章或者签发《检疫放行通知单》；需要调离进境口岸海关监管区检疫的，由进境口岸动植物检疫机关签发《检疫调离通知单》。货主或者其代理人凭口岸动植物检疫机关在报关单上加盖的印章或者签发的《检疫放行通知单》、《检疫调离通知单》办理报关、运递手续。海关对输入的动植物、动植物产品和其他检疫物，凭口岸动植物检疫机关在报关单上加盖的印章或者签发的《检疫放行通知单》、《检疫调离通知单》验放。运输、邮电部门凭单运递，运递期间国内其他检疫机关不再检疫。

第二十八条 输入动植物、动植物产品和其他检疫物，经检疫不合格的，由口岸动植物检疫机关签发《检疫处理通知单》，通知货主或者其代理人在口岸动植物检疫机关的监督和技术指导下，作除害处理；需要对外索赔的，由口岸动植物检疫机关出具检疫证书。

第二十九条　国家动植物检疫局根据检疫需要，并商输出动植物、动植物产品国家或者地区政府有关机关同意，可以派检疫人员进行预检、监装或者产地疫情调查。

第三十条　海关、边防等部门截获的非法进境的动植物、动植物产品和其他检疫物，应当就近交由口岸动植物检疫机关检疫。

第四章　出境检疫

第三十一条　货主或者其代理人依法办理动植物、动植物产品和其他检疫物的出境报检手续时，应当提供贸易合同或者协议。

第三十二条　对输入国要求中国对向其输出的动植物、动植物产品和其他检疫物的生产、加工、存放单位注册登记的，口岸动植物检疫机关可以实行注册登记，并报国家动植物检疫局备案。

第三十三条　输出动物，出境前需经隔离检疫的，在口岸动植物检疫机关指定的隔离场所检疫。输出植物、动植物产品和其他检疫物的，在仓库或者货场实施检疫；根据需要，也可以在生产、加工过程中实施检疫。

待检出境植物、动植物产品和其他检疫物，应当数量齐全、包装完好、堆放整齐、唛头标记明显。

第三十四条　输出动植物、动植物产品和其他检疫物的检疫依据：

（一）输入国家或者地区和中国有关动植物检疫规定；

（二）双边检疫协定；

（三）贸易合同中订明的检疫要求。

第三十五条　经启运地口岸动植物检疫机关检疫合格的动植物、动植物产品和其他检疫物，运达出境口岸时，按照下列规定办理：

（一）动物应当经出境口岸动植物检疫机关临床检疫或者复检；

（二）植物、动植物产品和其他检疫物从启运地随原运输工具出境的，由出境口岸动植物检疫机关验证放行；改换运输工具出境的，换证放行；

（三）植物、动植物产品和其他检疫物到达出境口岸后拼装的，因变更输入国家或者地区而有不同检疫要求的，或者超过规定的检疫有效期的，应当重新报检。

第三十六条　输出动植物、动植物产品和其他检疫物，经启运地口岸动植物检疫机关检疫合格的，运往出境口岸时，运输、邮电部门凭启运地口岸动植物检疫机关签发的检疫单证运递，国内其他检疫机关不再检疫。

第五章　过境检疫

第三十七条　运输动植物、动植物产品和其他检疫物过境（含转运，下同）的，承运人或者押运人应当持货运单和输出国家或者地区政府动植物检疫机关出具的证书，向进境口岸动植物检疫机关报检；运输动物过境的，还应当同时提交国家动植物检疫局签发的《动物过境许可证》。

第三十八条 过境动物运达进境口岸时，由进境口岸动植物检疫机关对运输工具、容器的外表进行消毒并对动物进行临床检疫，经检疫合格的，准予过境。进境口岸动植物检疫机关可以派检疫人员监运至出境口岸，出境口岸动植物检疫机关不再检疫。

第三十九条 装载过境植物、动植物产品和其他检疫物的运输工具和包装物、装载容器必须完好。经口岸动植物检疫机关检查，发现运输工具或者包装物、装载容器有可能造成途中散漏的，承运人或者押运人应当按照口岸动植物检疫机关的要求，采取密封措施；无法采取密封措施的，不准过境。

第六章 携带、邮寄物检疫

第四十条 携带、邮寄植物种子、种苗及其他繁殖材料进境，未依法办理检疫审批手续的，由口岸动植物检疫机关作退回或者销毁处理。邮件作退回处理的，由口岸动植物检疫机关在邮件及发递单上批注退回原因；邮件作销毁处理的，由口岸动植物检疫机关签发通知单，通知寄件人。

第四十一条 携带动植物、动植物产品和其他检疫物进境的，进境时必须向海关申报并接受口岸动植物检疫机关检疫。海关应当将申报或者查获的动植物、动植物产品和其他检疫物及时交由口岸动植物检疫机关检疫。未经检疫的，不得携带进境。

第四十二条 口岸动植物检疫机关可以在港口、机场、车站的旅客通道、行李提取处等现场进行检查，对可能携带动植物、动植物产品和其他检疫物而未申报的，可以进行查询并抽查其物品，必要时可以开包（箱）检查。

旅客进出境检查现场应当设立动植物检疫台位和标志。

第四十三条 携带动物进境的，必须持有输出动物的国家或者地区政府动植物检疫机关出具的检疫证书，经检疫合格后放行；携带犬、猫等宠物进境的，还必须持有疫苗接种证书。没有检疫证书、疫苗接种证书的，由口岸动植物检疫机关作限期退回或者没收销毁处理。作限期退回处理的，携带人必须在规定的时间内持口岸动植物检疫机关签发的截留凭证，领取并携带出境；逾期不领取的，作自动放弃处理。

携带植物、动植物产品和其他检疫物进境，经现场检疫合格的，当场放行；需要作实验室检疫或者隔离检疫的，由口岸动植物检疫机关签发截留凭证。截留检疫合格的，携带人持截留凭证向口岸动植物检疫机关领回；逾期不领回的，作自动放弃处理。

禁止携带、邮寄进出境动植物检疫法第二十九条规定的名录所列动植物、动植物产品和其他检疫物进境。

第四十四条 邮寄进境的动物、动植物产品和其他检疫物，由口岸动植物检疫机关在国际邮件互换局（含国际邮件快递公司及其他经营国际邮件的单位，以下简称邮局）实施检疫。邮局应当提供必要的工作条件。

经现场检疫合格的，由口岸动植物检疫机关加盖检疫放行章，交邮局运递。需要作实验室检疫或者隔离检疫的，口岸动植物检疫机关应当向邮局办理交接手续；检疫合格的，加盖检疫放行章，交邮局运递。

第四十五条 携带、邮寄进境的动物、动植物产品和其他检疫物，经检疫不合格又无有效方法作除害处理的，作退回或者销毁处理，并签发《检疫处理通知单》交携带人、寄件人。

第七章　运输工具检疫

第四十六条　口岸动植物检疫机关对来自动植物疫区的船舶、飞机、火车，可以登船、登机、登车实施现场检疫。有关运输工具负责人应当接受检疫人员的询问并在询问记录上签字，提供运行日志和装载货物的情况，开启舱室接受检疫。

口岸动植物检疫机关应当对前款运输工具可能隐藏病虫害的餐车、配餐间、厨房、储藏室、食品舱等动植物产品存放、使用场所和泔水、动植物性废弃物的存放场所以及集装箱箱体等区域或者部位，实施检疫；必要时，作防疫消毒处理。

第四十七条　来自动植物疫区的船舶、飞机、火车，经检疫发现有进出境动植物检疫法第十八条规定的名录所列病虫害的，必须作熏蒸、消毒或者其他除害处理。发现有禁止进境的动植物、动植物产品和其他检疫物的，必须作封存或者销毁处理；作封存处理的，在中国境内停留或者运行期间，未经口岸动植物检疫机关许可，不得启封动用。对运输工具上的泔水、动植物性废弃物及其存放场所、容器，应当在口岸动植物检疫机关的监督下作除害处理。

第四十八条　来自动植物疫区的进境车辆，由口岸动植物检疫机关作防疫消毒处理。装载进境动物、动植物产品和其他检疫物的车辆，经检疫发现病虫害的，连同货物一并作除害处理。装运供应香港、澳门地区的动物的回空车辆，实施整车防疫消毒。

第四十九条　进境拆解的废旧船舶，由口岸动植物检疫机关实施检疫。发现病虫害的，在口岸动植物检疫机关监督下作除害处理。发现有禁止进境的动植物、动植物产品和其他检疫物的，在口岸动植物检疫机关的监督下作销毁处理。

第五十条　来自动植物疫区的进境运输工具经检疫或者经消毒处理合格后，运输工具负责人或者其代理人要求出证的，由口岸动植物检疫机关签发《运输工具检疫证书》或者《运输工具消毒证书》。

第五十一条　进境、过境运输工具在中国境内停留期间，交通员工和其他人员不得将所装载的动植物、动植物产品和其他检疫物带离运输工具；需要带离时，应当向口岸动植物检疫机关报检。

第五十二条　装载动物出境的运输工具，装载前应当在口岸动植物检疫机关监督下进行消毒处理。

装载植物、动物产品和其他检疫物出境的运输工具，应当符合国家有关动植物防疫和检疫的规定。发现危险性病虫害或者超过规定标准的一般性病虫害的，作除害处理后方可装运。

第八章　检疫监督

第五十三条　国家动植物检疫局和口岸动植物检疫机关对进出境动植物、动植物产品的生产、加工、存放过程，实行检疫监督制度。具体办法由国务院农业行政主管部门制定。

第五十四条 进出境动物和植物种子、种苗及其他繁殖材料，需要隔离饲养、隔离种植的，在隔离期间，应当接受口岸动植物检疫机关的检疫监督。

第五十五条 从事进出境动植物检疫熏蒸、消毒处理业务的单位和人员，必须经口岸动植物检疫机关考核合格。

口岸动植物检疫机关对熏蒸、消毒工作进行监督、指导，并负责出具熏蒸、消毒证书。

第五十六条 口岸动植物检疫机关可以根据需要，在机场、港口、车站、仓库、加工厂、农场等生产、加工、存放进出境动物、动植物产品和其他检疫物的场所实施动植物疫情监测，有关单位应当配合。

未经口岸动植物检疫机关许可，不得移动或者损坏动植物疫情监测器具。

第五十七条 口岸动植物检疫机关根据需要，可以对运载进出境动植物、动植物产品和其他检疫物的运输工具、装载容器加施动植物检疫封识或者标志；未经口岸动植物检疫机关许可，不得开拆或者损毁检疫封识、标志。

动植物检疫封识和标志由国家动植物检疫局统一制发。

第五十八条 进境动植物、动植物产品和其他检疫物，装载动植物、动植物产品和其他检疫物的装载容器、包装物，运往保税区（含保税工厂、保税仓库等）的，在进境口岸依法实施检疫；口岸动植物检疫机关可以根据具体情况实施检疫监督；经加工复运出境的，依照进出境动植物检疫法和本条例有关出境检疫的规定办理。

第九章 法律责任

第五十九条 有下列违法行为之一的，由口岸动植物检疫机关处5000元以下的罚款：

（一）未报检或者未依法办理检疫审批手续或者未按检疫审批的规定执行的；

（二）报检的动植物、动植物产品和其他检疫物与实际不符的。

有前款第（二）项所列行为，已取得检疫单证的，予以吊销。

第六十条 有下列违法行为之一的，由口岸动植物检疫机关处3000元以上3万元以下的罚款：

（一）未经口岸动植物检疫机关许可擅自将进境、过境动植物、动植物产品和其他检疫物卸离运输工具或者运递的；

（二）擅自调离或者处理在口岸动植物检疫机关指定的隔离场所中隔离检疫的动植物的；

（三）擅自开拆过境动植物、动植物产品和其他检疫物的包装，或者擅自开拆、损毁动植物检疫封识或者标志的；

（四）擅自抛弃过境动物的尸体、排泄物、铺垫材料或者其他废弃物，或者未按规定处理运输工具上的泔水、动植物性废弃物的。

第六十一条　依照本条例第十七条、第三十二条的规定注册登记的生产、加工、存放动植物、动植物产品和其他检疫物的单位，进出境的上述物品经检疫不合格的，除依照本条例有关规定作退回、销毁或者除害处理外，情节严重的，由口岸动植物检疫机关注销注册登记。

第六十二条　有下列违法行为之一的，依法追究刑事责任；尚不构成犯罪或者犯罪情节显著轻微依法不需要判处刑罚的，由口岸动植物检疫机关处2万元以上5万元以下的罚款：

（一）引起重大动植物疫情的；

（二）伪造、变造动植物检疫单证、印章、标志、封识的。

第六十三条　从事进出境动植物检疫熏蒸、消毒处理业务的单位和人员，不按照规定进行熏蒸和消毒处理的，口岸动植物检疫机关可以视情节取消其熏蒸、消毒资格。

第十章　附则

第六十四条　进出境动植物检疫法和本条例下列用语的含义：

（一）"植物种子、种苗及其他繁殖材料"，是指栽培、野生的可供繁殖的植物全株或者部分，如植株、苗木（含试管苗）、果实、种子、砧木、接穗、插条、叶片、芽体、块根、块茎、鳞茎、球茎、花粉、细胞培养材料等；

（二）"装载容器"，是指可以多次使用、易受病虫害污染并用于装载进出境货物的容器，如笼、箱、桶、筐等；

（三）"其他有害生物"，是指动物传染病、寄生虫病和植物危险性病、虫、杂草以外的各种为害动植物的生物有机体、病原微生物，以及软体类、啮齿类、螨类、多足虫类动物和危险性病虫的中间寄主、媒介生物等；

（四）"检疫证书"，是指动植物检疫机关出具的关于动植物、动植物产品和其他检疫物健康或者卫生状况的具有法律效力的文件，如《动物检疫证书》《植物检疫证书》《动物健康证书》《兽医卫生证书》《熏蒸/消毒证书》等。

第六十五条　对进出境动植物、动植物产品和其他检疫物因实施检疫或者按照规定作熏蒸、消毒、退回、销毁等处理所需费用或者招致的损失，由货主、物主或者其代理人承担。

第六十六条　口岸动植物检疫机关依法实施检疫，需要采取样品时，应当出具采样凭单；验余的样品，货主、物主或者其代理人应当在规定的期限内领回；逾期不领回的，由口岸动植物检疫机关按照规定处理。

第六十七条　贸易性动物产品出境的检疫机关，由国务院根据情况规定。

第六十八条　本条例自1997年1月1日起施行。

五、《湖北省林业有害生物防治条例》

湖北省林业有害生物防治条例

（2016年12月1日湖北省第十二届人民代表大会常务委员会第二十五次会议通过）

目录

331

第一章　总则

第一条　为了防治林业有害生物，保护森林资源，维护生态安全，根据《中华人民共和国森林法》《森林病虫害防治条例》《植物检疫条例》等有关法律、行政法规，结合本省实际，制定本条例。

第二条　本省行政区域内的林业有害生物预防、治理和森林植物及其产品检疫等活动，适用本条例。

林业有害生物是指对森林植物及其产品构成危害或者威胁的动物、植物和微生物。

森林植物及其产品，包括乔木、灌木、竹类、花卉和其他森林植物，林木种子、苗木和其他繁殖材料，木材、竹材、药材、干果、盆景和其他林产品。

第三条　林业有害生物防治工作遵循预防为主、综合治理、科学防治的原则，实行政府主导、部门协作、社会参与的工作机制。

第四条　县级以上人民政府应当将林业有害生物防治工作纳入国民经济和社会发展规划，建立健全林业有害生物监测预警、检疫御灾、防治减灾体系，将林业有害生物防治工作纳入目标责任制考核内容。

乡镇人民政府、街道办事处应当做好林业有害生物防治相关工作，组织村（居）民委员会、林业协会、专业合作社、林业生产经营者等开展林业有害生物防治工作。

第五条　县级以上人民政府林业主管部门负责本行政区域内林业有害生物防治工作，其所属的林业有害生物防治检疫机构负责林业有害生物监测预警、检验检疫、防治督查以及相关技术服务、业务培训等工作。

县级以上人民政府有关部门和单位按照各自职责，共同做好林业有害生物防治工作。

第六条 林业生产经营者应当依法做好其所属或者经营管理的森林、林木的有害生物预防和治理工作。

第七条 鼓励和支持公民、法人以及其他社会组织参与林业有害生物防治工作。

各级人民政府及有关部门、新闻媒体应当加强林业有害生物防治知识的宣传普及，增强公众防御林业有害生物灾害的意识和能力，拓展公众参与林业有害生物防治的途径。

县级以上人民政府及有关部门对在林业有害生物防治工作中做出突出贡献的单位和个人，给予表彰和奖励。

第二章　预防

第八条 县级以上人民政府林业主管部门应当制定本地区林业有害生物防治规划，科学布局测报站（点）、配备专（兼）职测报员，完善测报网络，组织开展监测预报工作。

第九条 县级以上人民政府林业主管部门应当每五年组织一次林业有害生物普查，对重大、突发林业有害生物及时组织专项调查，并向本级人民政府和上级林业主管部门报告普查、调查情况。

第十条 国有森林、林木由其经营管护单位组织开展林业有害生物监测。集体和个人所有的森林、林木由乡镇林业工作站组织开展监测；未设立林业工作站的，由县级以上人民政府确定相关机构开展监测。

单位和个人发现森林植物出现异常情况，应当及时向林业主管部门报告，林业主管部门应当及时调查核实。

第十一条 林业有害生物防治检疫机构应当按照国家规定定期发布林业有害生物短、中、长期趋势预报，及时发布重大或者突发林业有害生物预警信息，并提出防治建议或者方案。

其他任何单位和个人不得发布林业有害生物预警预报信息。禁止伪造、篡改林业有害生物预警预报信息。

气象部门应当无偿提供监测林业有害生物所需的公益性气象服务。广播、电视、报刊、网络等媒体应当无偿刊播林业有害生物预警预报信息。

第十二条 县级以上人民政府林业主管部门应当将林业有害生物防治措施纳入造林绿化设计方案和森林经营方案，科学配置造林绿化树种，推广良种壮苗和抗性树（品）种。对林业有害生物灾害常发区，实施以营林措施为主，生物、化学和物理防治相结合的综合治理措施。

林业生产经营者应当采取林业有害生物防治措施，优先选用优良乡土树种，采用混交栽培模式，适地适树适种源造林。

禁止使用带有危险性林业有害生物的林木种子、苗木和其他繁殖材料进行育苗或者造林。

第十三条 自然（文化）遗产保护区、自然保护区、森林公园、湿地公园、风景名胜区以及古树名木等需要特别保护的区域或者林木，由县级以上人民政府划定公布为林业有害生物重点预防区，并督促有关单位制定防治预案。

林业有害生物重点预防区的经营管理者应当建立管护制度，采取防护措施，防止外来林业有害生物入侵。

第十四条 县级以上人民政府应当制定林业有害生物防治应急预案，组建专群结合的应急防治队伍，加强林业有害生物应急防治设备、药剂的储备。

第十五条 林业主管部门应当加强对林业有害生物监测预报站（点）及其监测设施的建设和维护。

任何单位和个人不得占用、移动、损毁监测预报站（点）的监测设施或者破坏其周边环境。

因城乡建设需要迁移监测预报站（点）的，应当征得林业主管部门同意，并承担相应费用。

第三章　检疫

第十六条 省人民政府林业主管部门应当根据国家林业检疫性有害生物名单和本省林业有害生物疫情情况，确定和调整本省的补充名单并向社会公布。

林业有害生物防治检疫机构应当按照前款规定的名单实施检疫。

第十七条 省人民政府林业主管部门应当建立森林植物及其产品检疫追溯信息系统，实行检疫标识管理，实现森林植物及其产品生产、运输、销售、使用全过程监管。

第十八条 生产、经营林木种子、苗木和其他繁殖材料的单位或者个人，应当依法向林业有害生物防治检疫机构申请产地检疫。检疫不合格的，受检单位或者个人应当按照规定进行除害处理。

第十九条 应施检疫的森林植物及其产品进入流通环节的，生产经营者应当依法向林业有害生物防治检疫机构申请流通检疫。

应施检疫的森林植物及其产品跨县流通的，输入地林业有害生物防治检疫机构应当查验检疫证书。森林植物及其产品在省际间流通的，应当符合输入地检疫要求。

对可能被检疫对象污染的包装材料、运载工具、场地、仓库等，林业有害生物防治检疫机构应当实施检疫。已被污染的，托运人应当按照要求进行除害处理。

按照本条第一款规定运输应施检疫的森林植物及其产品，托运人不出具植物检疫证书的，承运人不得承运或者收寄。植物检疫证书应当随货运寄。

第二十条 从国外引进林木种子、苗木，引进单位应当按照国家规定进行林业有害生物引种风险性评估，并向省林业有害生物防治检疫机构申请办理检疫审批手续；对可能潜伏有危险性林业有害生物的林木种子、苗木应当隔离试种，经试种确认不带危险性林业有害生物的，方可种植。

出入境检验检疫、边防、海关等部门应当加强境外重大植物疫情输入风险管理，并与林业有害生物防治检疫机构建立信息沟通机制，共同做好防范外来有害生物入侵工作；林业有害生物防治检疫机构应当做好引种后的检疫监管工作。

第二十一条　发生林业有害生物疫情时，应当按照国家有关规定划定疫区。

林业有害生物防治检疫机构应当加强对木材流通场所、苗木集散地、车站、港口和市场等重点地区的检疫检查；发生特大疫情时，经省人民政府批准，可以设立临时林业植物检疫检查站开展检疫工作。

第二十二条　在林地及其边缘500米范围内施工，使用松木或者其他可能携带疫病的木质材料承载、包装、铺垫、支撑、加固设施设备的，建设单位应当事先将施工时间、地点向林业有害生物防治检疫机构报告。

施工结束后，建设单位应当及时回收、销毁松木或者其他可能携带疫病的木质材料，不得随意弃置。林业有害生物防治检疫机构应当对回收、销毁情况进行监督检查和技术指导。

第四章　治理

第二十三条　县级以上人民政府应当按照林业有害生物的危害程度和影响范围，对林业有害生物灾害实行分级管理。具体办法由省人民政府制定。

第二十四条　林业有害生物的治理实行分类管理。

生态公益林的林业有害生物治理和非生态公益林的重大、突发林业有害生物治理由县级以上人民政府负责，林业主管部门组织实施；生产经营者应当配合。

非生态公益林的一般林业有害生物治理由生产经营者负责，县级以上人民政府给予适当补贴。

第二十五条　林业生产经营者应当按照林业主管部门的要求，做好林业有害生物治理工作。

林业主管部门应当做好林业有害生物治理技术指导和服务，并对治理情况进行监督检查。

第二十六条　对新发现和新传入的林业有害生物，县级以上人民政府林业主管部门应当及时查清情况，报告省人民政府林业主管部门，并组织有关部门、林业经营者采取封锁、扑灭等必要的除治措施。

第二十七条　对跨行政区域、危害严重的林业有害生物灾害，相邻地区人民政府及其林业主管部门应当加强协作配合，建立林业有害生物联防联治机制，健全疫情监测、信息通报和定期会商制度，开展联合防治。

相邻地区共同的上级人民政府及其林业主管部门应当加强对跨行政区域林业有害生物灾害联防联治的组织协调和指导监督。

县级以上人民政府林业主管部门应当鼓励和支持林业生产经营者建立联户、联组、联村的防治联合体和应急处置联合队，开展群防群治。

第二十八条　发生重大、突发林业有害生物灾害或者疫情时，县级以上人民政府应当及时启动林业有害生物防治应急预案，必要时成立林业有害生物防治临时指挥机构，解决林业有害生物治理工作中的重大问题。

第二十九条　因防治重大、突发林业有害生物灾害或者疫情需要，经县级以上林业有害生物防治检疫机构鉴定，报请县级以上人民政府林业主管部门同意，可以先行采伐林木，再按照规定办理相关手续；林业有害生物防治检疫机构应当指导相关单位或者个人进行除害处理。

采伐疫木的单位或者个人应当按照疫区和疫木管理规定作业，并做好采伐山场和疫木堆场监管。任何单位或者个人不得擅自捡拾、挖掘、采伐疫木及其剩余物。

实行疫木安全定点利用制度。疫木的安全利用，按照疫木安全利用管理规定，在林业有害生物防治检疫机构的监督下实施。

第三十条 对在林业有害生物防治过程中强制清除、销毁森林植物及其产品和相关物品的，县级以上人民政府应当给予补偿，因生产经营者违法行为造成林业有害生物灾害或者疫情的除外。补偿的标准、程序、范围由省人民政府另行规定。

第三十一条 省人民政府及其林业主管部门应当建立林业有害生物绿色防治体系和社会化服务机制，加大补贴和扶持力度，鼓励和支持生物防治技术的研发、引进、推广和使用，提高林业有害生物防治的科学技术水平。

林业有害生物防治的措施、方法和技术应当进行生态环境风险评估，保护有益生物，保证人畜安全，防止污染环境。

第五章　保障

第三十二条 县级以上人民政府应当将林业有害生物防治纳入政府公共服务体系和防灾减灾体系，建立财政资金和社会资金相结合的多元化资金投入机制，加强林业有害生物防治基础设施建设，完善林业有害生物防治保障措施。

第三十三条 县级以上人民政府应当将林业有害生物普查、监测、检疫、治理和监督管理所需经费纳入本级财政预算；对突发性林业有害生物灾情根据需要安排专项经费。

自然（文化）遗产保护区、自然保护区、森林公园、湿地公园、风景名胜区以及古树名木等需要特别保护的区域和其他依托森林资源从事旅游活动的景区景点的管理者、经营者，应当安排专项资金用于林业有害生物防治。

第三十四条 县级以上人民政府应当加强林业有害生物防治检疫机构队伍建设，合理配备专业技术人员，强化业务培训，保持队伍专业性和相对稳定。

第三十五条 鼓励和扶持社会化防治组织开展林业有害生物调查监测、灾害鉴定、风险评估、疫情治理及其监理等活动。

鼓励向林业有害生物社会化防治组织购买服务。

第三十六条 县级以上人民政府应当出台激励措施，支持林业生产经营者参加林业有害生物灾害保险，鼓励保险机构开展林业有害生物灾害保险业务。

第三十七条 任何单位和个人发现林业有害生物疫情的，应当向林业主管部门报告；对不依法履行林业有害生物防治义务和监督管理职责的行为，有权举报。

县级以上人民政府林业主管部门和有关机关应当健全举报制度，公布举报电话，及时核实举报情况，依法处理并适时反馈；对查证属实的，给予奖励。

第六章　法律责任

第三十八条　违反本条例，法律、法规有规定的，从其规定；造成他人损害的，依法承担民事责任；构成犯罪的，依法追究刑事责任。

第三十九条　违反本条例第十一条第二款，擅自发布或者伪造、篡改林业有害生物预警预报信息的，由林业主管部门给予警告，责令改正，并处5千元以上1万元以下罚款；造成严重后果的，处1万元以上2万元以下罚款。

第四十条　违反本条例第十五条第二款，占用、移动、损毁林业有害生物监测预报站（点）的监测设施或者破坏其周边环境的，由林业主管部门责令停止违法行为，限期改正，恢复原状；逾期不改正的，处5千元以上1万元以下罚款。

第四十一条　违反本条例第十八条、第十九条第三款，未按照规定进行除害处理的，由林业有害生物防治检疫机构责令限期改正；逾期不改正的，依法确定第三方代为除治，所需费用由违法行为人承担。

第四十二条　违反本条例第十九条第四款，承运人未按照规定承运或者收寄的，由林业有害生物防治检疫机构给予警告，责令改正，没收违法所得，并处1万元以上5万元以下罚款。

第四十三条　违反本条例第二十条第一款，从国外引进林木种子、苗木未按照规定隔离试种即种植的，由林业有害生物防治检疫机构责令限期改正，没收违法所得；逾期不改正的，予以封存、销毁，并处2万元以上10万元以下罚款；造成外来危险性有害生物入侵的，处10万元以上30万元以下罚款。

第四十四条　违反本条例第二十二条第二款，建设单位在施工结束后未及时回收、销毁松木或者其他可能携带疫病的木质材料的，由林业有害生物防治检疫机构责令限期回收、销毁，处1万元以上2万元以下罚款；逾期不回收、销毁的，依法确定第三方代为回收、销毁，所需费用由违法行为人承担；造成疫情扩散的，处5万元以上10万元以下罚款。

第四十五条　违反本条例第二十九条第二款，擅自捡拾、挖掘、采伐疫木及其剩余物的，由林业有害生物防治检疫机构责令除治或者销毁，没收违法所得，可以并处1千元以上5千元以下罚款。

第四十六条　违反本条例第二十九条第三款，未按照规定对疫木进行定点安全利用的，由林业有害生物防治检疫机构责令改正，没收违法所得；拒不改正或者造成疫木流失的，并处1万元以上5万元以下罚款。

第四十七条　国家机关及其工作人员违反本条例规定，在林业有害生物防治检疫工作中滥用职权、玩忽职守、徇私舞弊的，由其所在单位或者上级主管机关、监察机关对直接负责的主管人员和其他直接责任人员依法给予行政处分；构成犯罪的，依法追究刑事责任。

第七章　附则

第四十八条　本条例自2017年2月1日起施行。

六、《外来入侵物种管理办法》

索引号：07B09017420220029A
信息所属单位：科技教育司
信息名称：中华人民共和国农业农村部自然资源部生态环境部海关总署令2022年第4号
文号：农业农村部令〔2022〕第4号
生效日期：2022年08月01日
发布日期：2022年06月17日
内容概述：为了防范和应对外来入侵物种危害，保障农林牧渔业可持续发展，保护生物多样性，根据《中华人民共和国生物安全法》，制定本办法。

中华人民共和国农业农村部自然资源部生态环境部海关总署令2022年第4号
发布时间：2022年06月17日

《外来入侵物种管理办法》已于2022年4月22日经农业农村部第4次常务会议审议通过，并经自然资源部、生态环境部、海关总署同意，现予公布，自2022年8月1日起施行。

农业农村部部长　　唐仁健
自然资源部部长　　陆　昊
生态环境部部长　　黄润秋
海关总署署长　　俞建华

外来入侵物种管理办法

第一章　总　则

第一条　为了防范和应对外来入侵物种危害，保障农林牧渔业可持续发展，保护生物多样性，根据《中华人民共和国生物安全法》，制定本办法。

第二条　本办法所称外来物种，是指在中华人民共和国境内无天然分布，经自然或人为途径传入的物种，包括该物种所有可能存活和繁殖的部分。

本办法所称外来入侵物种，是指传入定殖并对生态系统、生境、物种带来威胁或者危害，影响中国生态环境，损害农林牧渔业可持续发展和生物多样性的外来物种。

第三条　外来入侵物种管理是维护国家生物安全的重要举措，应当坚持风险预防、源头管控、综合治理、协同配合、公众参与的原则。

第四条　农业农村部会同国务院有关部门建立外来入侵物种防控部际协调机制，研究部署全国外来入侵物种防控工作，统筹协调解决重大问题。

省级人民政府农业农村主管部门会同有关部门建立外来入侵物种防控协调机制，组织开展本行政区域外来入侵物种防控工作。

海关完善境外风险预警和应急处理机制，强化入境货物、运输工具、寄递物、旅客行李、跨境电商、边民互市等渠道外来入侵物种的口岸检疫监管。

第五条 县级以上地方人民政府依法对本行政区域外来入侵物种防控工作负责，组织、协调、督促有关部门依法履行外来入侵物种防控管理职责。

县级以上地方人民政府农业农村主管部门负责农田生态系统、渔业水域等区域外来入侵物种的监督管理。

县级以上地方人民政府林业草原主管部门负责森林、草原、湿地生态系统和自然保护地等区域外来入侵物种的监督管理。

沿海县级以上地方人民政府自然资源（海洋）主管部门负责近岸海域、海岛等区域外来入侵物种的监督管理。

县级以上地方人民政府生态环境主管部门负责外来入侵物种对生物多样性影响的监督管理。

高速公路沿线、城镇绿化带、花卉苗木交易市场等区域的外来入侵物种监督管理，由县级以上地方人民政府其他相关主管部门负责。

第六条 农业农村部会同有关部门制定外来入侵物种名录，实行动态调整和分类管理，建立外来入侵物种数据库，制修订外来入侵物种风险评估、监测预警、防控治理等技术规范。

第七条 农业农村部会同有关部门成立外来入侵物种防控专家委员会，为外来入侵物种管理提供咨询、评估、论证等技术支撑。

第八条 农业农村部、自然资源部、生态环境部、海关总署、国家林业和草原局等主管部门建立健全应急处置机制，组织制订相关领域外来入侵物种突发事件应急预案。

县级以上地方人民政府有关部门应当组织制订本行政区域相关领域外来入侵物种突发事件应急预案。

第九条 县级以上人民政府农业农村、自然资源（海洋）、生态环境、林业草原等主管部门加强外来入侵物种防控宣传教育与科学普及，增强公众外来入侵物种防控意识，引导公众依法参与外来入侵物种防控工作。

任何单位和个人未经批准，不得擅自引进、释放或者丢弃外来物种。

第二章　源头预防

第十条 因品种培育等特殊需要从境外引进农作物和林草种子苗木、水产苗种等外来物种的，应当依据审批权限向省级以上人民政府农业农村、林业草原主管部门和海关办理进口审批与检疫审批。

属于首次引进的，引进单位应当就引进物种对生态环境的潜在影响进行风险分析，并向审批部门提交风险评估报告。审批部门应当及时组织开展审查评估。经评估有入侵风险的，不予许可入境。

第十一条　引进单位应当采取安全可靠的防范措施，加强引进物种研究、保存、种植、繁殖、运输、销毁等环节管理，防止其逃逸、扩散至野外环境。

对于发生逃逸、扩散的，引进单位应当及时采取清除、捕回或其他补救措施，并及时向审批部门及所在地县级人民政府农业农村或林业草原主管部门报告。

第十二条　海关应当加强外来入侵物种口岸防控，对非法引进、携带、寄递、走私外来物种等违法行为进行打击。对发现的外来入侵物种以及经评估具有入侵风险的外来物种，依法进行处置。

第十三条　县级以上地方人民政府农业农村、林业草原主管部门应当依法加强境内跨区域调运农作物和林草种子苗木、植物产品、水产苗种等检疫监管，防止外来入侵物种扩散传播。

第十四条　农业农村部、自然资源部、生态环境部、海关总署、国家林业和草原局等主管部门依据职责分工，对可能通过气流、水流等自然途径传入中国的外来物种加强动态跟踪和风险评估。

有关部门应当对经外来入侵物种防控专家委员会评估具有较高入侵风险的物种采取必要措施，加大防范力度。

第三章　监测与预警

第十五条　农业农村部会同有关部门建立外来入侵物种普查制度，每十年组织开展一次全国普查，掌握中国外来入侵物种的种类数量、分布范围、危害程度等情况，并将普查成果纳入国土空间基础信息平台和自然资源"一张图"。

第十六条　农业农村部会同有关部门建立外来入侵物种监测制度，构建全国外来入侵物种监测网络，按照职责分工布设监测站点，组织开展常态化监测。

县级以上地方人民政府农业农村主管部门会同有关部门按照职责分工开展本行政区域外来入侵物种监测工作。

第十七条　县级以上地方人民政府农业农村、自然资源（海洋）、生态环境、林业草原等主管部门和海关应当按照职责分工及时收集汇总外来入侵物种监测信息，并报告上级主管部门。

任何单位和个人不得瞒报、谎报监测信息，不得擅自发布监测信息。

第十八条　省级以上人民政府农业农村、自然资源（海洋）、生态环境、林业草原等主管部门和海关应当加强外来入侵物种监测信息共享，分析研判外来入侵物种发生、扩散趋势，评估危害风险，及时发布预警预报，提出应对措施，指导开展防控。

第十九条　农业农村部会同有关部门建立外来入侵物种信息发布制度。全国外来入侵物种总体情况由农业农村部商有关部门统一发布。自然资源部、生态环境部、海关总署、国家林业和草原局等主管部门依据职责权限发布本领域外来入侵物种发生情况。

省级人民政府农业农村主管部门商有关部门统一发布本行政区域外来入侵物种情况。

第四章 治理与修复

第二十条 农业农村部、自然资源部、生态环境部、国家林业和草原局按照职责分工，研究制订本领域外来入侵物种防控策略措施，指导地方开展防控。

县级以上地方人民政府农业农村、自然资源（海洋）、林业草原等主管部门应当按照职责分工，在综合考虑外来入侵物种种类、危害对象、危害程度、扩散趋势等因素的基础上，制订本行政区域外来入侵物种防控治理方案，并组织实施，及时控制或消除危害。

第二十一条 外来入侵植物的治理，可根据实际情况在其苗期、开花期或结实期等生长关键时期，采取人工拔除、机械铲除、喷施绿色药剂、释放生物天敌等措施。

第二十二条 外来入侵病虫害的治理，应当采取选用抗病虫品种、种苗预处理、物理清除、化学灭除、生物防治等措施，有效阻止病虫害扩散蔓延。

第二十三条 外来入侵水生动物的治理，应当采取针对性捕捞等措施，防止其进一步扩散危害。

第二十四条 外来入侵物种发生区域的生态系统恢复，应当因地制宜采取种植乡土植物、放流本地种等措施。

第五章 附则

第二十五条 违反本办法规定，未经批准，擅自引进、释放或者丢弃外来物种的，依照《中华人民共和国生物安全法》第八十一条处罚。涉嫌犯罪的，依法移送司法机关追究刑事责任。

第二十六条 本办法自2022年8月1日起施行。

SHENNONGJIA

植物名称索引

中文名索引

（加粗页码为正名所在页码）

343

植物名称索引

植物名称索引

学名索引

致　谢

特别感谢湖北省野生动植物保护总站刘瑛，神农架国家公园向恒林，湖北三峡万朝山省级自然保护区王祥明，湖北巴东金丝猴国家级自然保护区谭文赤，湖北堵河源国家级自然保护区张子江，湖北十八里长峡国家级自然保护区翁泽民、王兆平、夏太明，湖北五道峡国家级自然保护区周文静、黄华宁，湖北野人谷省级自然保护区刘永全等单位和个人在野外调查工作中给予的支持和帮助！